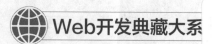

Node.js
全栈开发

从入门到项目实战

潘成均 ◎ 编著

清华大学出版社
北京

内 容 简 介

本书从Node.js的基本概念讲起，逐步深入基于Node.js的主流开发框架技术，最后结合完整的项目案例重点介绍基于Node.js的微信商城项目开发的全过程，帮助读者系统地掌握Node.js全栈开发技术，从而具备开发商业级应用的能力。

本书共15章，分为3篇。第1篇为Node.js开发基础知识，主要介绍Node.js入门知识、Node.js模块化管理、JavaScript基础知识、Node.js的内置模块、数据库操作等。第2篇为Node.js开发主流框架，主要介绍Express框架、Koa框架和Egg框架。第3篇为项目实战，主要基于Node.js+MySQL+Vue，开发一个完整的微信商城项目，演示完整的商业级全栈项目开发的全过程，并简单介绍Node.js程序、微信小程序和Vue程序性能优化涉及的相关知识。

本书通俗易懂，案例典型，实用性强，特别适合Node.js全栈开发的入门和进阶人员阅读，也适合前后端项目开发人员和Java程序员等编程爱好者阅读，还适合作为高校和相关培训机构的实践教材。

本书封面贴有清华大学出版社防伪标签，无标签者不得销售。
版权所有，侵权必究。举报：010-62782989，beiqinquan@tup.tsinghua.edu.cn。

图书在版编目（CIP）数据

Node.js全栈开发：从入门到项目实战 / 潘成均编著. —北京：清华大学出版社，2024.6
（Web开发典藏大系）
ISBN 978-7-302-66302-7

Ⅰ. ①N… Ⅱ. ①潘… Ⅲ. ①网页制作工具－程序设计 Ⅳ. ①TP393.092.2

中国国家版本馆CIP数据核字（2024）第098056号

责任编辑：王中英
封面设计：欧振旭
责任校对：胡伟民
责任印制：杨 艳

出版发行：清华大学出版社
网　　址：https://www.tup.com.cn，https://www.wqxuetang.com
地　　址：北京清华大学学研大厦A座　　邮　编：100084
社 总 机：010-83470000　　邮　购：010-62786544
投稿与读者服务：010-62776969，c-service@tup.tsinghua.edu.cn
质量反馈：010-62772015，zhiliang@tup.tsinghua.edu.cn

印 装 者：北京同文印刷有限责任公司
经　　销：全国新华书店
开　　本：185mm×260mm　　印　张：27　　字　数：675千字
版　　次：2024年6月第1版　　印　次：2024年6月第1次印刷
定　　价：119.00元

产品编号：106750-01

前言

企业级 Web 项目开发通常采用前后端分离的模式，前端工程师负责界面开发、数据渲染，后端工程师负责业务逻辑处理和数据交互。相比以前不分离的开发模式，前后端分离的模式体现了分工的精细化，能在一定程度上提高团队的开发效率，也能降低企业招聘难度。但在有些场景下，这种分工也带来了问题。例如，一位前端开发人员要完成一个完整的毕业设计项目或小型项目，他需要后端开发人员配合或者自己学习后端开发技术来解决。有了 Node.js，前端工程师几乎不需要花费额外的学习成本就可以完成后端开发。在企业级开发领域，阿里巴巴公司率先引入了 Node.js 技术，腾讯等企业也在其产品中验证了 Node.js 的高并发特性。

Node.js 使用 JavaScript 作为开发语言，与传统的 Web 开发模式相比，由于它的运行环境脱离了浏览器，因此只需要掌握 JavaScript 的 ECMA 语法即可，而不需要关心 DOM 和 BOM。无论前端工程师，还是后端 Java 工程师，上手使用 Node.js 都非常简单。

Node.js 拥有完善的生态系统，在它的官方插件中有很多成熟的中间件，几乎涵盖一般中小型项目开发所需的大部分功能。基于 Node.js 的老牌开发框架 Express 依然活跃，目前，其周下载量保持在千万级别；阿里巴巴也推出了基于 Node.js 的开源 Web 框架 Egg，还推出了基于 Node.js 的 alinode 性能平台，可以覆盖企业级项目的完整生命周期。笔者开发的多个 Node.js 项目充分验证了这些框架的高效和高并发特性。

总而言之，Node.js 的诞生使得 JavaScript 语言像 Java 等其他后端开发语言一样，可以完成数据库操作和服务端逻辑处理等任务。Node.js 支持前后端开发的特性吸引了大量的开发人员将其作为开发工具，尤其是很多前端开发工程师转向了全栈开发。可以说，能熟练使用 Node.js 是前端工程师应聘时的加分项。

本书结合完整的项目实战案例，全面介绍基于 Node.js 的主流开发框架，带领读者系统地掌握 Node.js 全栈开发技术，从而具备开发企业级应用的能力。

本书特色

- **视频教学**：重点、难点内容配备配套教学视频，帮助读者高效、直观地学习。
- **由浅入深**：从 Node.js 的基本概念讲起，逐步深入介绍 Node.js 的主流框架并进行项目实战演练，学习门槛很低，容易上手。
- **实例丰富**：结合大量实例讲解知识点，并详细介绍 3 个基于 Node.js 的开发框架的用法。
- **项目实战**：详解基于 Node.js+MySQL+Vue 的微信商城项目开发的全过程，帮助读者系统地掌握 Node.js 全栈开发技术，从而具备开发商业项目的能力。
- **经验总结**：全面归纳和总结笔者多年积累的项目开发经验，让读者少走弯路。

本书内容

第 1 篇　Node.js 开发基础知识

本篇涵盖第 1~5 章，从 Node.js 的基本概念和安装配置讲起，然后详细介绍 Node.js 模块化管理、JavaScript 基础知识、Node.js 常见的内置模块、Node.js 对数据库的操作等相关内容。通过学习本篇内容，读者可以快速了解 Node.js 开发的基础知识。有一定 Node.js 开发基础的读者可以略过本篇而直接进入后续篇章的学习。

第 2 篇　Node.js 开发主流框架

本篇涵盖第 6~8 章，详细介绍 3 个基于 Node.js 的框架的用法，包括 Express、Koa 和 Egg，重点演示其语法知识和操作细节，如路由的使用、中间件的编写和 RESTfull 接口编写等。通过学习本篇内容，读者可以系统掌握基于 Node.js 的主流框架的相关知识。

第 3 篇　项目实战

本篇涵盖第 9~15 章，基于 Node.js+MySQL+Vue，开发一个完整的百果园微信商城项目，演示完整的商业级全栈项目开发的全过程，并简单介绍 Node.js 程序、小程序和 Vue 程序性能优化涉及的相关知识。通过学习本篇内容，读者可以掌握前面篇章介绍的相关技术，并系统了解一个真实项目开发的全过程，从而提升商业项目的开发能力。

读者对象

- Node.js 零基础入门人员；
- 前端开发工程师；
- 后端开发工程师；
- 软件开发与测试人员；
- 对 Node.js 感兴趣的人员；
- 高等院校的学生；
- 相关培训机构的学员。

配书资源获取方式

为了便于读者学习，本书提供以下配书资源：
- 配套教学视频；
- 实例源程序。

上述配书资源有两种获取方式：一是关注微信公众号"方大卓越"，然后回复数字"23"，即可自动获取下载链接；二是在清华大学出版社网站（www.tup.com.cn）上搜索本书，然后在本书页面上找到"资源下载"栏目，单击"网络资源"按钮进行下载。

致谢

本书的诞生离不开很多人的帮助和鼓励。首先,非常感谢家人的支持,本书的编写和案例调试占用了笔者大量的业余时间,是家人的默默支持才使得笔者顺利完成编写任务;其次,感谢罗雨露老师,她在本书的出版过程中提供了很多帮助;最后,感谢自己的努力付出,希望本书能够帮助更多的人。

技术支持

虽然笔者对本书所述内容都尽量核对,并多次进行文字校对,但因时间所限,可能还存在疏漏和不足之处,恳请广大读者批评与指正。读者在阅读本书时若有疑问,可以发送电子邮件反馈,邮箱地址为 bookservice2008@163.com。

潘成均

2024 年 5 月

目录

第 1 篇 Node.js 开发基础知识

第 1 章 Node.js 概述 2
1.1 Node.js 简介 2
1.1.1 Node.js 是什么 2
1.1.2 Node.js 能做什么 3
1.1.3 Node.js 架构原理 6
1.1.4 Node.js 的发展历程 7
1.2 Node.js 的安装配置 8
1.2.1 在 Windows 中安装 Node.js 8
1.2.2 在 Linux 中安装 Node.js 10
1.3 编写第一个 Node.js 程序 11
1.3.1 创建 Node.js 应用 11
1.3.2 运行 Node.js 应用 12
1.4 开发工具及其调试 13
1.4.1 安装 Visual Studio Code 13
1.4.2 调试 Node.js 程序 16
1.5 创建 Web 服务器案例 18
1.6 本章小结 19

第 2 章 Node.js 模块化管理 20
2.1 JavaScript 模块化 20
2.1.1 什么是模块化 20
2.1.2 模块化的发展史 22
2.1.3 CommonJS 规范 25
2.1.4 ES 6 模块化规范 27
2.2 Node.js 模块分类 30
2.2.1 核心模块 30
2.2.2 自定义模块 31
2.2.3 第三方模块 32
2.3 NPM 包管理器 33
2.3.1 NPM 简介 33
2.3.2 使用 NPM 管理模块 34
2.3.3 使用 YARN 管理模块 37

2.4 本章小结 40

第 3 章 JavaScript 基础知识 41

3.1 JavaScript 语法基础 41
    3.1.1 JavaScript 简介 41
    3.1.2 变量与数据类型 42
    3.1.3 运算符 44
    3.1.4 表达式及语句 48
3.2 程序控制结构 48
    3.2.1 分支结构 48
    3.2.2 循环结构 50
3.3 函数的定义与使用 53
    3.3.1 函数的声明与调用 53
    3.3.2 函数的参数 54
    3.3.3 函数的返回值 56
    3.3.4 函数的注释 56
3.4 常用的内置对象 57
    3.4.1 数组 Array 57
    3.4.2 数学对象 Math 63
    3.4.3 日期对象 Date 65
    3.4.4 字符串 String 66
3.5 ES 6+新增的语法 67
    3.5.1 变量和常量 67
    3.5.2 解构赋值 68
    3.5.3 扩展运算符 69
    3.5.4 字符串新增的方法 69
    3.5.5 数组新增的方法 70
    3.5.6 对象新增的方法 71
    3.5.7 箭头函数 72
    3.5.8 Set 和 Map 72
    3.5.9 Class 类及其继承 73
    3.5.10 Promise 和 Async 74
3.6 本章小结 75

第 4 章 Node.js 的内置模块 76

4.1 Node.js 模块 76
    4.1.1 module 模块 76
    4.1.2 global 全局变量 77
    4.1.3 Console 控制台 78
    4.1.4 Errors 错误模块 80
4.2 Buffer 缓冲区 83

4.2.1　缓冲区与 TypeArray ······ 83
　　4.2.2　Buffer 类 ······ 84
4.3　child_process 子进程 ······ 87
　　4.3.1　创建子进程 ······ 87
　　4.3.2　父进程和子进程间的通信 ······ 89
4.4　events 事件触发器 ······ 90
　　4.4.1　事件循环 ······ 90
　　4.4.2　EventEmitter 类 ······ 91
4.5　timmers 定时器 ······ 95
　　4.5.1　Node.js 中的定时器 ······ 95
　　4.5.2　调度定时器 ······ 95
4.6　path 路径 ······ 96
4.7　fs 文件系统 ······ 98
　　4.7.1　fs 模块简介 ······ 98
　　4.7.2　文件的基本操作 ······ 101
4.8　NET 网络 ······ 105
　　4.8.1　net 模块简介 ······ 105
　　4.8.2　TCP 服务器 ······ 106
4.9　dgram 数据报 ······ 108
　　4.9.1　dgram 模块简介 ······ 108
　　4.9.2　UDP 服务器 ······ 108
4.10　超文本传输协议模块 ······ 110
　　4.10.1　HTTP 模块简介 ······ 110
　　4.10.2　HTTP 服务器 ······ 111
4.11　本章小结 ······ 113

第 5 章　数据库操作 ······ 114

5.1　Node.js 操作 MySQL ······ 114
　　5.1.1　安装 MySQL ······ 114
　　5.1.2　MySQL 的基本命令 ······ 119
　　5.1.3　在 Node.js 中使用 MySQL ······ 122
5.2　Node.js 操作 MongoDB ······ 128
　　5.2.1　安装 MongoDB ······ 128
　　5.2.2　MongoDB 的基本命令 ······ 133
　　5.2.3　在 Node.js 中操作 MongoDB ······ 138
5.3　Node.js 操作 Redis ······ 142
　　5.3.1　安装 Redis ······ 142
　　5.3.2　Redis 的基本命令 ······ 145
　　5.3.3　在 Node.js 中使用 Reids ······ 151
5.4　本章小结 ······ 153

第 2 篇　Node.js 开发主流框架

第 6 章　Express 框架 ... 156

6.1　Express 框架入门 ... 156
- 6.1.1　Express 简介 ... 156
- 6.1.2　Express 的基本用法 ... 157
- 6.1.3　托管静态资源 ... 161

6.2　Express 路由 ... 163
- 6.2.1　路由简介 ... 163
- 6.2.2　路由的用法 ... 165

6.3　Express 中间件 ... 166
- 6.3.1　中间件简介 ... 166
- 6.3.2　中间件的分类 ... 170
- 6.3.3　自定义中间件 ... 175

6.4　使用 Express 编写接口 ... 178
- 6.4.1　Web 开发模式 ... 178
- 6.4.2　编写 RESTfull API ... 179
- 6.4.3　跨域问题 ... 182
- 6.4.4　身份认证 ... 191

6.5　常用的 API ... 205
- 6.5.1　模块方法 ... 205
- 6.5.2　Application 对象 ... 205
- 6.5.3　Request 对象 ... 206
- 6.5.4　Response 对象 ... 206
- 6.5.5　Router 对象 ... 206

6.6　本章小结 ... 206

第 7 章　Koa 框架 ... 207

7.1　Koa 简介 ... 207
- 7.1.1　Koa 框架的发展 ... 207
- 7.1.2　创建 Hello World 程序 ... 208
- 7.1.3　Koa 与 Express 的区别 ... 209

7.2　Context 上下文对象 ... 210
- 7.2.1　Context 上下文 ... 210
- 7.2.2　Request 对象 ... 211
- 7.2.3　Response 对象 ... 212

7.3　Koa 路由 ... 213
- 7.3.1　路由的基本用法 ... 213
- 7.3.2　接收请求数据 ... 214
- 7.3.3　路由重定向 ... 218

7.4 Koa 中间件 219
　　7.4.1 中间件的概念 219
　　7.4.2 静态资源托管 223
　　7.4.3 常用的中间件 225
　　7.4.4 异常处理 226
7.5 本章小结 230

第 8 章　Egg 框架 231

8.1 Egg 简介 231
　　8.1.1 Egg 是什么 231
　　8.1.2 第一个 Egg 程序 233
8.2 Egg 路由 236
　　8.2.1 定义路由 236
　　8.2.2 RESTfull 风格的路由 237
　　8.2.3 获取参数 238
　　8.2.4 获取表单内容 240
　　8.2.5 路由重定向 241
8.3 Egg 控制器 242
　　8.3.1 编写控制器 243
　　8.3.2 获取 HTTP 请求参数 245
　　8.3.3 调用 Service 层 247
　　8.3.4 发送 HTTP 响应 247
8.4 Egg 的 Service 248
　　8.4.1 Service 的概念 248
　　8.4.2 使用 Service 249
8.5 Egg 中间件 250
　　8.5.1 编写中间件 251
　　8.5.2 使用中间件 252
8.6 Egg 插件 254
　　8.6.1 插件简介 254
　　8.6.2 常用的插件 255
　　8.6.3 数据库插件 256
8.7 本章小结 259

第 3 篇　项目实战

第 9 章　百果园微信商城需求分析 262

9.1 需求分析 262
9.2 技术选型 264
9.3 环境准备 264
9.4 本章小结 266

第 10 章　百果园微信商城架构设计 267
10.1　系统架构 267
10.2　数据库设计 269
10.3　本章小结 274

第 11 章　百果园微信商城后端 API 服务 275
11.1　项目搭建 275
11.1.1　项目初始化 275
11.1.2　封装返回 JSON 276
11.1.3　路由模块化配置 277
11.2　接口安全校验 278
11.2.1　Token 校验 278
11.2.2　登录校验 281
11.2.3　接口授权 288
11.3　登录接口 290
11.3.1　数据库的初始化 290
11.3.2　用 ORM 实现查询 292
11.3.3　密码加密 295
11.3.4　日志封装 296
11.4　接口权限验证 298
11.4.1　拦截模块的方法 298
11.4.2　权限验证通过的处理 300
11.4.3　权限验证失败的处理 303
11.4.4　权限验证的实现 304
11.5　商品分类管理 API 310
11.5.1　添加商品分类 310
11.5.2　获取分类列表 312
11.5.3　获取指定的分类 316
11.5.4　修改指定的分类 317
11.5.5　删除指定的分类 318
11.6　分类参数管理 API 319
11.6.1　添加分类参数 319
11.6.2　获取分类参数列表 321
11.6.3　获取分类参数详情 322
11.6.4　修改分类参数 323
11.6.5　删除分类参数 324
11.7　商品管理 API 325
11.7.1　上传图片 326
11.7.2　添加商品 327
11.7.3　获取商品列表 339
11.7.4　删除商品 341

11.7.5　修改商品 342
　　11.7.6　获取商品详情 343
11.8　小程序端 API 344
　　11.8.1　获取最新商品列表 345
　　11.8.2　获取商品详情 346
　　11.8.3　获取分类列表 346
　　11.8.4　根据分类获取商品 347
11.9　本章小结 347

第 12 章　百果园微信商城 Vue 管理后台 348
12.1　Vue 项目搭建 348
　　12.1.1　创建项目 348
　　12.1.2　搭建路由 349
　　12.1.3　使用 Element-UI 制作组件 353
12.2　登录页面及其功能的实现 353
　　12.2.1　安装并设置 Axios 353
　　12.2.2　实现登录和退出功能 354
12.3　分类管理功能的实现 357
　　12.3.1　获取分类列表 357
　　12.3.2　添加分类 358
　　12.3.3　修改分类 360
　　12.3.4　删除分类 362
12.4　分类参数管理功能的实现 363
　　12.4.1　获取分类参数列表 363
　　12.4.2　添加分类参数 365
　　12.4.3　修改分类参数 366
　　12.4.4　删除分类参数 367
　　12.4.5　添加参数标签 368
　　12.4.6　删除参数标签 369
12.5　商品管理功能的实现 369
　　12.5.1　获取商品列表 369
　　12.5.2　搜索商品 371
　　12.5.3　添加商品 371
　　12.5.4　删除商品 377
　　12.5.5　修改商品 377
12.6　本章小结 382

第 13 章　百果园微信商城小程序 383
13.1　搭建项目 383
　　13.1.1　项目创建及配置 383
　　13.1.2　配置 tabBar 384

13.1.3　制作静态页面 385
13.2　封装公共功能 392
　　13.2.1　封装公共变量 392
　　13.2.2　封装网络请求 392
13.3　首页 393
　　13.3.1　首页功能说明 393
　　13.3.2　封装业务逻辑 393
　　13.3.3　获取接口数据 394
　　13.3.4　渲染页面数据 395
13.4　列表页 396
　　13.4.1　传递分类参数 396
　　13.4.2　接口数据渲染 396
13.5　详情页 398
　　13.5.1　传递商品参数 398
　　13.5.2　封装业务逻辑 398
　　13.5.3　获取商品数据 399
　　13.5.4　渲染商品数据 399
13.6　本章小结 401

第14章　百果园微信商城项目部署与发布 402
14.1　Node.js 接口部署 402
14.2　小程序发布 405
14.3　管理后台部署 408
14.4　本章小结 409

第15章　百果园微信商城性能优化初探 411
15.1　Node.js 程序优化 411
15.2　小程序优化 412
15.3　Vue 程序优化 414
15.4　本章小结 416

第1篇
Node.js 开发基础知识

▶▶ 第1章 Node.js 概述

▶▶ 第2章 Node.js 模块化管理

▶▶ 第3章 JavaScript 基础知识

▶▶ 第4章 Node.js 的内置模块

▶▶ 第5章 数据库操作

第 1 章 Node.js 概述

Node.js 是一个 JavaScript 运行环境，由 Ryan Dahl 基于谷歌的 Chrome V8 引擎开发而来。由于 JavaScript 是单线程、事件驱动的语言，Node.js 利用了这个优点，采用事件循环、异步 I/O 的架构，可以编写出高性能的服务器；同时 Node.js 的诞生使得 JavaScript 的运行可以脱离浏览器平台，这极大促进了 JavaScript 语言的发展。

本章首先介绍 Node.js 产生的背景及其高性能的特点和应用场景；接着在不同系统上演示 Node.js 环境的搭建，并指导如何创建第一个 Node.js 程序；最后对开发工具 IDE 进行介绍并演示 Node.js 程序的调试方法。

本章涉及的主要知识点如下：
- Node.js 的发展历程、特点和使用场景；
- 不同操作系统下的 Node.js 环境搭建；
- 创建第一个 Node.js 程序；
- Visual Studio Code 工具的使用及 Node.js 程序的调试方法。

注意：Node.js 本身采用 C++编写，用于提供 JavaScript 程序的运行环境。

1.1 Node.js 简介

本节首先介绍 Node.js 的诞生背景、高性能特点以及 Node.js 的实际应用场景；接着介绍 Node.js 发展历程，以便让读者对 Node.js 有整体的认识。

1.1.1 Node.js 是什么

官方定义：Node.js 是一个基于 Chrome V8 引擎的 JavaScript 运行时环境（Runtime Environment）。它是一个能让 JavaScript 脱离浏览器运行在服务器端的开发平台，这使得 JavaScript 可以像 Java、Python 和 PHP 等服务器端语言一样进行服务器端的开发。因此通过学习 JavaScript 和 Node.js 可以快速掌握全栈开发技术。

从定义中得出两点：
- Node.js 是一个 JavaScript 运行时环境；
- Node.js 基于 Chrome V8 引擎。

JavaScript 运行时环境又称 JavaScript 引擎，它将操作系统底层相关操作（如解释编译、内存管理和垃圾回收等）进行抽象封装，使得开发者无须关心底层细节。

也就是说，Node.js 运行时环境提供了诸多模块 API，开发者只需要通过 JavaScript 调用相应的模块 API 即可完成不同的业务需求。JavaScript 与 Node.js 的关系，类比 Java 与 JDK 的关系。Node.js 提供了大量的内置模块，将在第 4 章详细介绍。

> **注意**：运行时的不同必然导致编程 API 的不同。JavaScript 诞生之初主要用于制作网页特效，而网页运行于浏览器中，因此浏览器中的运行时可以使用 JavaScript 包含的 ECMAScript、DOM（文档对象模型）、BOM（浏览器对象模型）三部分 API。但是由于 Node.js 脱离了浏览器，因此 DOM 和 BOM 在 Node.js 环境中无法使用。

清楚了什么是运行时后，再来分析 Node.js 为什么要基于 Chrome V8 引擎进行封装。

这还得从 Node.js 创始人 Ryan Dahl 说起，"大佬"总是惊人的相似，和 Vue（全称为 Vue.js，本书简写为 Vue）框架创始人一样，Ryan Dahl 并非科班出身，他厌倦了代数拓扑学从而放弃攻读博士学位，在弃学旅行的过程中成为一名使用 Ruby 的 Web 开发者。

随着承接项目的增多，Ryan Dahl 在两年之后成为 Web 服务器性能问题专家。他曾尝试使用 C、Ruby、Lua 来解决 Web 服务器高并发的问题，虽然都失败了，但却找到了解决问题的关键：非阻塞、异步 I/O。

2008 年 9 月，谷歌发布了 V8 引擎，Ryan Dahl 仔细研究发现这是一个绝佳的 JavaScript 运行环境，单线程、非堵塞异步 I/O。于是他想到 JavaScript 本身就是单线程，浏览器发起 AJAX 请求也是非阻塞的，基于这个原理如果将 JavaScript 和异步 I/O 以及 HTTP 服务器集合在一起就能解决高并发的问题。根据这个思路，在接下来几个月的时间里，Ryan Dahl 独自完成了 Web.js（后来改名为 Node.js）的开发，并于 2009 年 5 月正式推出 Node.js。Node.js 默认集成了现在被我们熟知的 NPM 模块管理工具，用于简化 Node.js 模块源代码的管理。2010 年，Node.js 获得 Joyent 公司赞助，Ryan Dahl 加入 Joyent 公司，大力推动了 Node.js 的发展。

1.1.2　Node.js 能做什么

由于 Node.js 是一个开放源代码的 JavaScript 运行时环境，采用事件驱动、异步 I/O 的模式，所以非常适合轻量级、快速的实时应用（如协作工具、聊天工具、社交媒体等）以及高并发的网络应用。

据 Stack Overflow 统计，Node.js 是非常受欢迎的技术之一，国内外都有大量公司使用 Node.js 构建应用。例如：

- 雅虎：在 2009 年（Node.js 首次发布不到一年）就开始使用，雅虎博客证实其网络应用中有 75%是基于 Node.js 的。
- 领英：2011 年其平台用户已突破 6300 万，通过从 Ruby on Rails 转向 Node.js，完成从同步系统迁移到异步系统，使得服务器数量从 15 台减少到 4 台，流量服务在原有基础上提升了 1 倍，程序运行速度提升了 2~10 倍。
- Uber：世界著名的网约车平台，其应用程序使用了一些 Node.js 工具，虽然其不断引入新技术，但是 Node.js 仍是其基础。
- PayPal：2013 年从 Java 迁移到 Node.js，使得其页面响应时间缩短为 200ms，每秒处理请求的数量在原有基础上增加了一倍。

- 阿里巴巴：2017 年，优酷除账户模块和土豆部分页面使用 Node.js 外，其他 PC 和 HTML 5 的核心页面仍然采用的是 PHP 模板渲染，经过 Node 改造后，完成了从 PHP 到 Node.js 的迁移，成功地完成了 2019 年的"双 11"重任。阿里巴巴是国内 Node.js 的布道者，开源了基于 Node.js 的框架 Egg，产品大量使用 Node.js，包括语雀、淘宝、阿里云和天猫等。
- 腾讯：每逢体育赛事或重大节日，腾讯视频直播都是每秒数亿次的高并发请求，这充分证明 Node.js 在高并发场景下的出色能力。同时，腾讯 NOW 直播、花样直播等产品也在广泛使用 Node.js。

注意：随着业务需求的变化和新技术的引入，系统架构可能会发生变化。

随着众多公司加入 Node.js 阵营，诞生了非常多的基于 Node.js 的 Web 框架，如 Express、Koa、Meteor 和 Egg 等。除了这些大型框架，还有一些非常优秀的应用或模块也可以提升工作效率，值得我们研究。

- Socket.io 是一个 WebSocket 库，包含客户端 JavaScript 和服务器端的 Node.js，其目标是在不同浏览器和移动设备上构建实时应用，非常适合构建 Web 聊天室。
- Hexo 是一款基于 Node.js 的静态博客框架，依赖少且易安装，可以生成静态页面托管到 GitHub 上，是搭建博客的首选框架之一。
- Node Club 是一个使用 Node.js 和 MongoDB 开发的新型社区软件，界面简洁，功能丰富。Node.js 中文社区就是使用此程序搭建的。

除此之外还有一些非常好用的工具：Bower.js、Browserify 和 Commander 等。

Node.js 之所以得到众多公司和开发者的青睐，主要原因有以下几点。

1. 跨平台

基于 Node.js 开发的应用，可以运行在 Windows、Linux 和 macOS 平台上，实现一次编写、处处运行。国内很多开发者都是在 Windows 平台上开发，然后部署到 Linux 服务器上运行。

2. 异步I/O

I/O 表示输入/输出（input/output）。软件应用的性能瓶颈往往就在 I/O 上，无论网络 I/O 还是读取文件 I/O 都可能会耗费大量时间。这种情况下如果顺序执行多个耗时的任务，则总任务完成的时间等于各项任务依次执行完成时间之和，显然这是不明智的。为了解决这类问题从而引申出了两个概念：同步、异步。

- 同步：任务一件一件地依次执行，上一个任务完成后才能进入下一个任务。
- 异步：任务一件一件地依次执行，但不用等到任务执行完成便可以进入下一个任务。为了得到上一事件执行的结果，需要额外开辟存储空间将未执行完的任务放入一个事件队列，等任务执行完成后，再将其取出进行处理。

Node.js 采用异步 I/O，不必等到 I/O 完成即可执行其他任务，从而提高性能。这就是典型的用空间换时间。

3．单线程

Node.js 只用一个主线程来接收请求，接收到请求后将其放入事件队列，继续接收下一次请求。当没有请求或主线程空闲时就会通过事件循环来处理这些事件，从而实现异步效果，满足高并发场景。

需要注意的是，主线程空闲时去处理事件队列并非亲自去处理 I/O 操作，仅仅是去取执行结果，根据结果完成后续操作而已。那么这个 I/O 究竟是谁去完成的呢？实际上需要依赖操作系统层面的线程池。

简单理解就是 Node.js 本身是一个多线程平台，只是对 JavaScript 层面的任务处理是单线程的。如果是 I/O 任务则由操作系统底层线程池处理，如果是其他任务则由主线程自己完成，而如数据加密、数据压缩等需要 CPU 耗时处理的任务，依然是由主线程依次执行，同样可能会造成阻塞。

> 注意：由此得出，Node.js 非常适合 I/O 密集型场景，不适合 CPU 密集型任务。

4．事件驱动

传统的高并发场景中通常是采用多线程模型，为每个任务分配一个线程，通过系统线程切换来弥补同步 I/O 调用时间的开销，这是典型的时间换空间。

Node.js 是单线程模型，避免了频繁的线程间切换。它维护一个事件队列，程序在执行时进入事件循环（Event Loop）等待事件的到来；而每个异步 I/O 请求完成后会被推送到事件队列，等待主线程对其进行处理。这种基于事件的处理模式，才使得 Node.js 中执行任务的单线程变得高效。

事件循环机制如图 1.1 所示。

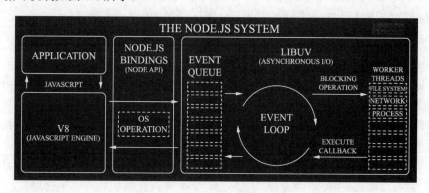

图 1.1 Node.js 事件循环机制

5．支持微服务

微服务（Microservices）是一种软件设计风格，其把复杂业务进行拆分，根据特定功能完成单一服务划分，这些服务可以单独部署并能最小化地集中管理。

Node.js 本身就轻量且跨平台，易于构建 Web 服务，支持从前端到后端数据库的全栈操作，因此非常适合用于创建微服务。

通过 Node.js 内置的 HTTP 等网络模块，能够快速创建微服务应用。除了 Node.js 内置模块外，Node.js 生态中也有很多成熟、开源的微服务框架可以用于创建微服务应用，如 Seneca、腾讯的 Tars.js 等。

1.1.3 Node.js 架构原理

Node.js 是基于 Chrome V8 引擎封装的 JavaScript 运行时环境，采用 C++编写，组成结构如图 1.2 所示。

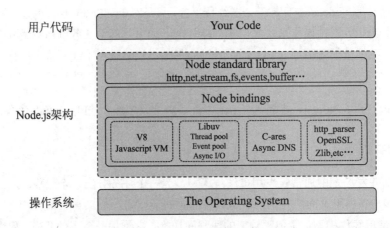

图 1.2 Node.js 的组成结构

从图 1.2 中可以看出，Node.js 由 3 层组成：

- 核心模块层（Core Modules）：也称 Node standard library 或 Node.js API，是 Node.js 专门提供给开发人员使用的标准库，包含 HTTP、Buffer 和 fs 等模块，此层采用 JavaScript 编写，可以使用 JavaScript 直接调用，其下各层采用 C++/C 编写。
- Node.js 绑定层（Node bindings）：是连接 JavaScript 和 C++的桥梁，封装了 Chrome V8 引擎和 Libuv 等其他功能模块的细节，向上层提供基础的 API 服务。
- JavaScript 运行时及功能库：此层是支撑 Node.js 运行的关键，由 C++/C 实现，包含 Chrome V8 引擎及 Libuv、C-ares、http_parser、OpenSSL 和 zlib 等库。

Chrome V8 引擎由谷歌开源，Node.js 将其封装提供给 JavaScript 运行时环境，其可以说是 Node.js 的发动机；Libuv 是为解决 Node.js 跨平台提供异步 I/O 功能而封装的一个库；C-ares 是封装了异步处理 DNS 相关功能的库；http_parser、OpenSSL 和 zlib 等库则提供了包括 HTTP 解析、SSL、数据压缩等功能。

接下来再看看程序代码在 Node.js 上的执行流程。

（1）采用 JavaScript 语言调用 Core Modules 模块完成相应的业务功能。

（2）JavaScipt 运行在 Chrome V8 引擎上，Core Modules 核心模块通过 Bindings 调用下层的 Libuv、C-ares 和 HTTP 等 C++/C 类库，进而调用操作系统提供的底层平台功能。

> 注意：Node.js 的核心是 Chrome V8 和 Libuv，Ryan Dahl 对部分特殊用例进行了优化，提供了替代的 API，使得 Chrome V8 在非浏览器环境中运行得更好。

1.1.4 Node.js 的发展历程

Node.js 在 2009 年由 Ryan Dahl 封装并开发，发展至今版本更加趋于稳定，社区和平台也更加趋于成熟，这离不开广大开发者的无私奉献。如前面所述，目前很多高流量网站都采用了 Node.js 进行开发，或者在原本项目中加入 Node.js 作为中间层进行优化。

Node.js 的官网地址为 https://nodejs.org/，如图 1.3 所示。

图 1.3 Node.js 的官网

从图 1.3 中可以看出，Node.js 分为两个版本：LTS（长期维护版）和 Current（尝鲜版），截至写书时，LTS 的版本为 20.11.1，Current 的版本为 21.6.2。

> 注意：由于 Current 的版本是根据开发进度实时更新的，所以可能存在 bug，生产环境建议使用 LTS 版本。

Node.js 并不是 JavaScript 框架，但从命名上可以看出，其官方开发语言是 JavaScript，这使得前端人员也可以快速转向全栈开发，JavaScript 也因此由前端脚本语言迅速拓展到服务器端开发行列，很多公司专门设置了 Node.js 工程师这个岗位。

Node.js 能迅速成为热门，除了功能强大之外，还有一个很重要的原因，那就是它提供了一个 NPM 包管理工具，它可以轻松管理项目依赖，这个包管理工具中有成千上万的模块或工具，可以快速提高开发人员的效率。很多前端人员可能就是因为 NPM 才知道 Node.js 的。

以下列举 Node.js 发展过程中的一些大事件。

- 2008 年 9 月，谷歌发布 Chrome V8 引擎。
- 2009 年 5 月，Ryan Dahl 正式推出 Node.js。
- 2010 年 3 月，基于 Node.js 的 Web 框架 Express 发布；Socket.io 诞生。
- 2010 年 8 月，Node.js 0.2.0 发布。
- 2010 年 12 月，Joyent 公司赞助 Node.js，因此 Ryan Dahl 加入 Joyent 公司进行全职开发。

- 2012 年 1 月，Ryan Dahl 辞职，不再负责 Node.js 项目，但这并没有影响 Node.js 的发展。
- 2013 年 12 月，Node.js 另外一个重量级框架 Koa 诞生。
- 2014 年 11 月，多位 Node.js 重量级开发人员不满 Joyent 公司的管理，辞职后创建了 Node.js 分支项 io.js，并于 2015 年 1 月发布了 io.js 1.0.0 版本。
- 2015 年 2 月，Joyent 公司携手各大公司和 Linux 基金会成立了 Node.js 基金会，并提议与 io.js 和解，同年 5 月和解达成，Node.js 与 io.js 合并，隶属于 Node.js 基金会。
- 2016 年 10 月，YARN 包管理器发布。
- 2019 年 3 月，Node.js 基金会和 JS 基金会合并成 OpenJS 基金会，以促进 JavaScript 和 Web 生态系统的发展。
- 2020 年 4 月，Node.js 发布 14.0.0 版本。
- 2021 年 4 月，Node.js 发布 16.0.0 版本。

从时间点可以看出，Node.js 发布不到一年就产生了 Express 框架，在其后两年多的时间里，如 LinkedIn、Uber、eBay 和沃尔玛等大公司先后加入 Node.js 阵营，极大推进了 Node.js 的应用和发展。

1.2 Node.js 的安装配置

对 Node.js 有了初步了解之后，进行 Node.js 开发之前，本节先分别演示如何在 Windows 和 Linux 系统中安装配置 Node.js。

1.2.1 在 Windows 中安装 Node.js

如果读者的计算机中还未安装 Node.js，需要先从其官网上下载对应的版本进行安装，下载地址为 https://nodejs.org/zh-cn/download/。相比于 Linux 平台，Node.js 对 Windows 平台的适配较晚，在微软的支持下，Node.js 的安装非常简单，只需要下载后缀为 msi 的安装包，然后双击运行并按提示进行操作即可。

（1）下载安装包。如果要下载最新的版本，那么直接在官网首页上下载即可。这里下载的 Node.js 版本为 V12.18.2，后面将以该版本为例展开介绍，其下载地址为 https://nodejs.org/download/release/v12.18.2/node-v12.18.2-x64.msi。

（2）双击安装包开始安装，在弹出的对话框中单击 Next 按钮，如图 1.4 所示。

（3）在弹出的对话框中勾选复选框协议后，单击 Next 按钮，如图 1.5 所示。

（4）在弹出的对话框中选择安装目录，单击 Next 按钮，如图 1.6 所示。

（5）在弹出的对话框中选择要安装的功能，这里保持默认即可，然后单击 Next 按钮，如图 1.7 所示。

（6）在弹出的对话框中保持默认选项，单击 Next 按钮，如图 1.8 所示。

（7）在弹出的对话框中单击 Install 按钮开始安装，如图 1.9 所示。

第 1 章 Node.js 概述

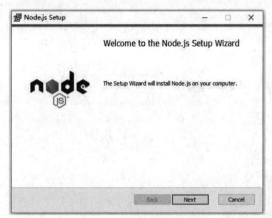

图 1.4　安装 Node.js　　　　　　　　　图 1.5　同意协议

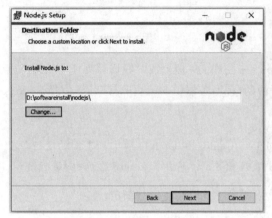 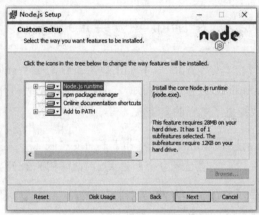

图 1.6　选择安装目录　　　　　　　　　图 1.7　选择安装功能

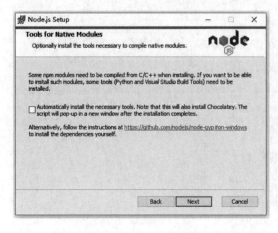 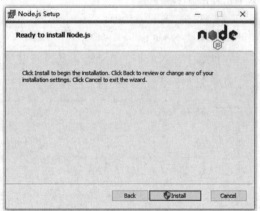

图 1.8　安装工具选项　　　　　　　　　图 1.9　准备安装

（8）此时，将弹出一个安装进度对话框，如图 1.10 所示。安装完成后，弹出一个安装完成对话框，单击 Finish 按钮完成 Node.js 的安装，如图 1.11 所示。

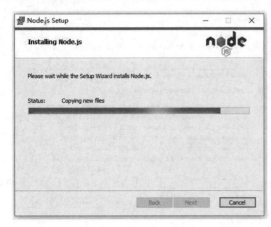
图1.10 等待安装完成

图1.11 安装完成

1.2.2 在 Linux 中安装 Node.js

大多数情况下,我们的日常工作是在 Windows 中完成的,但上线时我们通常使用的服务器为 Linux 系统。众所周知,Linux 系统是免费和开源的,在服务器中的应用非常广泛,因此 Node.js 也提供了对应的安装包。

> 注意:Linux 系统有非常多的发行版(如 RedHat、Centos 和 Ubuntu 等),不同的发行版有自己的命令和格式,因此不同系统的安装略有区别。下面以 Centos 7.0 为例进行演示。

在 Linux 中安装软件比较简单,只需要下载对应的文件并解压运行即可。

(1)登录 Linux 系统。

登录 Linux 系统后,通过如下命令可以查看系统的版本,如图 1.12 所示。

```
cat /etc/redhat-release
```

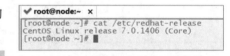
图1.12 查看 Linux 的版本

(2)下载 Node.js。

在终端中输入如下下载命令,等待下载完成,如图 1.13 所示。

```
wget https://nodejs.org/dist/v12.18.2/node-v12.18.2-linux-x64.tar.xz
```

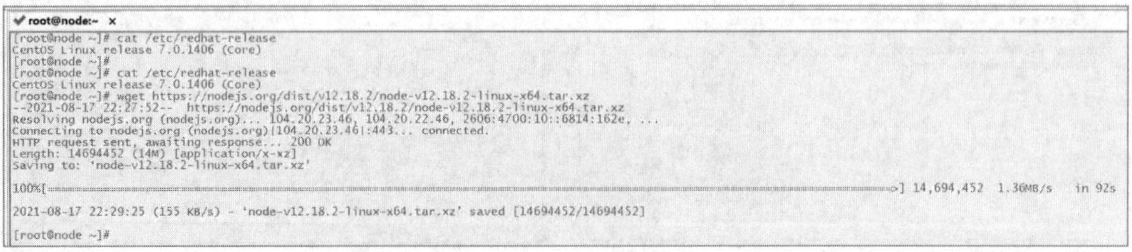

图1.13 下载 Node.js

(3)解压文件。

通过如下命令解压下载的 node 文件,如图 1.14 所示。

```
cat /etc/redhat-release
```

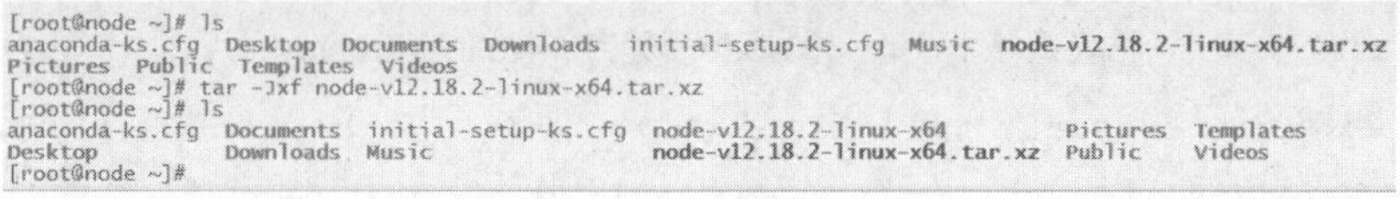

第1章 Node.js 概述

```
[root@node ~]# ls
anaconda-ks.cfg  Desktop    Documents  Downloads  initial-setup-ks.cfg  Music  node-v12.18.2-linux-x64.tar.xz
Pictures  Public  Templates  Videos
[root@node ~]# tar -Jxf node-v12.18.2-linux-x64.tar.xz
[root@node ~]# ls
anaconda-ks.cfg  Documents  initial-setup-ks.cfg  node-v12.18.2-linux-x64       Pictures  Templates
Desktop          Downloads  Music                 node-v12.18.2-linux-x64.tar.xz  Public    Videos
[root@node ~]#
```

图 1.14 解压文件

（4）运行并测试。

切换到刚才解压后的文件夹 node-v12.18.2-linux-x64 的 bin 目录下，通过 ll 命令查看 node 文件并执行命令 node -v 测试安装是否成功，如图 1.15 所示。

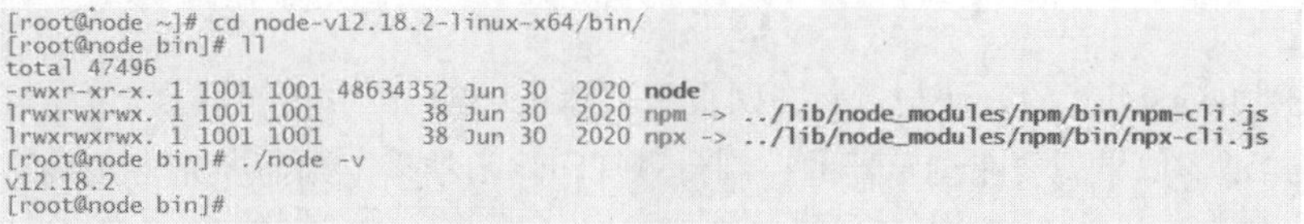

```
[root@node ~]# cd node-v12.18.2-linux-x64/bin/
[root@node bin]# ll
total 47496
-rwxr-xr-x. 1 1001 1001 48634352 Jun 30  2020 node
lrwxrwxrwx. 1 1001 1001       38 Jun 30  2020 npm -> ../lib/node_modules/npm/bin/npm-cli.js
lrwxrwxrwx. 1 1001 1001       38 Jun 30  2020 npx -> ../lib/node_modules/npm/bin/npx-cli.js
[root@node bin]# ./node -v
v12.18.2
[root@node bin]#
```

图 1.15 测试是否安装成功

（5）添加环境变量。

通过以下命令，将 Node.js 和 NPM 添加到环境变量中，如图 1.16 所示。

```
//将 Node.js 放入环境变量
ln -s /root/node-v12.18.2-linux-x64/bin/node /usr/local/bin/node
//将 NPM 放入环境变量
ln -s /root/node-v12.18.2-linux-x64/bin/npm /usr/local/bin/npm
```

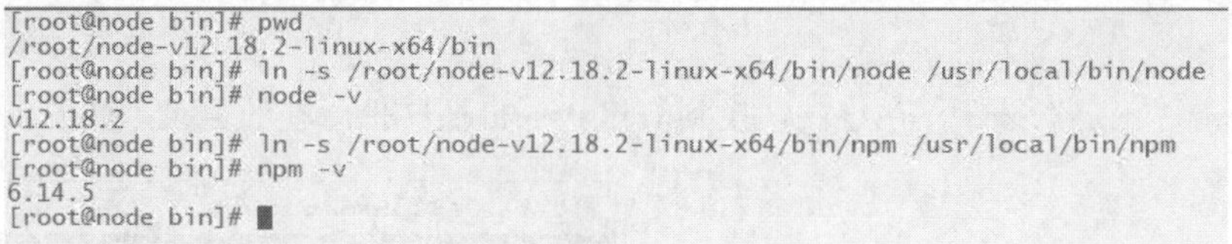

```
[root@node bin]# pwd
/root/node-v12.18.2-linux-x64/bin
[root@node bin]# ln -s /root/node-v12.18.2-linux-x64/bin/node /usr/local/bin/node
[root@node bin]# node -v
v12.18.2
[root@node bin]# ln -s /root/node-v12.18.2-linux-x64/bin/npm /usr/local/bin/npm
[root@node bin]# npm -v
6.14.5
[root@node bin]#
```

图 1.16 添加环境变量

1.3 编写第一个 Node.js 程序

【本节示例参考：\源代码\C1\Example_HelloWorld】

1.2 节已经搭建好 Node.js 的执行环境，由于 Node.js 可以直接运行 JavaScript 代码，所以本节将创建一个普通的 JavaScript 程序并演示如何在 Node.js 中执行这个程序。

1.3.1 创建 Node.js 应用

在本地磁盘工作目录下（笔者的本地目录为 E:\node book\C1\Example_HelloWorld）创建名为 HelloWorld.js 的 JavaScript 文件，采用任何一个文本编辑器（记事本、Notepad++、HBuilder、Visual Studio Code 等）打开并编辑文件，输入以下内容并保存文件。

代码1.1　第一个Node.js程序：HelloWorld.js

```
var hello='hello world';
console.log(hello)
```

以上代码采用JavaScript语法书写，先通过var关键字声明hello变量并赋值为hello world字符串；接着通过console对象的log方法将对象值打印到控制台，这样JavaScript文件就创建好了。

1.3.2　运行Node.js应用

前面创建JavaScript的方法与以前在网页里书写JavaScript并没有区别，有一定Web基础的读者一定知道，如果想要在浏览器的控制台里打印输出结果，则需要先将JavaScript代码放入一个HTML文件中，然后在浏览器里打开即可。

与以往不同的是，这次我们希望这段代码在Node.js环境中运行，而非在浏览器中运行。因此需要打开CMD命令行工具，切换到HelloWorld.js文件对应的目录，然后执行node命令，观察输出结果。

注意：笔者的操作系统是Windows 10，因此使用CMD命令行工具，如果是其他操作系统，则打开对应的终端即可。

（1）打开终端并切换到目标目录。按键盘上的Windows+R组合键，弹出的对话框如图1.17所示。

（2）单击"确定"按钮，在终端切换到HelloWorld.js文件所在的目录，如图1.18所示。

图1.17　运行终端

图1.18　切换目录

在图1.18中，命令e:表示切换到E盘，接着通过cd命令切换到HelloWorld.js文件所在的目录，然后通过dir命令查看文件信息。

注意：需要掌握cd、dir等常见的cmd命令。

（3）通过node命令执行文件。通过命令"node 文件名"直接在Node.js中执行JavaScript程序，如图1.19所示。

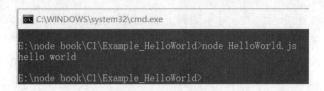

图 1.19　执行结果

可以看到，Node.js 打印输出了预期的 hello world 值。文件名可以不带后缀，Node.js 默认会自动查找后缀为.js 的文件。

通过以上操作，我们就实现了在 Node.js 中运行一个最简单的 JavaScript 程序的目标。

1.4　开发工具及其调试

【本节示例参考：\源代码\C1\Example_HelloWorld】

工欲善其事，必先利其器。在 1.3.2 节的示例中我们直接通过记事本使用 JavaScript 编写了一个 Hello World 文件，并直接在 CMD 终端中执行程序。在实际进行项目开发的过程中，往往需要借助 IDE 工具来提高开发效率，这类工具非常多，常用的有 Visual Studio Code、WebStorm、HBuilderX、Atom 和 EditPlus 等。其中，Visual Studio Code 深受好评，它是微软在 2015 年发布的一款跨平台、开源、免费的编辑器，下面就来学习如何使用它编写并调试 Node.js 程序。

1.4.1　安装 Visual Studio Code

可以从 Visual Studio Code 官网上下载最新的稳定版本，下载地址为 https://code.visualstudio.com/，其官网下载主界面如图 1.20 所示。

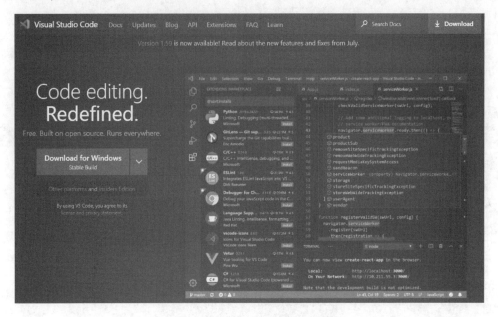

图 1.20　Visual Studio Code 官网界面

笔者是 Windows 10 系统，下载最新的稳定版，得到文件 VSCodeUserSetup-x64-1.54.3.exe。双击该文件进行安装，在弹出的对话框中选择同意协议，单击"下一步"按钮，如图 1.21 所示。

在弹出的对话框中，单击"浏览"按钮，选择合适的安装位置，然后单击"下一步"按钮，如图 1.22 所示。

图 1.21　同意协议

图 1.22　选择安装位置

后面的安装保持默认选项，直接单击"下一步"，如图 1.23 到图 1.27 所示。

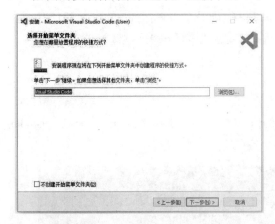

图 1.23　创建开始菜单

图 1.24　创建快捷方式

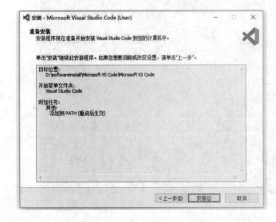

图 1.25　开始安装

图 1.26　安装进度展示

第 1 章 Node.js 概述

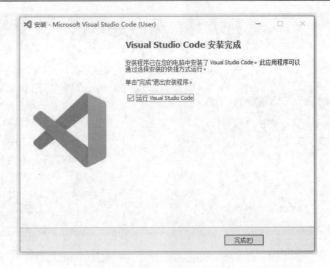

图 1.27 安装完成

安装完成后，运行 Visual Studio Code，主界面如图 1.28 所示。

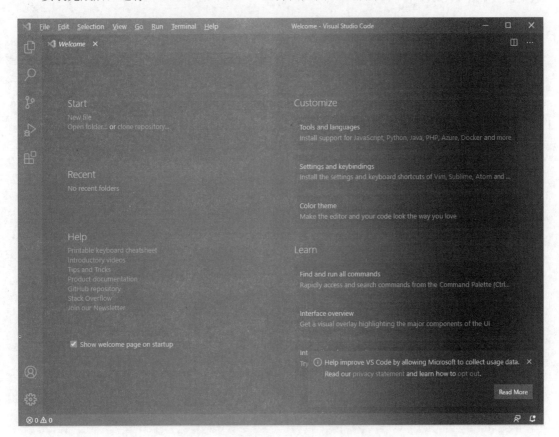

图 1.28 Visual Studio Code 主界面

将 1.3 节创建的应用对应的目录 Example_HelloWorld 拖曳到 Visual Studio Code 中，打开之前创建的程序，在 Visual Studio Code 中依然可以运行，如图 1.29 所示。

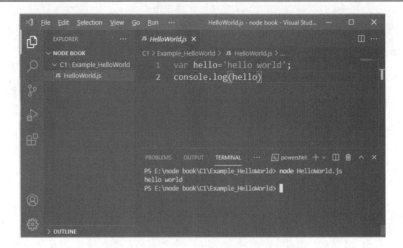

图 1.29　在 Visual Studio Code 中运行 HelloWorld 程序

1.4.2　调试 Node.js 程序

在网页里编写 JavaScript 程序，可以借助浏览器的功能进行调试，Node.js 并不运行在浏览器中，怎么进行调试呢？本节演示如何在 Visual Studio Code 中创建并调试 Node.js 程序。

（1）创建程序。

在 Visual Studio Code 中新建文件，如图 1.30 和图 1.31 所示。

图 1.30　Visual Studio Code 新建文件

图 1.31　在 Visual Studio Code 中新建文件

输入内容见代码 1.2。

代码 1.2　第一个 Node.js 程序：HelloWorld.js

```
var username = 'heimatengyun';
var age = '18';
console.log(username, age)
```

（2）添加断点。

在 Visual Studio Code 中单击行号前的小红点设置断点，如图 1.32 所示。

（3）调试设置。

单击 Visual Studio Code 主界面左侧的调试按钮设置调试信息，如图 1.33 至图 1.35 所示。

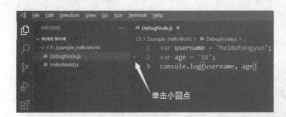
图 1.32　设置断点

图 1.33　单击调试按钮

图 1.34　设置调试目标

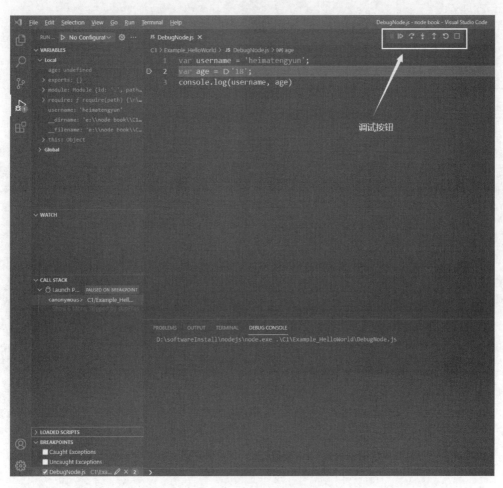
图 1.35　开启调试功能

调试功能开启后，程序就会停止在断点处，单击下一步按钮，程序将运行下一步，如图 1.36 所示。

图 1.36　断点调试

如果想结束程序，单击最右边的停止按钮即可。

1.5　创建 Web 服务器案例

【本节示例参考：\源代码\C1\Example_HelloWorld】

Node.js 提供了 HTTP 模块，因此只需要引入该模块并调用 API 即可完成 HTTP 的相关功能。本示例采用 Node.js 搭建简单的 HTTP 服务器，实现用户访问不同的地址给出不同的响应内容的效果。

代码 1.3　创建Web服务器程序：HttpServer.js

```javascript
//1. 引入 HTTP 模块
const http = require('http');
//2. 创建 HTTP 服务器
const server = http.createServer(function (request, response) {
    const url = request.url;                    //获取请求地址
    console.log(url)
    var answer = '';                            //设置响应内容
    switch (url) {
        case '/':
            answer = '欢迎访问首页';
            break;
        case '/login':
            answer = '欢迎来到登录页';
            break;
        default:
            answer = '非法闯入';
            break;
    }
    //设置响应头的编码格式为UTF-8，避免中文乱码
    response.setHeader('Content-Type', 'text/plain;charset=utf-8');
    response.end(answer);
});
//3. 启动服务器监听 8888 端口
server.listen('8888', function () {
    console.log("服务器启动成功，访问：http://127.0.0.1:8888")
})
```

代码首先通过 require 引入 Node.js 内置的 HTTP 模块；接着通过 HTTP 对象调用 createServer 方法创建 HTTP 服务器，该方法可以接收一个回调函数，其包含两个参数，第一个参数包含用户请求的相关 URL 等信息，第二个参数用于设置向用户返回的响应信息；最后在 8888 端口上启动 HTTP 服务器。

在 Visual Studio Code 终端上通过 node 命令（node HttpServer）启动服务器，如果看到控制台输出如下信息则表示启动成功，如图 1.37 所示。

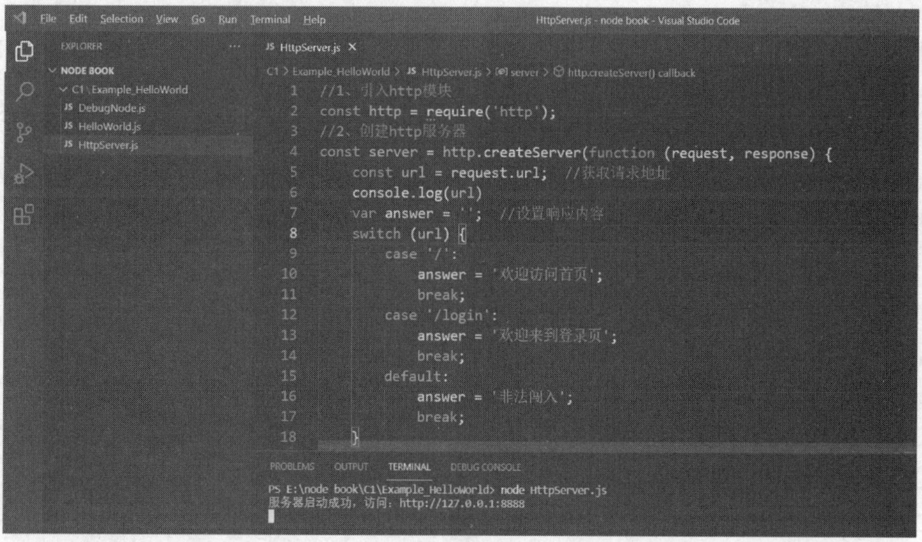

图 1.37　服务器启动成功

注意：选择菜单栏上的 Terminal | New Terminal 命令，可以打开终端面板。

当用户访问 http://127.0.0.1:8888 时，请求会进入回调函数并向用户返回"欢迎访问首页"的信息。当用户访问不同的地址时将会得到不同的结果，如图 1.38 所示。

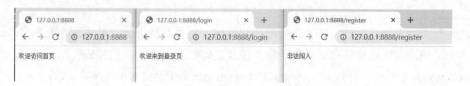

图 1.38　服务器的运行效果

1.6　本章小结

本章先介绍了 Node.js 产生的背景、高并发的特点、架构组成及其发展历程；接着演示了在 Windows 和 Linux 中如何安装配置 Node.js 环境；最后讲解了在 Visual Studio Code 中创建和调试 Node.js 程序的技巧，并通过一个"创建 Web 服务器"实例演示了 Node.js 程序的创建过程和执行流程。通过本章的学习，期望读者能对 Node.js 有一个初步的认识。

第 2 章　Node.js 模块化管理

在 Node.js 运行环境中采用 JavaScript 语言编写代码，应当把一些通用的功能封装为模块以便复用。随着功能的完善和 bug 的修复，应该由版本号来标识这些模块的特定版本，并且模块之间可能存在依赖关系。这就需要用到模块管理工具来对模块的版本和依赖关系进行管理。

在 Node.js 中，通过 NPM 包管理器对模块进行管理，NPM 在 Node.js 的发展过程中起到了非常重要的作用。本章就介绍模块化的相关规范、Node.js 的模块以及如何通过 NPM 进行模块管理。

本章涉及的主要知识点如下：
- 了解 JavaScript 常见的规范及其发展历程；
- 掌握 CommonJS 规范与 ECMAScript 6（后面简写为 ES 6）模块规范的异同；
- 掌握 Node.js 内置的核心模块；
- 掌握如何自定义模块；
- 掌握如何通过 NPM 和 YARN 管理 Node.js 模块。

注意：JavaScript 语言由三部分组成，分别是核心部分、DOM 和 BOM。在 Node.js 中，只能使用核心部分，其中针对浏览器的 DOM 和 BOM 不再适用。

2.1　JavaScript 模块化

在进行大型系统开发时，需要采用模块化思维，将系统拆分为"高内聚、低耦合"的子模块，各个子模块专注处理各自的业务逻辑，模块之间相互协作，共同完成特定的功能。本节介绍 JavaScript 常见的模块化规范，需要掌握 CommonJS 规范及 ES 6 的模块规范。

2.1.1　什么是模块化

【本节示例参考：\源代码\C2\mutilFile】

众所周知，JavaScript 诞生之初仅是为了实现网页特效、完成网页表单数据校验。JavaScript 创始人仅用 10 天就完成了该语言的设计，因此并没有模块化地规范设计。

随着计算机硬件的发展、浏览器性能的提升，很多页面逻辑都可以在客户端完成。Web 2.0 时代的到来，使 AJAX 技术得到广泛应用，各种 RIA（富客户端应用）层出不穷，其间诞生了非常多的框架，如 ExtJS、EasyUI、Bootstrap、jQuery、React 和 Vue 等。随着业务逐渐赋值，前端代码日益膨胀，在这种情况下就要考虑使用模块化规范地进行管理。

那么，什么是模块化呢？JavaScript 模块化就是指 JavaScript 代码分为不同的模块，模块内部定义的变量作用域只属于模块内部，模块之间的变量名互不冲突；各个模块既相互独立，又可以通过某种方式相互引用协作。

💡**注意**：随着前端技术的发展，如 React、Vue 等这类新的 MVVM 框架逐步取代了以前的 ExtJS、jQuery 等框架。

模块化，简单说就是将代码文件拆分为不同的模块。那么模块又是什么呢？简单理解模块就是文件。因此模块化就是将一个复杂程序依据一定规则拆分并封装成几个文件块，然后通过一定规则将各个块文件组合在一起，块内部的数据和函数是私有的，只向外部暴露部分接口或函数与外部的其他模块通信。

这里说的模块化规则即接下来要介绍的模块化规范。在此之前，我们先思考一下，拆分代码会带来什么问题？

以计算工资为例，假设工资的计算公式为：工资=当月奖金+当月实际出勤工资，实际出勤工资=每日工资×出勤天数，每日工资=基本工资/22 天。按上述思路，将计算工资的功能分别拆分到 4 个文件 a.js、b.js、c.js 和 man.html 中，实现运行 man.html 文件后在浏览器控制台中输出工资，具体实现见代码 2.1 至代码 2.4。

代码 2.1　a.js文件

```
//a.js
var bonus = 50000;                      //当月奖金
var monthSalary = salary + bonus;       //当月工资=实际出勤所得的基本工资+当月奖金
```

在 a.js 文件中计算当月工资，当月工资（monthSalary）=当月出勤工资（salary）+当月奖金（bonus）。在该文件中定义了 bonus，而 salary 没在该文件中定义，而是定义在 b.js 文件中。

代码 2.2　b.js文件

```
//b.js
var day = 30;                           //实际出勤天数
var salary = (basicSalary / 22) * day;  //当月基本工资=每日工资×实际出勤天数
```

在 b.js 文件中计算当月出勤工资（salary），该项计算依赖于每月基本工资 basicSalary，而此变量定义在 c.js 文件中。

代码 2.3　c.js文件

```
//c.js
var basicSalary = 2000;                 //基本工资
```

在 c.js 文件中定义了基本工资 basicSalary 变量。

代码 2.4　main.html文件

```
<!DOCTYPE html>
<html lang="en">

<head>
    <meta charset="UTF-8">
    <meta http-equiv="X-UA-Compatible" content="IE=edge">
    <meta name="viewport" content="width=device-width, initial-scale=1.0">
```

```html
        <title>计算工资</title>
    </head>
    <body>
        <!-- 严格按照此顺序引入文件 -->
        <script src='c.js'></script>
        <script src='b.js'></script>
        <script src='a.js'></script>
        <script>
            // var monthSalary=100;  //由于a.js文件存在monthSalary,所以此处会覆盖
            console.log(monthSalary)
        </script>
    </body>
</html>
```

main.html 文件分别引入了 3 个 js 文件，然后在控制台打印当月工资。需要注意的是文件之间存在相互依赖关系（a.js 依赖 b.js，b.js 依赖 c.js），也就是说，在上述代码中必须严格按照这个顺序引入这 3 个 js 文件，否则就会报错。假设 4 个文件都由不同人员开发，在 mian.html 中不小心又定义了一个与 a.js 文件同名的变量 monthSalary，则会导致同名被覆盖。

> 注意：这是一个比较致命的错误，当一个项目很大、文件很多并由很多人协同开发时，难免会出现同名的情况。同名覆盖导致的错误将难以排查。

因此可以看出，模块化不是简单地将文件拆分即可，拆分之后需要避免变量被全局污染、需要解决私有空间问题、需要维护模块与模块之间的依赖关系等。随着前端工程业务的复杂化，除了 JavaScript 代码模块化，还要考虑如图片和 CSS 文件等静态资源的模块化、代码开发完成后对其的压缩、合并优化等。

在前端模块化这条路上，前辈们做了非常多的尝试，从文件拆分、命名空间、立即执行函数、CommonJS 规范、ES 6 模块规范等，再到 Webpack 工具的诞生，每个新工具的诞生都是为了解决一些特定的问题，正是这些尝试促进了前端技术的飞跃发展。

2.1.2 模块化的发展史

在 JavaScript 的发展过程中，模块化规范也经历了不同的阶段，从诞生时间上看，大致如图 2.1 所示。

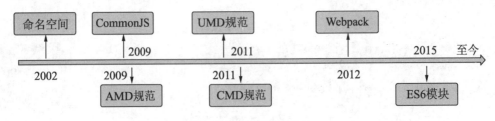

图 2.1 模块化的发展史

1．CommonJS规范

CommonJS 规范规定：一个单独的文件就是一个模块，每个模块都是一个单独的作用域。在一个文件中定义的变量、函数等成员都是私有的，对其他文件不可见。

CommonJS 有个显著的特点，即加载模块是同步的，只有等模块加载完成后才能执行后续的操作。Node.js 采用了此规范，由于 Node.js 主要用于服务器端编程，加载的模块文件都是存储在服务器本地的，加载速度较快，所以采用 CommonJS 规范比较合适。但是，如果 JavaScript 代码运行在浏览器环境，要从服务器加载模块，则必须采用异步加载模式，由此诞生了后续的 AMD 规范。

> 注意：CommonJS 是规范，Node.js 实现了其中的部分规范。

2．AMD规范

AMD 是 Asynchromous Module Definition 的缩写，AMD 和 CommonJS 不同，它是异步加载模块的，采用 define 函数定义模块。AMD 是 RequireJS 在推广的过程中对模块定义的规范，简单说就是 AMD 是规范，RequireJS 是对应的实现。

3．CMD规范

CMD 是 SeaJS 在推广过程中对模块定义的规范，其和 AMD 的主要区别是 CMD 推崇依赖就近原则，而 AMD 推崇依赖前置。

4．UMD规范

随着 CommonJS 规范和 AMD 规范的流行，产生了新需求，希望有一种更加通用的方案可以兼容这两种规范。于是 UMD（Universal Module Definition）通用模块规范就诞生了。

UMD 规范可以通过运行时或者编译时让同一个代码模块在使用 CommonJs、CMD 甚至 AMD 的项目中运行。未来，同一个 JavaScript 包运行在浏览器端、服务器端甚至 App 端只需要遵守同一个写法就可以了。它没有自己专有的规范，集结了 CommonJs、CMD 和 AMD 规范于一身。

UMD 规范的出现也是前端技术发展的产物,前端在实现跨平台的道路上不断地前进,UMD 规范将浏览器端、服务器端甚至 App 端都统一了，当然它或许不是未来最好的模块化方式，未来，ES 6+、TypeScript、Dart 这些拥有高级语法的语言可能会代替这些方案。

5．ES 6模块规范

前面介绍的这些模块规范都出自各大公司或社区，都是民间的解决方法。直到 2015 年，ECMA 发布了 ES 6 规范，正式成为 JavaScript 的标准。与 CommonJS 和 AMD 规范不同，ES 6 模块设计的实现是尽量静态化，使得编译时就能确定模块的依赖关系，而 CommonJS 和 AMD 模块只能在运行时才能确定。

CommonJS、AMD、CMD 和 UMD 模块规范的区别如表 2.1 所示。

表 2.1　前端模块规范的区别

规 范 名 称	说　　明
CommonJS（同步模块规范）	主要用于服务器端，典型实现Node.js
AMD（异步模块规范）	主要用于浏览器端，典型实现RequireJS

续表

规 范 名 称	说　　明
CMD（普通模块规范）	主要用于浏览器端，典型实现SeaJS
UMD（通用模块规范）	通用模块系统，兼容CommonJS、AMD、CMD规范
ES 6模块规范	JavaScript官方标准

6．Webpack打包工具

针对在浏览器端运行的 JavaScript 来说，模块的拆分意味着客户端需要向服务器端多次请求才能拿到页面运行所需的模块文件，这将占用更多的带宽，当网速较慢时甚至会影响用户体验。

针对这种情况，有人会想：有没有办法在编写程序的时候按模块拆分，在程序打包运行的时候把相关的文件打包组合在一起，以达到减少客户端与服务器端的传输，同时又不改变模块拆分的编程习惯呢？示意图如图 2.2 所示。

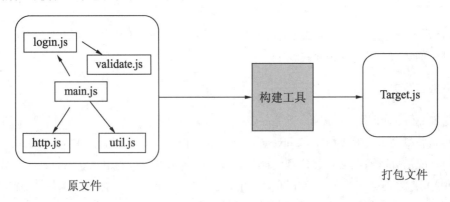

图 2.2　源文件打包合并思想示意

在这种背景下，产生了非常多的模块打包工具，其中，Webpack 应用非常广泛，其官方地址为 https://webpack.js.org/，官方功能介绍如图 2.3 所示。

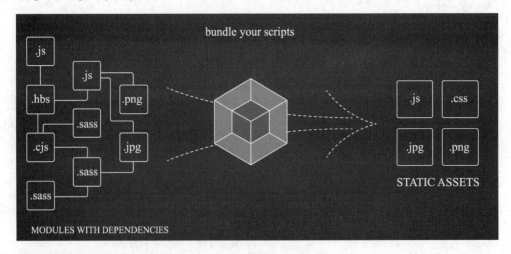

图 2.3　Webpack 功能示意

当然，除了目前流行的 Webpack 打包工具，还有 Grunt 和 Gulp 等其他构建工具。

⚠️**注意**：在 Node.js 中支持 CommonJS 和 ES 6 模块化规范，因此接下来介绍这两种方法的实现。

2.1.3 CommonJS 规范

【本节示例参考：\源代码\C2\CommonJS】

Ryan Dahl 在 2009 年开发 Node.js 时还没有 ES 6 的模块规范，他采用了 CommonJS 规范来实现，CommonJS 成为 Node.js 标准的模块化管理工具。同时 Node.js 还推出了 NPM 包管理工具，NPM 平台上的包均满足 CommonJS 规范。随着 Node.js 和 NPM 的发展，CommonJS 的影响越来越大，极大促进了后续的模块化工具的发展。

Node.js 应用由模块组成，采用 CommonJS 模块规范。每个文件就是一个模块，有自己的作用域，在一个文件里定义的变量、函数和类等都是私有的，对其他文件不可见。CommonJS 规范有如下特点：

- 每个文件都是一个 Module 实例。
- 所有文件加载都是同步完成的。
- 每个模块加载一次之后就会被缓存，以后再加载时直接读取缓存结果，要想让模块再次运行，必须清除缓存。
- 模块通过关键字 module 对外暴露内容。
- 文件内通过 require 对象引入指定的模块。
- 模块按照其在代码中出现的顺序加载。

CommonJS 的基本语法：

暴露模块：module.exports.xxx=value（xxx 表示导出的变量）或 module.exports=value。

引入模块：require(xxx)，如果是第三方模块，则 xxx 为模块名；如果是自定义模块，则 xxx 为模块文件路径。

既然一个文件就是一个模块，那么模块究竟暴露的是什么呢？CommonJS 规范规定，在每个模块内部，module 变量代表当前模块，这个变量有一个 exports 属性，即对外的接口。因此，加载一个模块，实际就是加载该模块的 module.exprots 属性。

下面通过一个例子来演示模块对外暴露的内容，创建模块文件 salaryModule.js，代码如下。

代码 2.5　薪资计算模块：salaryModule.js

```
//salaryModule.js：薪资计算模块
var basicSalary = 20000;                        //基本工资
var allSalary = function (bonus) {
    return basicSalary + bonus;                 //工资=基本工资+奖金
}
module.exports.basicSalary = basicSalary;
module.exports.allSalary = allSalary;
```

在代码 2.5 中定义了一个变量 basicSalary 表示基本工资，allSalary 变量指向计算工资的匿名函数，该函数的作用是将传入的奖金加上基本工资从而得到本月的工资；最后通过 module.exports 分别将变量和函数导出以供其他模块使用。

模块定义好后，再创建一个 getSalary.js 文件用于读取模块的内容，代码如下。

代码2.6　获取薪资模块的内容：getSalary.js

```
//getSalary.js 用于获取模块的内容
var salaryModule = require('./salaryModule.js');                    //引入模块
console.log("基本工资: " + salaryModule.basicSalary);                //20000
console.log("本月工资: " + salaryModule.allSalary(30000));           //50000
```

在上面的代码中，通过 require 命令引入 salaryModule 模块，并分别访问模块暴露出的变量和方法。在 Visual Studio Code 终端中通过 node getSalary 命令运行文件，可以看到得到了模块内暴露的 basicSalary 和 allSalary 的值，结果如图 2.4 所示。

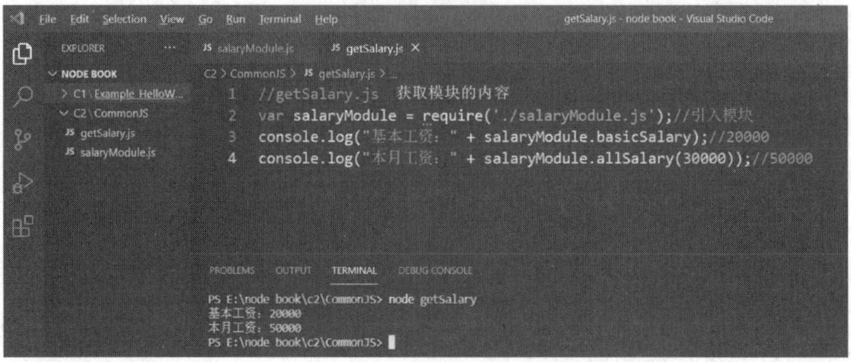

图 2.4　获取模块的内容

从上面的示例中可以看出，require 命令的基本功能是读取并执行一个 JavaScript 文件，然后返回该模块的 exports 对象。

接下来深入研究 CommonJS 模块的加载机制，在模块被加载后，模块内部对变量的操作是否会影响导出的变量值呢？来看下面的例子。创建计数器模块 counter.js 文件，代码如下。

代码2.7　计数器模块：counter.js

```
//counter.js
var counter = 1;                                      //计数器初始值为1
function add() {
    counter++;                                        //计数器自增
    console.log("add 后的 counter 值: " + counter)
}
// function getCounter() {                            //获取模块内的值
//     return counter;
// }
module.exports = {                                    //导出模块
    counter: counter,
    add: add,
}
```

在模块中创建一个计数器 counter 并初始化为 1；同时定义一个 add 方法，在函数内对计数器自增并打印；最后分别将 counter 和 add 导出供外部模块调用。

创建 getCounter.js 文件，通过 require 引入 counter 模块，先打印模块内的 counter 值；接着调用 add 方法使模块内的 counter 自增；然后打印导出模块的 counter 的值，观察值的变化情况。

代码 2.8　调用计数器模块：getCounter.js

```
//getCounter.js
var counter = require('./counter');
console.log(counter.counter);//1
counter.add();//2
console.log(counter.counter);                        //1 获取的是模块导出值的备份
//console.log(counter.getCounter());         //2 //得到模块内的值
```

通过 node 命令运行 getCounter.js 文件，输出结果如图 2.5 所示。

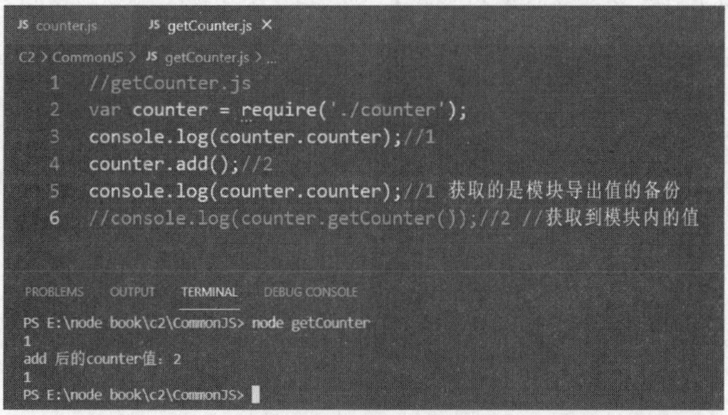

图 2.5　计数器的运行结果

从运行结果中可以看到 counter 的初始输出值为 1；接着调用模块内的 add 方法，在方法内打印 counter 为 2；再次打印 counter 的值依然为 1。可以看出，调用 add 方法后，只是改变了模块内部的 counter 值，并没有影响模块导出的 counter 的值。

这是为什么呢？这就是 CommonJS 模块的加载机制，require 引入的是被导出值的备份，如果在模块内输出一个值，则模块内部的变化也不会影响这个值。可以通过模块暴露的函数获取模块内部变化后的值，将 counter 模块的 getCounter 方法取消注释，在 getCounter 中调用该方法即可获取模块内部发生变化的值，这一点与 ES 6 的模块化有重大差异。

2.1.4　ES 6 模块化规范

【本节示例参考：\源代码\C2\ES6】

ES 6 于 2015 年 6 月发布，它是 JavaScript 的官方规范，虽然它的诞生比 Node.js 晚了很多，但是 Node.js 毕竟是采用 JavaScript 语言编写的程序，因此随着发展，Node.js 也支持 ES 6 规范的模块。

ES 6 模块基本语法：

导出模块：export 变量/函数/类声明。通过 export 关键字将部分代码公开给其他模块。

引入模块：import {标识符} from 模块名。import 语句由两部分组成，一是需要导入的标识符，二是需要导入的模块文件。import 之后的花括号指明从给定模块导入对应的内容，from 关键字指明需要导入的模块文件。

将 2.1.3 节中的示例用 ES 6 的模块进行实现，创建 ES 6 目录并创建模块文件 salaryModule.js，代码如下。

代码 2.9　计算薪资模块：salaryModule.js

```
//salaryModule.js：ES 6 版本的模块导出
export var basicSalary = 20000;                    //基本工资，支持声明时导出
export function allSalary(bonus) {                 //具名函数
    return basicSalary + bonus;                    //月工资=基本工资+奖金
}
var yearendBonus=80000;                            //年终奖
export {yearendBonus};                             //支持先声明再集中导出
```

在上面的代码中：定义一个变量 basicSalary 表示基本工资；定义一个 allSalary 具名函数用于计算工资，该函数的作用是将传入的奖金加上基本工资得到本月的工资；定义 yearendBonus 变量表示年终奖。basicSalary 变量和 allSalary 函数在声明时通过 export 关键字导出，yearendBonus 变量先声明再通过 export 导出。这里分别演示了导出模块的两种方式。

> **注意**：对比之前的 CommonJS 版本会发现，ES 6 版本不支持直接通过 export 导出匿名函数，除非使用 default 关键字。

模块定义好之后，再创建一个 getSalary.js 文件用于读取模块的内容，代码如下。

代码 2.10　获取薪资模块的内容：getSalary.js

```
//getSalary.js：ES 6 版本的模块导入
//导入模块
import { basicSalary,allSalary,yearendBonus } from "./salaryModule.js";
console.log("基本工资：" + basicSalary);            //20000
console.log("本月工资：" + allSalary(30000));       //50000
console.log("年终奖：" + yearendBonus);             //80000
```

在上面的代码中通过 import 关键字导入 salaryModule 模块，并分别访问模块暴露出的变量和方法。在 Visual Studio Code 终端中，切换到文件对应的目录，通过 node getSalary 命令运行文件，发现报错信息如图 2.6 所示。

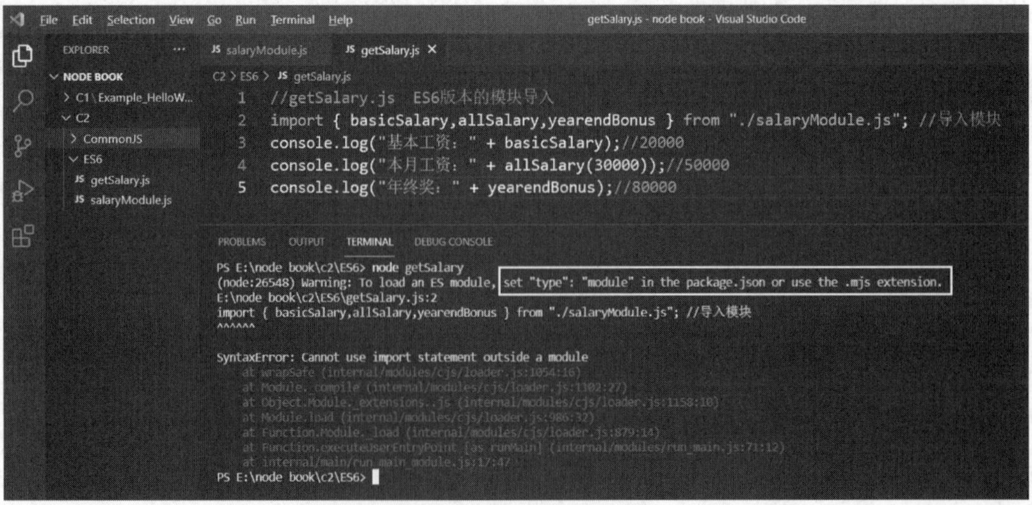

图 2.6　获取模块内容

根据提示信息，在文件目录下新建 package.json 文件并指定 type 类型为 module，代码如下。

代码 2.11　配置文件内容：package.json

```
{
    "type": "module"
}
```

再次在终端中运行 node getSalary 命令，可以正确得到模块里的值，如图 2.7 所示。

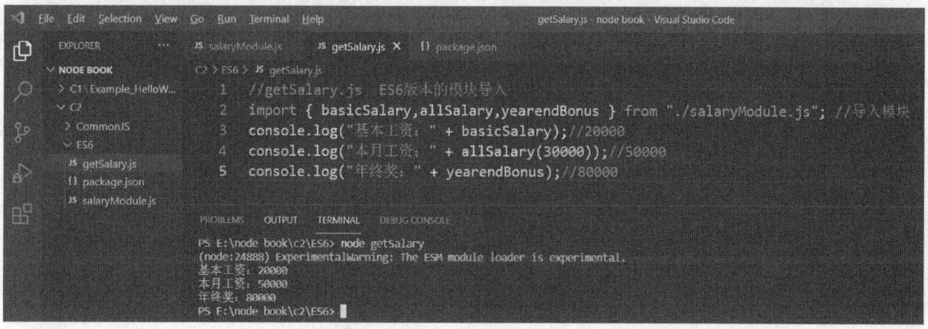

图 2.7　ES 6 模块输出结果

从上面的示例中可以看出，ES 6 模块通过 export 关键字导出模块，并在新模块中通过 import 关键字导入模块内容，这样就能成功访问模块导出的内容了。

ES 6 除了 import、export 和 from 关键字外，还有两个常用的关键字，即 as 和 default。as 关键字可以用于在导入或导出时指定别名；default 关键字用于设置默认导出的内容，可以导出匿名函数，每个文件只能有一个 default 关键字。

2.1.3 节提到 CommonJS 模块的加载机制与 ES 6 不同，接下来采用之前的计数器例子，使用 ES 6 模块导出，分析其不同之处。创建计数器模块 counter.js 文件，内容如下。

代码 2.12　计数器模块：counter.js

```
//counter.js
var counter = 1;                                    //计数器初始值为 1
function add() {
    counter++;                                       //计数器自增
    console.log("add 后的 counter 值: " + counter)
}
export { counter, add }
```

在模块中创建一个计数器 counter 并初始化为 1；同时定义一个 add 方法，在方法内对计数器自增并打印；最后通过 export 分别将 counter 和 add 导出供外部模块调用。

创建 getCounter.js 文件，通过 import 引入 counter 模块，先打印模块内的 counter 值；接着调用 add 方法使模块内的 counter 自增；然后打印导出模块的 counter 的值，观察值的变化情况。

代码 2.13　调用计数器模块：getCounter.js

```
//getCounter.js
import { counter, add } from "./counter.js";        //自定义模块需要写文件后缀名
console.log(counter);                               //1
add();                                              //2
console.log(counter);                               //2    //注意与CommonJS区别
```

通过 node 命令运行 getCounter.js 文件，输出结果如图 2.8 所示。

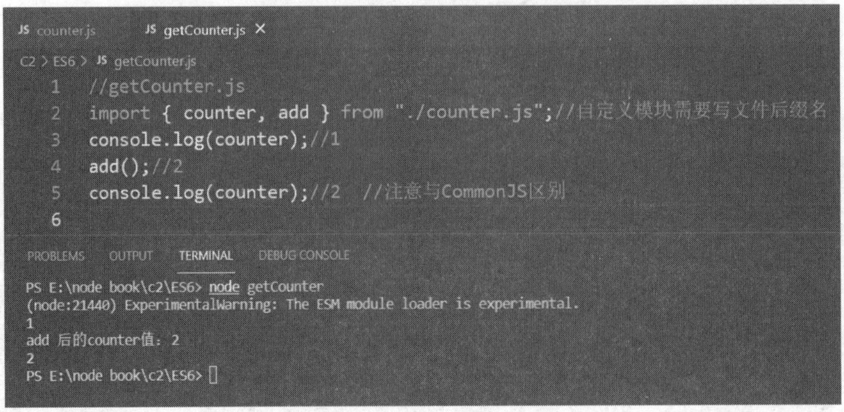

```
//getCounter.js
import { counter, add } from "./counter.js";//自定义模块需要写文件后缀名
console.log(counter);//1
add();//2
console.log(counter);//2    //注意与CommonJS区别

PS E:\node book\c2\ES6> node getCounter
(node:21440) ExperimentalWarning: The ESM module loader is experimental.
1
add 后的counter值: 2
2
PS E:\node book\c2\ES6>
```

图 2.8　计数器的运行结果

从运行结果中可以看到：counter 初始输出的值为 1；接着调用了模块内的 add 方法，在方法内打印 counter 为 2；再次打印 counter 的值为 2。对比 CommonJS 模块，在这里可以看出二者的不同，这一点与 CommonJS 的模块化有重大差异。

2.2　Node.js 模块分类

Node.js 模块可以分为：核心模块、自定义模块和第三方模块。Node.js 自身提供的模块称为核心模块；在 NPM 仓库中有很多功能强大的第三方模块，这些模块可以极大提高开发效率；开发者也可以按照模块规范封装自定义模块。

2.2.1　核心模块

核心模块是 Node.js 为开发者提供的底层功能，包括一些常用的全局变量和 API。核心模块部分在 Node.js 源码编译过程中被编译为二进制执行文件，当 Node.js 启动时，核心模块被直接载入内存，因此当这部分模块被引用时，加载速度非常快。

注意：API 随着 Node.js 版本的发布而变更，不同版本的 API 不完全一致，使用时需要考虑这一点。

全局变量是无须进行引入，任何时候都可以访问的变量。需要注意的是，在 Node.js 中可以全局访问的变量不一定都是全局变量，全局可以访问的对象实际上包含几个部分，分别是 JavaScript 本身内置的对象、Node.js 的全局对象、Node.js 部分作用在模块作用域的变量（exports、module、__dirname、__filename、require 方法）。

Node.js 提供了一系列全局变量和模块，部分内容如表 2.2 所示。

表 2.2 Node.js的部分全局变量和模块

变量或模块	功 能 说 明
console	console是Node.js提供的简单控制台模块，类似于浏览器提供的JavaScript控制台，其提供了log、error和warn等方法，方便调试
global	global全局命名空间对象
process	进程对象，提供当前Node.js的进程信息并能实现控制
timer模块	timer模块定义了Immediate类、Timeout类用于实现定时器，常用于调度定时器和取消定时器的方法有setTimeout、clearTimeout、setInterval和clearInterval

除了上面的全局变量，Node.js 还提供了一系列核心模块，这些模块需要通过 require 关键字导入文件中进行使用，常用的模块如下：

- fs 文件系统模块：用于与文件系统交互。
- path 路径模块：用于处理文件和目录的路径。
- net 网络模块：提供异步网络 API，用于创建基于流的 TCP 或 IPC 服务器和客户端。
- HTTP 模块：用于创建 HTTP 服务器和客户端。
- events 事件触发器模块：用于事件处理，Node.js 的大部分重要的 API 都是围绕异步事件驱动架构构建的。
- TLS 安全传输层模块：提供基于 OpenSSL 构建的安全传输层协议（TLS）和安全套接字层（SSL）协议实现。

除了以上核心模块之外，还有一些重要的模块如 Buffer、dgram 和 DNS 等，这部分内容将在第 4 章详细介绍。

> 注意：更多核心模块，可参阅 Node.js 官方的 API 文档，网址为 https://nodejs.org/en/download/releases/。需要注意，不同版本的 API 不同，在上述页面中需要根据使用的版本，选择对应的文档进行查看。

2.2.2 自定义模块

【本节示例参考：\源代码\C2\CustomModule】

如果把所有代码都写在一个文件中，那么后期维护将变得非常困难，因此应该根据业务功能将文件进行拆分，这些被拆分的文件就是用户自定义模块。自定义模块可以采用 2.1 节中讲解的 CommonJS 规范，也可以采用 ES 6 的模块规范。

自定义模块可以导出变量、函数、对象，接下来演示采用 CommonJS 规范自定义模块的过程。创建 CustomMode 目录，新建文件 customModule.js 文件，代码如下。

代码 2.14 自定义模块：customModule.js

```
//自定义模块
var fileInfo = '这是一个自定义模块';
function showFileInfo() {
    return this.fileInfo
};
class authorInfo {
    constructor() {
        this.name = '黑马腾云';
```

```
            this.age = '18';
        }
    sayHello() {
        return `您好！我是${this.name}`;
    }
}
module.exports = {                                      //可简写为 exports
    fileInfo,
    showFileInfo,
    authorInfo
};
```

在自定义模块中定义变量 fileInfo、函数 showFileInfo 和类 authorInfo，然后通过 module.exports 导出模块供外部调用。其中，module.exports 可以简写为 exports。

> 注意：在上述代码中定义类采用了 class 关键字，这是 ES 6 新增的语法，如果读者对 JavaScript 及 ES 6 不太熟悉，可以参考第 3 章的内容。

模块定义好之后，新建 useCustomModule.js 文件，在文件中使用模块，代码如下。

代码 2.15　自定义模块：customModule.js

```
//使用自定义模块
//模块文件后缀.js可以省略；./不可省略
var customModule = require('./customModule.js');
console.log(customModule.fileInfo);                     //使用导出的变量
console.log(customModule.showFileInfo());               //调用导出的函数
var author = new customModule.authorInfo();
console.log(author.sayHello());
```

在上述代码中通过 require 关键字导入自定义模块，参数为模块路径，后缀名可以省略不写。在终端中执行代码，运行结果如图 2.9 所示。

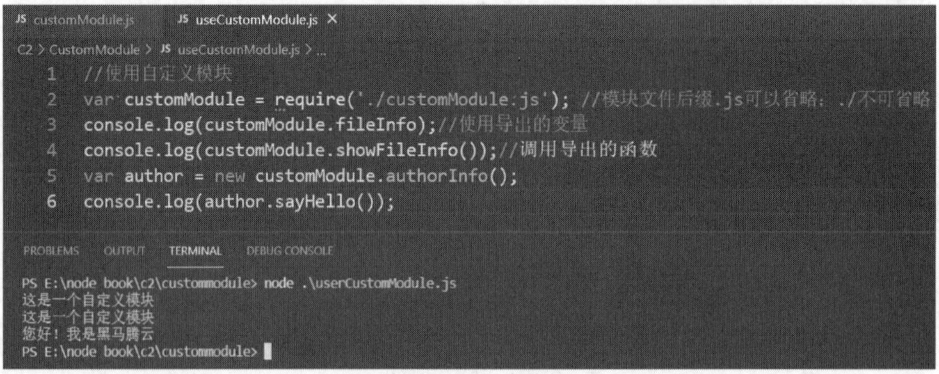

图 2.9　使用自定义模块

可以看到模块运行成功了，说明模块可以导出变量、函数和类。在实际自定义模块时需要根据自身业务进行拆分，拆分的原则是模块之间应该"高内聚、低耦合"。

2.2.3　第三方模块

NPM 仓库中有非常多优秀的模块，如 Moment 和 Marked 等，这些模块可以通过 npm install

命令安装到项目中,这些模块的使用非常简单,只需要按照对应的文档即可轻易调用对应的功能。

> 注意:包是在模块基础上的进一步封装,这些第三方模块也称为包,NPM 则是 Node.js 提供的管理这些包的工具。

Moment 是一个 JavaScript 日期处理类库,官网地址为 https://momentjs.com/。通过 Moment 可以很方便地实现日期格式化。

Marked 是一个用 JavaScript 编写的 Markdown 解析和编译器,最初只能在 Node.js 中使用,目前已完全兼容客户端浏览器,其官网地址为 https://marked.js.org/。

2.3 NPM 包管理器

NPM(Node Package Manager)是随同 Node.js 一起安装的包管理工具,也是 Node.js 官方推出的默认包管理工具,用于管理模块的安装、卸载和依赖性。NPM 仓库中有非常多功能成熟的模块和资源,对于模块复用非常便利,极大地提高了开发效率。随着 Node.js 的热门,以谷歌和 Facebook 为首的几家公司一起开发了一款性能更高的包管理工具 YARN。虽然 YARN 的性能更高,但是它并没有完全取代 NPM,Node.js 也支持使用 YARN 对模块进行管理。

2.3.1 NPM 简介

NPM 是一个采用 JavaScirpt 编写的 JavaScript 模块管理工具,遵循 CommonJS 规范,简单理解,NPM 就是一个远程软件仓库。需要注意的是,NPM 并不是由 Node.js 的作者 Ryan Dahl 开发的,他在 2009 年开发出 Node.js 之后,发现还缺少一个包管理器,碰巧的是,当时 NPM 的作者 Isaac Z.Schlueter 在推广 NPM 时遇到瓶颈,于是给当时很热门的 jQuery、Bootstrap、Underscore 等作者发了邮件,希望他们能将这些框架放到仓库中,但均没得到回应。

天下英雄总是惺惺相惜,Ryan Dahl 和 Isaac Z.Schlueter 二人一拍即合,决定抱团取暖,后来 Node.js 内置了 NPM。随着 Node.js 成为热门,大家都开始使用 NPM 来共享 JavaScript 代码了,于是 jQuery 作者也将 jQuery 放到了 NPM 中,采用 NPM 来分享代码已成为前端标配。有趣的是,Node.js 得到 Joyent 公司赞助后,Ryan Dahl 与 Issac Z.Schlueter 成为同事,两年后,Ryan Dahl 离职,Issac Z.Schlueter 成为第二任 Gatekeeper,Ryan Dahl 目前在谷歌从事 AI 研究方面的工作。

> 注意:代码仓库的概念相信大家并不陌生,其实 NPM 的实现思路与 Maven、Gradle、GitHub、DockerHub 等还是相通的。

NPM 的官网地址为 https://www.npmjs.com/,开发者可以在其官网上下载和上传模块。NPM 是随 Node.js 一起安装的,因此可以通过 npm -v 命令查看其版本,如图 2.10 所示。

NPM 实际由三部分组成,即网站(官网)、注册表(Registry)和命令行工具(CLI)。通过官网可以对包进行查询和管理;注册表记录保存了所有的包信息;命令行工具通过命令行或终端运行,开发者通过命令行工具与 NPM 进行交互。

图 2.10 查看 NPM 版本

2.3.2 使用 NPM 管理模块

本节讲解 NPM 的常用命令，并通过实际案例演示这些命令的使用方法。

1. NPM的常用命令

要使用 NPM 管理模块，就得先熟悉 NPM 的相关命令，这些命令可以在 CLI 中运行，完成与 NPM 的交互，常见的命令如表 2.3 所示。

表 2.3 NPM的常用命令

命　　令	说　　明
npm help(npm -h)	查看NPM帮助信息
npm version（npm -v）	查看NPM版本信息
npm init	引导创建package.json文件
npm install（npm -i）	安装模块，可以通过npm install --help命令查看参数
npm ls	查看已安装的模块
npm config	管理NPM配置文件。子命令有set/get/delete/list/edit,可以通过帮助命令npm config --help进行查看
npm cache	管理模块缓存，子命令有add/clean/verify,可以通过帮助命令npm cache --help进行查看
npm adduser	添加用户
npm publish	发布模块
npm start	启动模块
npm test	测试模块
npm update（npm -up）	更新模块
npm root	线上NPM根目录
npm access	设置模块的访问级别，子命令可以通过帮助命令查看：npm access --help

> 注意：命令不需要死记，忘记时可以通过帮助命令进行查看。npm help 命令可以查看所有的命令，"npm 命令 help" 可以查看具体命令的使用。

2. 案例：使用NPM安装第三方包

【本节示例参考：\源代码\C2\thirdModule】

学习完 NPM 命令后，下面来看如何使用 2.2.3 节中提到的第三方模块 Moment。

第 2 章 Node.js 模块化管理

（1）在 C2 目录下新建 thirdModule 目录，在终端中通过命令 cd thirdModule 切换到该目录，运行 npm init 命令，按提示输入相应信息（也可以一直按 Enter 键保持默认值），等待初始化完成，如图 2.11 所示。

图 2.11　初始化目录

初始化完成后，可以看到目录下新增了一个 package.json 文件，此文件的内容稍后再进行分析。

（2）运行 npm install moment --save 命令，安装 Moment 模块，安装完成后如图 2.12 所示。

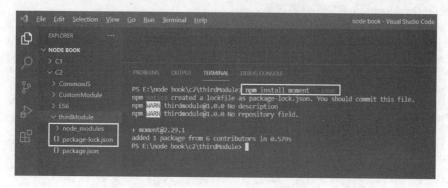

图 2.12　安装 Moment 插件模块

安装完成后，可以看到项目目录下新加了一个 package-lock.json 文件及 node_modules 目录。

（3）使用 Moment 模块新建 useMoment.js 文件，代码如下。

代码 2.16　自定义模块：useMoment.js

```
//使用第三方模块 Moment
var moment = require("moment");          //引入模块
var today = moment();                    //通过 Moment 提供的方法获取当前时间
//通过 Moment 提供的格式化方法将日期格式化输出
console.log(today.format('YYYY-MM-DD HH:mm:ss'));
```

在代码中通过 require 函数导入刚才安装的 Moment 模块，采用 Moment 提供的方法获取当前日期，并通过 format 函数进行格式化输出，结果如图 2.13 所示。

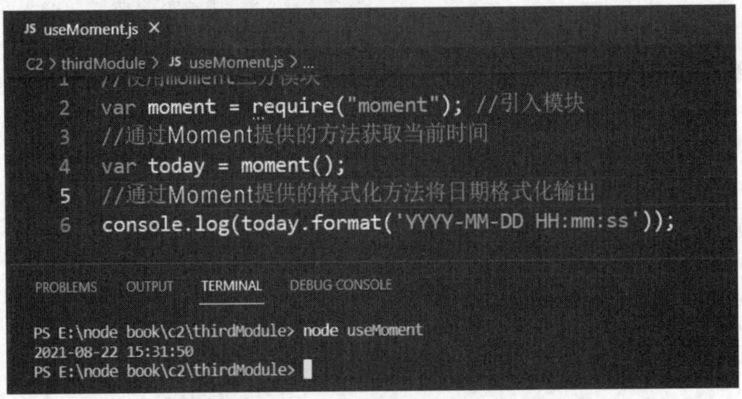

图 2.13　Moment 插件的使用

这样就可以非常简便地使用第三方模块的功能了，避免重复造轮子，从而极大提高了工作效率。在示例中通过命令 npm init 生成了 package.json 文件；通过 npm install 命令生成了 package-lock.json 文件和 node_modules 目录，接下来进行分析。

3. package.json文件及包结构分析

package.json 文件是通过 npm init 命令创建（当然也可以手动创建）的，NPM 会在创建过程中进行引导，开发者根据提示填写相应信息，一步步按 Enter 键即可完成文件的创建。该文件中包含项目的元数据信息（名称、版本、作者、许可证等），也包含模块之间的依赖关系。上例中最终的 package.json 文件内容如下。

代码 2.17　package.json文件

```
{
  "name": "thirdmodule",
  "version": "1.0.0",
  "description": "",
  "main": "index.js",
  "scripts": {
    "test": "echo \"Error: no test specified\" && exit 1"
  },
  "author": "",
  "license": "ISC",
  "dependencies": {
    "moment": "^2.29.1"
  }
}
```

> **注意**：文件中的 dependencies 节点在创建时是不存在的，只有安装了 Moment 模块后才会自动将该依赖记录到 package.json 文件中。

package.json 文件中各个字段的含义如表 2.4 所示。

表 2.4　package.json文件中的常见字段及其含义

字 段 名 称	含　　义
Name	模块名称
Version	模块版本号
Description	模块描述
Scripts	可用于运行的脚本命令
Author	作者
License	许可证
Dependencies	正常运行时所需的模块

在安装 Moment 的过程中还生成了 package-lock.json 文件，细心的读者可能已经发现此文件的内容与 package.json 相似。既然如此，为何还要生成此文件呢？

实际上，package-lock.json 文件是用来做模块版本兼容处理的，它记录了当前状态下安装的所有模块信息，防止模块包不一致，确保在下载时间、开发者、下载源、机器都不同的情况下也能得到完全一样的模块包。

在安装 Moment 的过程中还会生成 node_modules 目录，并在其下生成 moment 目录。node_modules 目录为包目录，以后安装的所有包都会自动保存到此目录下。moment 目录则保存了 moment 包的内容，通过该目录可以大概了解 Node.js 的 NPM 包的基本组成部分。由于不同的包采用的模块规范可能不同，所以包结构可能会有一些差异。

完全符合 CommonJS 规范的模块应该包含以下几个文件：

- package.json：模块的描述文件。
- bin：存放可执行的二进制文件。
- lib：存放 JavaScript 代码。
- doc：存放文档。
- test：存放单元测试用例。

> **注意**：有的包不一定完全遵从此规范，但至少应该包含 package.json 文件。

2.3.3　使用 YARN 管理模块

YARN 是 Facebook、谷歌等联合推出的新的 JavaScript 包管理工具，主要是为了弥补 NPM 的一些缺陷。与 NPM 相比，YARN 的速度更快、更安全、更可靠。YARN 的官网地址为 https://yarnpkg.com/。

1. YARN的安装及其常用命令

由于 YARN 没包含在 Node.js 中，因此需要单独进行安装。安装 YARN 可以通过 NPM 进行安装，在终端中运行如下命令即可，其中-g 表示全局安装。

```
npm install yarn -g
```

安装完成后可以通过命令 yarn -v 查看版本号。

```
yarn -v
```

安装成功后如图 2.14 所示。

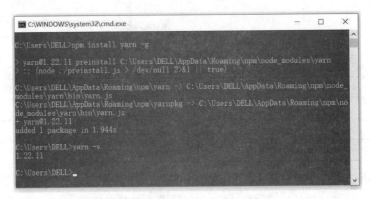

图 2.14 在 Windows 10 中安装 YARN

> 注意：本书讲的所有操作都是在 Windows 10 中完成的，如果读者的操作系统是 macOS 则需要参考官方文档。

YARN 的常用命令与 NPM 类似，如表 2.5 所示。

表 2.5 NPM与YARN的常用命令对比

NPM	YARN	说 明
npm init	Yarn init	初始化包的开发环境
npm install	Yarn install	安装package文件里定义的所有依赖
npm install xxx –save	Yarn add xxx	安装某个依赖，默认保存到package中
npm uninstall xxx –save	Yarn remove xxx	移除某个依赖项目
npm install xxx –save-dev	Yarn add xxx –dev	安装某个开发环境的依赖项目
npm update xxx –save	Yarn upgrade xxx	更新某个依赖项目
npm install xxx –global	Yarn global add xxx	安装某个全局依赖项目
npm run/test	Yarn run/test	运行命令

2．案例：使用YARN安装第三方包

【本节示例参考：\源代码\C2\Yarn】

了解 YARM 命令后，我们将 2.3.2 节中使用 NPM 安装 Moment，改为通过 YARN 来安装。

（1）在 C2 目录下新建 Yarn 目录，在终端中通过命令 cd Yarn 切换到该目录，运行 yarn init 命令，按提示输入相应信息（也可以一直按 Enter 键，保持默认值），等待初始化完成，如图 2.15 所示。

初始化完成后，同样可以看到目录下新增了一个 package.json 文件，文件内容与前面通过

NPM 生成内容稍有不同。

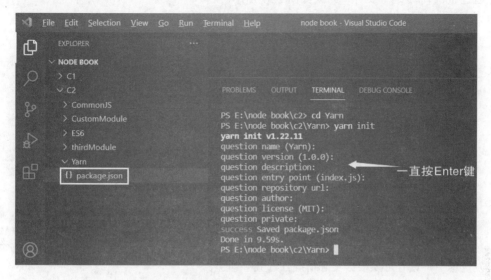

图 2.15　初始化目录

（2）运行 yarn add moment 命令，安装 Moment 模块，安装完成后如图 2.16 所示。

图 2.16　安装 Moment 插件模块

安装完成后，可以看到项目目录下新加了一个 yarn.lock 文件及 node_modules 目录。

（3）此步与 2.3.2 节中完全一致，直接将 useMoment.js 文件复制过来，代码如下。

代码 2.18　自定义模块：useMoment.js

```
//使用 Moment 第三方模块
var moment = require("moment");            //引入模块
var today = moment();                      //通过 Moment 提供的方法获取当前的时间
//通过 Moment 提供的格式化方法将日期格式化输出
console.log(today.format('YYYY-MM-DD HH:mm:ss'));
```

通过 node 命令运行文件，结果如图 2.17 所示。

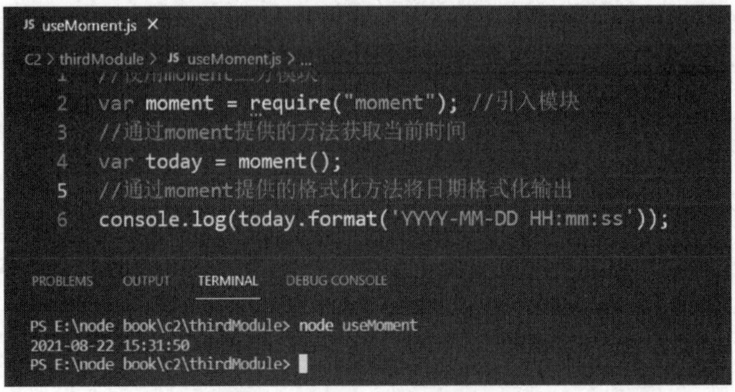

图 2.17　Moment 插件使用

从上在的例子中可以看出，NPM 与 YARN 在使用上基本一致，仅是命令不同而已。在具体开发过程中，读者可以根据实际情况任选其一即可。

2.4　本章小结

本章先介绍了 JavaScript 模块化的发展历史，详细介绍了 CommonJS 模块规范和 ES 6 的模块规范；接着介绍了 Node.js 的 3 种模块类型，即内置模块、自定义模块和第三方模块，为后续章节介绍 Node.js 核心模块打下基础；最后分别介绍了 NPM 和 YARN 包管理器及它们的常用命令，并且通过安装和使用 Moment 插件演示了它们的用法。

通过本章的学习，读者可以了解 Node.js 模块化编程思想，了解 Node.js 常见的内置模块以及如何使用 NPM 或 YARN 来管理三方模块。

由于 Node.js 采用 JavaScript 进行编程，在具体介绍 Node.js 核心模块之前，第 3 章将会详细介绍 JavaScript 的基础语法以及 ES 6 的规范，如果读者已经掌握了此部分内容，可以直接进入第 4 章的学习。

第 3 章　JavaScript 基础知识

JavaScript（简称 JS）是一种轻量级、解释型或即时编译型的脚本编程语言，支持面向对象、函数式编程，虽然它是作为 Web 页面脚本语言而出名的，但是它已被广泛应用到很多非浏览器的环境中。Node.js 平台就是采用 JavaScript 语言进行开发的，因此需要读者掌握 JavaScript 的相关知识。

本章详细介绍 JavaScript 的执行原理、语法知识、程序控制结构、函数的定义和使用、常用的内置对象以及 ES 6 规范新增的内容。学完本章内容，读者应该熟练使用 JavaScript 语言，如果读者已掌握本章知识，可跳过本章，直接进入第 4 章。

本章涉及的主要知识点如下：
- 熟练使用变量、运算符和表达式，掌握 JavaScript 的数据类型；
- 熟练使用 JavaScript 的分支结构和循环结构；
- 熟练使用函数，掌握函数封装思想；
- 熟练使用 Array、Math、Date、String 等常用的内置对象；
- 熟练使用 ES 6 新增的数据类型、箭头函数、类及异步处理方法。

注意：JavaScript 的 DOM 和 BOM 部分不适用于 Node.js 平台，因此本章不予介绍。

3.1　JavaScript 语法基础

【本节示例参考：\源代码\C3\grammar】

本节重点介绍 JavaScript 的基本语法，包括变量的定义和使用、数据类型转化、运算符、表达式及语句，只有掌握这些语法知识，才能熟练使用 JavaScript 进行编程开发。

3.1.1　JavaScript 简介

JavaScript 最初由 Netscape 的 Brendan Eich 设计，Netscape 最初将该脚本语言命名为 LiveScript，后来 Netscape 在与 Sun 合作之后将其改名为 JavaScript。JavaScript 最初是受 Java 启发而开始设计的，目的之一就是"看上去像 Java"，因此在语法上和 Java 类似之处，一些名称和命名规范也源自 Java，但 JavaScript 的主要设计原则源自 Self 和 Scheme。

JavaScript 与 Java 名称上的近似，是当时 Netscape 为了营销考虑与 Sun 微系统达成协议的结果。微软同时期也推出了 JScript 来迎战 JavaScript 脚本语言。在发展初期，JavaScript 的标准并未确定，同期有 Netscape 的 JavaScript，微软的 JScript 和 CEnvi 的 ScriptEase "三足鼎立"。

缺乏标准，对开发者来说就意味着需要做更多的兼容性操作，这也不利于技术的发展。因此，Netscape 将 JavaScript 提交给 ECMA 国际（前身为欧洲计算机制造商协会），希望其能制定标准。1997 年，ECMA 以 JavaScript 为基础创建了 ECMA-262 标准（ECMAScript，通常简称为 ES），用于统一和规范各大厂商的脚本语言。在 ECMA 的协调下，由 NetScape、Sun、微软、Borland 组成的工作组确定统一标准 ECMA-262，该标准规定完整的 JavaScript 实现包含三部分内容：ECMAScript、DOM（文档对象模型）、BOM（浏览器对象模型）。

ECMA-262 标准从 1997 年发布第一版，到 2020 年是第 11 版，通常称为 ES 11。ECMAScript 作为标准的实现，从 2015 年开始每年发布一个版本，通常以年号或版本号作为简称。例如 2015 年发布了 ECMAScript 6，通常简称为 ES 2015 或 ES 6。

JavaScript 具有如下特点：
- 简单易学：采用弱类型定义变量，未对数据类型进行严格要求。
- 跨平台：不依赖于操作系统。
- 脚本语言：在程序运行过程中逐行解释执行。
- 基于对象：JavaScript 是一门面向对象的语言。
- 动态性：采用事件驱动完成交互。

3.1.2 变量与数据类型

计算机程序的本质就是处理数据，因此需要将各种数据存储在一个地方，然后进行处理。JavaScript 变量是存储数据值的容器，所有变量必须以唯一的名称标识，这些唯一的名称称为标识符（变量名）。

1. 变量的定义和赋值

变量即变化的量，在 JavaScript 中，变量是松散类型的，可以用来保存任何数据类型，在定义变量时，用 var 操作符，后面跟变量名。

声明变量的语法格式为：var 变量名=变量值。可以只定义变量名不赋值；一次可以定义多个变量，用逗号隔开。新建 useVariable.js 文件，代码如下。

代码 3.1 变量的使用：useVariable.js

```
//useVariable.js：变量的使用
var noValue;                              //声明变量不赋值
console.log(noValue);                     //undefined
var myName = "黑马腾云";                   //声明变量并赋值，name 变量用于存储字符串
var age = 18;                             //age 变量用于存储数字 18
console.log(myName, age);                 //黑马腾云, 18
var num1 = 10, num2 = 5, num3;            //一次定义多个变量，用逗号分隔
console.log(num1, num2, num3);            //10 5 undefined
```

此文件定义了变量 noValue 并未赋值，文件运行后，可以在控制台看到其值为 undefined；接着定义了 myName 和 age 两个变量，分别用于存储字符串和数值，说明 JavaScript 是弱类型语言，变量类型在初始化赋值时指定；接着在同一行定义 num1、num2、num3 这 3 个变量并用逗号隔开。

> **注意**：如无特别说明，本章涉及的运行文件均指直接在终端中通过"node 文件名"运行。

声明变量需要遵守的命名规范如下：
- 变量名由字母(A~Z 和 a~z)、数字（0~9）、美元符号（$）组成，如 userName、_name；
- 严格区分大小写，如 var age 和 var Age 是两个不同的变量；
- 不能以数字开头，如错误的命名 18year；
- 不能是关键字、保留字，这类关键字由 JavaScript 使用或保留，用户定义的名称不能与之相同，如 var、for、while 等。

2. 数据类型

JavaScript 是一种弱类型的语言，在定义变量时不需要指定类型，一个变量可以存储任何类型的值，具体类型在赋值时决定。JavaScript 将数据类型分为基本数据类型和引用数据类型。

基本数据类型又分为 5 种：字符串类（String）、数字类型（Number）、布尔类型（Boolean）、null 类型（null）和 undefined 类型（undefined）；引用数据类型包括对象、数组和函数等。接下来分别介绍这几种类型。

1）Number 类型

创建文件 number.js，代码如下。

代码 3.2　数值类型：number.js

```
//数值类型 number.js
var a = 10;
var b = 0;
console.log(a / b);                    //Infinity，超出范围
console.log(isFinite(a / b));          //判断是否在 JavaScript 的数值范围内,false
var notNumber = 'i am not a number';
console.log(isNaN(notNumber));         //判断是否为非数字，true
var number = '10.01';
console.log(Number(number));           //10.01，字符串转数值
console.log(parseInt(number));         //10，转整型
console.log(parseFloat(number));       //10.01，转浮点型
```

在代码中定义值类型变量 a、b 分别为 10 和 0，a/b 的输出值为 Infinity，表示超出 JavaScript 的数值范围；如果 a 为负数，则输出值为-Infinity，因此在计算时可以通过 isFinite 函数判断数值是否在 JavaScript 数值范围内。可以通过 isNaN 函数判断一个变量是否为值类型，NaN（not a number）表示不是一个数值类型。此外，JavaScript 还提供了 3 个函数用于将非数值转换为数值，分别是：Number、parseInt 和 parseFloat。

2）String 类型

String 类型由零或多个 16 位 Unicode 字符组成的一个字符序列，字符串变量在赋值时需要用双引号或单引号引起来。创建文件 string.js，代码如下。

代码 3.3　字符串类型：string.js

```
//字符串类型 string.js
var myName = "heimatengyun";               //双引号
var myMoney = '1.8亿';                     //单引号
console.log(myName, myName.length);        //12，英文占一个字符
```

```
console.log(myMoney, myMoney.length);        //4，中文也占一个字符
console.log("\"");                            //引号有特殊含义，如果要输出需要用转义符号
```

从例子中可以看出，可以通过 length 属性获取字符串的长度，并且中英文均占一个字符长度。有些符号有特殊含义，如果要输出它们则需要使用转义字符（用反斜线表示），这些特殊符号包括斜线、单引号和双引号等。

3）Boolean 类型

布尔类型比较简单，只有 true 和 false 两个值，需要注意的是，在 JavaScript 中是严格区分大小写的，写法不能改变，如果写成 TRUE 或 True 均不再表示布尔类型。

4）undefined 类型和 Null 类型

undefined 表示未定义，如果在使用 var 操作符定义一个变量时没有对其赋值，则此时变量的值为 undefined；null 表示空值。二者的区别在于是否初始化，举例如下。

代码 3.4　undefined和null的区别：number.js

```
//undefined 和 null 的区别
var a;                          //未初始化
var b = null;                   //初始化
console.log(a);                 //undefined
console.log(b);                 //null
```

从示例中可以看出，如果变量声明未初始化则值为 undefined；如果显式对变量赋值为 null，则对象的值为 null。

5）Object 对象

JavaScript 对象是拥有属性和方法的复合数据结构，对象也是一个变量，但对象可以包含多个变量，是键值对的容器，通常写成"键：值"的形式，中间用冒号分隔。键值对通常称为对象属性。

简单的对象使用如 object.js 所示。

代码 3.5　对象的使用：object.js

```
//对象类型 object.js
var person = {
    name: '黑马腾云',
    age: 18,
    sayHello: function () {
        return "hello,我是黑马腾云";
    }
}
console.log(person.name);
console.log(person.sayHello())
```

在上面的文件中演示了如何创建对象，如何为对象定义属性和方法。通过大括号创建匿名对象并赋值给 person，对象里创建了 name 和 age 两个属性，同时定义了 sayHello 方法，分别通过点进行调用并打印。

注意：ES 6 引入了 class 来定义类，具体将在 3.5 节讲解。

3.1.3　运算符

通过运算符才能实现变量之间的比较、赋值和运算等操作，JavaScript 的运算符分为赋值运

算符、比较运算符、算术运算符、逻辑运算符和条件运算符等。

1．赋值运算符

赋值运算符主要用于变量值的计算，假设有变量 a 和 b，分别用不同的赋值运算符对 b 赋值，如表 3.1 所示。

表 3.1　赋值运算符

运　算　符	例　　子	等　价　形　式
=	b=a	
+=	b+=a	b=b+a
-=	b-=a	b=b-a
*=	b*=a	b=b*a
/=	b/=a	b=b/a
%=	b%=a	b=b%a

下面简单演示算术运算符的操作，创建 assignment.js，代码如下。

代码 3.6　赋值运算符的操作：assignment.js

```
//赋值运算符的操作：assignment.js
var a = 10, b = 10;
console.log(`初始值：a=${a},b=${b}`);
console.log("a+=b:", (a += b));
console.log(`运算后：a=${a},b=${b}`);
console.log("a-=b:", (a -= b));
console.log(`运算后：a=${a},b=${b}`);
```

在上面的代码中创建变量 a 和 b，分别进行算术运算后，运行结果如下：

```
初始值：a=10,b=10
a+=b: 20
运算后：a=20,b=10
a-=b: 10
运算后：a=10,b=10
```

2．比较运算符

比较运算符又称为关系运算符，其计算结果只有两个值：true 或 false。比较运算符的示例如表 3.2 所示。

表 3.2　比较运算符

运　算　符	例　　子	结　　果
>	1>2	false
<	1<2	true
>=	1>=2	false
<=	1<=2	true
!=	1!=2	true
==	1==2	false
===	1===2	false

> **注意**：==和===之间的区别，==用于比较两个数的值是否相等；===不仅比较两个数的值，而且还要比较两个数的类型，只有两者都相等才返回 true。

下面通过示例来演示比较运算符的用法，代码如下。

代码 3.7　比较运算符的操作：comparison.js

```
//比较运算符的操作：comparison.js
var a = 8;
var b = 6;
var c = 6;
var d = "6";
console.log("a > b = " + (a > b));              //true
console.log("a >= b = " + (a >= b));            //true
console.log("b == c = " + (b == c));            //true
console.log("b === c = " + (b === c));          //true
console.log("b == d = " + (b == d));            //true    //只比较值
console.log("b === d = " + (b === d));          //false   //比较值和类型
```

在以上代码中，变量 c 是值类型，变量 d 是字符串类型，虽然二者的值相等但是类型不同，所以 b===d 得出的结果为 false，运行结果如下：

```
a > b = true
a >= b = true
b == c = true
b === c = true
b == d = true
b === d = false
```

3. 算术运算符

算术运算符用于对变量进行算术运算，如表 3.3 所示。

表 3.3　算术运算符

运　算　符	例　　子
+	加
-	减
*	乘
/	除
%	求余数（保留整数）
++	累加
--	递减

下面创建 arithmetic.js 文件用于演示算术运算符的使用，代码如下。

代码 3.8　算术运算符的操作：arithmetic.js

```
//算术运算符的操作：arithmetic.js
var a = 1, b = 2, c = '3', d = 4, e = 5;
console.log(a + b);                    //3
console.log(a + c);                    //13，字符串拼接
console.log(a + Number(c));            //4
console.log(e / b);                    //2.5
console.log(d % b);                    //0
```

```
var f = a++;
console.log(a, f);                    //先赋值再自增
var h = ++b;
console.log(b, h);                    //先自增再赋值
```

在代码中对 a+c 进行运算，由于 c 是字符串，因此最终的结果为字符串拼接，如果希望得到正确的数值，需要通过 Number 函数将 c 强制转换为数值类型。对于 a++自增运算，先将 a 的值赋给 f，然后 a 再自增；对于++b 则是先对 b 自增，然后对 h 赋值。代码运行结果如下：

```
3
13
4
2.5
0
2 1
3 3
```

4．逻辑运算符

逻辑运算符是对两个布尔类型进行运算，计算后的结果仍为布尔值，如表 3.4 所示。

表 3.4　逻辑运算符

运　算　符	例　　子	结　　果
&&(与)	true && false	false
‖（或）	true ‖ false	true
!（非）	!true	false

下面创建 logic.js 文件用于演示逻辑运算符操作，代码如下。

代码 3.9　逻辑运算符的操作：logic.js

```
//逻辑运算符的操作: logic.js
var a = b = true, c = d = false;
//&&运算符全真为真
console.log("a && b = " + (a && b));        //true
console.log("a && c = " + (a && c));        //false
//||运算符全假为假
console.log("c || d = " + (c || d));        //false
console.log("a || d = " + (a || d));        //true
//!取反
console.log("!a = "+!a);                    //false
```

从代码运行结果可以得出，"&&" 运算符只有操作数全为 true 时，结果才为 true；"‖" 运算符只有操作数全为 false 时，结果才为 false。代码运行结果如下：

```
a && b = true
a && c = false
c || d = false
a || d = true
!a = false
```

5．条件运算符

条件运算符也称为三元运算符或三目运算符，是目前 JavaScirpt 中仅有的有 3 个操作数的运算符。其语法格式为"布尔表达式?条件为真的值：条件为假的值"。

下面创建 condition.js 文件用于演示条件运算符的使用，代码如下。

代码 3.10　条件运算符的操作：condition.js

```
//条件运算符的操作：condition.js
var a = 18, b = 8, c = 88;
//a、b中最大值
var maxOfTwo = a > b ? a : b;
console.log(maxOfTwo);                                        //18
//a、b、c中最大值
var maxOfThree = (a > b ? a : b) > c ? (a > b ? a : b) : c;
console.log(maxOfThree);                                      //88
```

示例中通过三元操作符 a>b?a:b 找出 a 和 b 中的较大值。类似方法可以找到 3 个数中的最大值，先取出 a 和 b 的较大值再和 c 比较，取较大者即为 3 个数中的最大值。

3.1.4　表达式及语句

表达式（expression）可以产生一个值，可能是运算、函数调用或字面量，表达式可以放在任何需要值的地方。语句（statement）通常由表达式组成，可以理解为一个行为，分支语句、循环语句就是典型的语句。一个程序由很多语句组成，一般情况下，语句由逗号分隔。

语句以分号结尾，一个分号表示一个语句结束，多个语句可以放在一行内。常见的赋值语句如下：

```
var sum=1+2;
```

代码中定义的变量 sum 用于保存表达式 1+2 的值。JavaScript 程序的执行单位为行，一般情况下，一行就是一个语句。

3.2　程序控制结构

【本节示例参考：\源代码\C3\structure】

程序由语句组成，通过程序控制结构可以有效地组织语句，完成特定的功能。常见的程序结构有顺序结构、分支结构和循环结构。本节重点介绍 if 条件控制语句、switch 条件控制语句、for 循环结构、while 和 do…while 循环控制结构。

3.2.1　分支结构

通常在写代码时需要根据不同的条件执行不同的动作，在程序中就要用到分支语句。JavaScript 中的分支控制结构和其他语言类似，也包括：if、if…else、if…else 嵌套及 switch 语句。

1．if语句

简单的 if 语句是只有当条件为 true 时，括号内的语句才会执行，简单的 if 语句的语法格式如下：

```
if(条件){
   条件为 true 时执行的代码;
}
```

> 注意：使用小写的 if，JavaScript 严格区分大小写。

if…else 语句，当条件为 true 时执行 if 之后的代码，否则执行 else 之后的代码。语法格式如下：

```
if(条件){
   条件为 true 时执行的代码;
}else{
   条件为 false 时执行的代码;
}
```

if…else if…else 语句可以根据多个条件执行不同的代码，其中，else if 语句可以有多个。语法格式如下：

```
if(条件 1){
   条件 1 为 true 时执行的代码块 1;
}else if(条件 2){
   条件 2 为 true 时执行的代码 2;
}else{
   以上条件都不满足时执行的代码;
}
```

下面创建 if.js 文件，在代码中通过 if 分支结构判断成绩，根据不同的分数得出不同的等级，代码如下。

代码 3.11　if 语句：if.js

```
//if 分支结构: if.js
var score = 88;                                 //分数
if (score < 60) {
    console.log("差");
} else if (score < 80) {
    console.log("良");
} else {
    console.log("优")
}
```

如果分数为 58，则满足第一个 if 条件，允许程序输出"差"，如果分数是 88，则两个 if 条件都不满足，输出"优"。

2．switch 语句

switch 语句与 if 语句类似，基于不同条件来执行不同的动作。与 if 语句不同的是，switch 语句不仅可以判断布尔值，还可以判断其他类型的值。语法格式如下：

```
switch(n){
  case 1:
    语句 1;
    break;
  case 2:
    语句 2;
    break;
  default:
```

```
    语句 3;
}
```

工作原理：设置表达式 n（通常是一个变量），将 n 的值与每个 case 语句的值进行比较，如果相等则对应 case 内的语句被执行，随后使用 break 跳出循环。

下面创建 switch.js 文件，根据当前日期获取对应日期是星期几，代码如下。

代码 3.12　switch 语句：switch.js

```
//switch 分支结构: switch.js
var day = new Date().getDay();                //获取星期
var tips;                                     //提示信息
switch (day) {
    case 0:
        tips = "Sunday";
        break;
    case 1:
        tips = "Monday";
        break;
    case 2:
        tips = "Tuesday";
        break;
    case 3:
        tips = "Wednesday";
        break;
    case 4:
        tips = "Thrusday";
        break;
    case 5:
        tips = "Friday";
        break;
    case 6:
        tips = "Saturday";
        break;
};
console.log(tips);
```

通过内置的日期对象 Date 的 getDay 函数获取当前日期是一周中的第几天，该函数返回 0～6 的数值（0 表示星期天），对应周日到周六。运行代码后可以看到，控制台正确输出了当前日期是星期几。从上述代码中可以看到 default 不是必须存在的。

注意：如果 switch 语句中没有 break 语句，则程序会继续判断其后的 case 语句。

3.2.2　循环结构

循环结构通常用于处理一些重复执行的动作，常见的循环结构包括 for 循环、while 循环和 do…while 循环。

1. for 循环

for 循环很常用，根据条件进行循环，条件不满足时终止循环。语法格式如下：

```
for(语句1;语句2;语句3){
    执行代码块;
}
```

语句 1 在循环开始前执行，通常用于设置循环控制条件的初始值；语句 2 是判断程序是否继续循环执行的条件；语句 3 在循环体中的代码块执行之后执行，通常用于修改程序控制条件的值，以便判断下次是否继续执行循环。

下面创建 for.js 文件，通过 for 循环求 1~100 的数之和，代码如下。

代码 3.13　for 语句求和：for.js

```javascript
//通过for循环实现1~100的数之和：for.js
var sum=0;                                      //和
for (var i = 1; i <= 100; i++) {
    sum+=i;
}
console.log(sum);                               // 5050
```

在 for 循环结构中，变量 i 称为循环控制变量，初始值为 0，每次循环时取出当前值与中间变量 sum 累加，在第 100 次循环执行完毕后，i 自增变为 101，此时进行条件判断，101<=100 不满足，程序结束，计算完成后输出累加值 5050。

2. while 循环

while 循环会在指定条件为 true 时循环执行代码块。只要条件为 true，循环就会一直执行。语法格式如下：

```
while(条件){
    代码块;
}
```

while 循环也能完成 for 循环的功能，下面创建文件 while，使用 while 循环计算 1~100 的数之和，代码如下。

代码 3.14　while 语句求和：while.js

```javascript
//while循环实现1~100的数之和 while.js
var sum = 0;                                    //和
var n = 1;
while (n < 101) {
    sum += n;
    n++;
}
console.log(sum);                               //5050
```

运行程序后，控制台输出 5050，与上例的 for 循环的结果一致。可以看出，while 循环与 for 循环的区别在于 while 循环将循环控制条件的修改放在了函数体中。

3. do…while 循环

do…while 循环结构是 while 循环的变体，区别在于该循环会先执行一次代码，然后再检测条件是否为真，如果为真就会继续执行循环体。语法格式如下：

```
do{
    代码块;
}while(条件);
```

下例采用 do…while 结构实现 1~100 的数求和，代码如下。

代码 3.15 do…while语句求和：dowhile.js

```
//do…while 实现1~100的数求和: doWhile.js
var sum = 0;
var n = 1;
do {
    sum += n;
    n++;
} while (n < 101);
console.log(sum);                                    //5050
```

运行程序，同样得到了正确的结果。do…while 循环与 while 循环的区别在于，程序先执行了一次求和，再判断条件是否满足。

注意：do…while 循环不管条件是否为真，都会先执行一次。

4．break与continue语句

从前面的示例中可以看出，break 可以跳出 switch 结构。除此之外，break 语句还可以跳出当前的循环语句，代码如下。

代码 3.16 break语句：break.js

```
//break跳出当前循环: break.js
for (var i = 0; i < 5; i++) {
    if (i == 2) break;
    console.log(i);
}
```

在上面的代码中，当 i==2 时便终止循环，不会继续执行。因此运行程序后，可以看到输出结果为 0 和 1。

```
0
1
```

与 break 语句不同，continue 语句用于终止本次循环，但是还会继续执行下一次循环。示例如下。

代码 3.17 continue语句：break.js

```
//continue 终止本次循环，继续下一次循环: break.js
for (var i = 0; i < 5; i++) {
    if (i == 2) continue;
    console.log(i);
}
```

在上面的代码中，当 i==2 时执行 continue 语句，运行结果如下：

```
0
1
3
4
```

可以看到，当 i=2 时没有输出，但继续往后执行了，并没有终止后续的循环。

3.3 函数的定义与使用

【本节示例参考：\源代码\C3\function】

通过 3.2 节学习的程序控制结构，将语句组织起来已经可以完成大部分功能了，但是针对一些反复使用的功能，应该通过函数将其封装起来以便复用。函数在 JavaScript 语言中具有非常重要的地位，本节将学习函数的定义和调用、函数的参数与返回值等相关内容。

3.3.1 函数的声明与调用

函数是一段可以反复调用的代码块，通过代码块可以实现大量代码的重复使用。在 JavaScript 语言中，函数是"头等公民"，它可以像其他任何对象一样具有属性和方法，函数的类型为 Function，其与其他对象的区别是可以被调用。

函数的声明有 3 种方式，分别是具名函数、函数表达式和 Function 构造函数。函数声明的语法格式如下：

```
//1. 函数声明（具名函数）
function 函数名(){
    函数体;
}
//2. 函数表达式（匿名函数）
var 变量名=function(){
    函数体;
}
//3. Function 构造函数
var 变量名=new Function('参数1','参数2','参数n','函数体')
```

函数的调用非常简单，通过函数名后跟小括号的形式进行调用。

下面创建 function.js 文件，演示以 3 种方法创建函数并调用，代码如下：

代码 3.18　函数声明及其调用：function.js

```
//函数声明及其调用：funciton.js
//1. 具名函数声明及其调用
function sayHello() {
    console.log("hello")
}
sayHello();
//2. 匿名函数声明及其调用
var sayHi = function () {
    console.log("Hi");
}
sayHi();
//3. Function 构造函数
var sayYes = new Function('console.log("yes")');
//等价于
// function sayYes(){
//     console.log("yes");
// }
sayYes();
```

在上面的示例代码中分别用 3 种方式声明函数并进行调用,其中,Function 构造函数方式不常使用,仅了解即可。程序的运行结果如下:

```
hello
Hi
yes
```

3.3.2 函数的参数

函数在声明时可以指定参数(称为形参),当实际调用时才传入具体的值(称为实参)。定义一个求和函数 sum,用于计算传入的变量之和,代码如下。

代码 3.19 函数参数:parameter.js

```
//函数参数:parameter.js
function sum(a, b) {                      //形参
    return a + b;
}
var result = sum(1, 2);                   //实参
console.log(result);                      //3
```

以上代码定义了一个包含形参 a 和 b 的 sum 函数,当调用该函数时,将 1 和 2 的值分别传递给 a 和 b,然后返回 a+b 的值,最终的输出结果为 3。

1. 值类型和引用类型

JavaScript 的所有参数都按值传递,不存在按引用传递。如果实参是值类型,则在传递时会复制一个值类型的副本给函数,不会影响原来传递给参数的值类型变量;如果实参是引用类型,则传递的只是一个引用类型的地址值,在函数内部操作参数对应的引用对象,会影响传递的参数。下面演示实参为值类型和引用类型的区别,代码如下。

代码 3.20 实参为值类型:valuePara.js

```
//值类型传递:valuePara.js
var age = 18;
function changeAge(age) {
    age = 19;                             //在函数体内修改 age 值
    console.log(age);                     //19
}
changeAge(age);
console.log(age);                         //18
```

运行以上代码,在控制台依次输出 19、18。在函数外部定义 age 变量并赋值为 18,调用 changeAge 函数时将 age 的值修改为 19,此时打印 age 的值为 19;函数执行结束后,在外部再次打印 age,发现值没有改变。

代码 3.21 实参为引用类型:parameter.js

```
//引用类型传递:parameter.js
var person = {                            //定义 person 对象
    age: 18
}
function changeAge(p) {
```

```
        p.age = 19;
        console.log(p.age);                      //19
}
changeAge(person);                               //将 person 对象作为参数传入函数
console.log(person.age);                         //19
```

运行以上代码发现两次输出都是 19。在代码中定义 person 对象并将其作为参数传递给函数，在函数内部对变量进行修改，函数执行结束后，在函数外部输出对象，发现其值已经被修改。这就是值类型和引用类型作为参数的区别。

> 注意：不管参数是值类型还是引用类型，传递都是按值传递。只不过针对引用类型传递的是对象的内存地址值，只要地址值相同就指向同一个内存地址，因此在函数内实际修改的是同一内存地址对应的对象。

2. 参数获取

JavaScript 提供了 arguments 对象用于接收参数，它是一个类数组，通过它可以实现函数重载功能（JavaScript 目前没有从语法层面支持函数重载）。arguments 的使用如下。

代码 3.22　arguments 获取参数：arguments.js

```
//通过 arguments 获取参数
function sum(a) {
    console.log("arguments 对象: "+arguments);           //类数组
    //获取第一个参数，等同于直接使用参数 a
    console.log("arguments[0]= "+arguments[0]);
    console.log("a= "+a);
    console.log("arguments.length= "+arguments.length);  //参数个数
}
sum(1, 2);                                               //传 2 个参数
sum(1, 2, 3);                                            //传 3 个参数
```

从代码中可以看到，可以通过形参 a 接收实参，也可以通过 arguments 接收参数。如果通过 arguments 接收就可以不限定参数个数，即使形参个数为 0，也可以接收到所有参数的值，由于 arguments 是一个类数组，所以可以用下标获取参数值。以上代码的运行结果如下：

```
arguments 对象: [object Arguments]
arguments[0]= 1
a= 1
arguments.length= 2
arguments 对象: [object Arguments]
arguments[0]= 1
a= 1
arguments.length= 3
```

> 注意：函数的参数可以是任意类型，但参数是函数时称为回调函数，JavaScript 是单线程基于事件的，因此可以看到回调函数的大量使用。

3. 默认参数

在定义函数时，为参数定义默认值可以提高程序的健壮性。在 ES 6 之前，可以通过参数判断、三元运算符、短路运算符对函数参数设置默认值，ES 6 提供了默认参数设置的语法支持，

可以直接在形参后通过等号设置默认值。默认参数设置如下。

代码 3.23　默认参数：defaultPara.js

```javascript
//默认参数：defaultPara.js
function sum(a = 0, b = 0) {
    return a + b;
}
console.log(sum());                    //0  //如果不传参数则用默认值
console.log(sum(1));                   //1
console.log(sum(1, 2));                //3
```

在上述代码中，设置形参 a、b 的默认值为 0，但函数调用时没有传入实参，因此采用默认值。

3.3.3　函数的返回值

函数使用 return 关键字设置返回值，如前面所讲的 sum 函数，通过 return 返回两数之和。需要注意的是，return 之后的语句不会执行。如果函数没有显式声明 return 或 return 关键字后没有具体值，则返回 undefined。

代码 3.24　函数返回值：noReturn.js

```javascript
//函数无返回值：noReturn.js
function sayHello() { };
function sayHi() { return; }
console.log(sayHello());               //undefined
console.log(sayHi());                  //undefined
```

sayHello 函数内部没有 return 语句，sayHi 函数内有 return 语句但是没有返回具体值，因此都返回 undefined。

3.3.4　函数的注释

在 JavaScript 中可以为代码添加注释，被注释的内容不会解释执行，仅仅是为了提高可读性。可以采用单行注释（//）也可以采用多行注释（/* */）。

由于函数是对特定功能的封装，有时候需要提供给他人使用，因此应该采用注释描述清除函数的功能、需要传递什么参数、返回什么值等。函数注释的使用如下。

代码 3.25　函数注释：note.js

```javascript
//函数注释：note.js
/**
 * @method calculate 完成加、减、乘、除四则运算
 * @param {*} a 被操作数
 * @param {*} b 操作数
 * @param {*} type 运算类型 (+、-、*、/)
 * @returns 计算结果
 */
function calculate(a, b, type) {
    var result = 0;
    switch (type) {
```

```javascript
        case '+':
            result = a + b;
            break;
        case '-':
            result = a - b;
            break;
        case '*':
            result = a * b;
            break;
        case '/':
            result = a / b;
            break;
    };
    return result;
}
var add = calculate(1, 2, "+");
console.log(add);//3
var reduce = calculate(8, 2, '-');
console.log(reduce);//6
```

上面的代码中定义了一个用于四则运算的函数 caculate，通过注释，详细对函数功能及其参数进行了描述，以便别人在不看代码的情况下能明白此函数的作用。

> 注意：@method 表示函数功能，@param 表示参数，@returns 表示返回值。

3.4 常用的内置对象

为了方便开发人员操作和管理数据，JavaScript 提供了一些内置对象，这些对象包括 Array、Math、Date 和 String 等，本节详细介绍这些内置对象，掌握这些对象的属性和方法可以让开发变得更加高效。

3.4.1 数组 Array

数组是引用类型，因此有很多属性和方法，在介绍属性和方法之前，先来看看如何定义数组。

1. 数组声明

【本节示例参考：\源代码\C3\internalObject\Array\grammar】

数组声明可以使用字面量或对象表达式。数组声明时可以指定初始值，声明后也可以通过方法动态改变数组的值。下面是一个数组声明及简单操作的例子。

代码 3.26　默认参数：declareArray.js

```javascript
//数组声明：declareArray.js
//数组声明
var arr = new Array();                    //对象表达式
var arr2 = [];                            //字面量表达式
var arr3 = [1, 2, 3, 4];                  //声明时赋值
```

```
//数组访问
console.log(arr3[0]);                    //1,数组下标从 0 开始
console.log(arr3.length);                //4,数组长度
console.log(arr3.length-1);              //3,数组的最后一个元素
```

执行代码依次输出 1、4、3。访问数组元素可以通过下标进行访问,下标从 0 开始依次递增;也可以通过 length 获取数组元素的个数(即数组的长度)。

以上数组为一维数组,数组元素的值可以是任意类型,如果一维数组的元素值也是一个数组,则构成二维数组,同理可以构成多维数组。下面创建一个二维数组。

代码 3.27　二维数组:twoDimension.js

```
//定义二维数组:twoDimension.js
//二维数组定义 1
var mutilArr = [[]];                     //定义空的二维数组
console.log(mutilArr)

var mutilArr1 = [[1, 2], [4, 5]];        //定义时初始化
console.log(mutilArr1)

//二维数组定义 2
var twoDimension = new Array();
for (var i = 0; i < 2; i++) {            //一维数组长度 2
    twoDimension[i] = new Array();
    for (var j = 0; j < 2; j++) {        //二维数组长度 2
        twoDimension[i][j] = i + j;
    }
}
console.log(twoDimension);
```

在以上代码中,定义二维数组的操作与一维数组类似,运行结果如下:

```
[ [] ]
[ [ 1, 2 ], [ 4, 5 ] ]
[ [ 0, 1 ], [ 1, 2 ] ]
```

2. 数组的方法

【本节示例参考:\源代码\C3\internalObject\Array\methord】

数组的方法较多,常用的有 push、pop、unshit、shift、splice、delete、reverse、sort 和 concat 等,常用的方法见表 3.5 所示。

表 3.5　数组常用的方法

方 法 名 称	功 能 描 述
push	在数组末尾添加元素
pop	从数组末尾取出元素,并返回删除的元素
unshift	在数组前面添加元素,并返回添加元素后的数组长度
shift	删除数组前面的元素并返回
splice	该方法比较灵活,根据传入的参数可以实现添加、修改和删除元素
delete	删除数组元素,删除后其位置仍然保留,数组长度不会变
reverse	数组颠倒排序
sort	数组排序,默认以字符的每一位编码排序,可以自定义排序规则

续表

方 法 名 称	功 能 描 述
concat	拼接数组
join	将数组的所有元素转换为由指定分隔符组成的字符串，不影响原数组
toString	将数组转化为字符串
slice	从指定位置截取数组，返回新数组，不影响原数组
isArray	判断是否是为数组
indexOf	查找指定元素在数组中第一次出现的位置，如果没找到则返回-1
lastIndexOf	返回一个指定的元素在数组中最后出现的位置，如果没找到则返回-1
find	查找符合条件的第一个元素，如果找到则返回此元素，否则返回undefined
findIndex	查找符合条件的第一个元素的位置，如果未找到则返回-1

1）push 与 pop 方法

push 方法在数组末尾添加元素，同时返回数组长度；pop 方法从数组末尾删除元素，并返回被删除的元素。

代码 3.28　数组的push与pop方法：pushPop.js

```
//push 与 pop 方法的使用: pushPop.js
var arr = ['html', 'css', 'javascript'];
console.log(arr);                //[ 'html', 'css', 'javascript' ]
var length = arr.push('node'); //push 在数组末尾添加元素，同时返回数组的长度
console.log(length);             //4
length = arr.push('vue', 'react');
console.log(length);             //6
console.log(arr);//[ 'html', 'css', 'javascript', 'node', 'vue', 'react' ]
var last = arr.pop();            //pop 方法在数组末尾取出元素，并返回删除的元素
console.log(last);
console.log(arr);
```

程序运行结果如下：

```
[ 'html', 'css', 'javascript' ]
4
6
[ 'html', 'css', 'javascript', 'node', 'vue', 'react' ]
react
[ 'html', 'css', 'javascript', 'node', 'vue' ]
```

注意：push 和 pop 方法可以模拟栈的数据结构，先进后出（FILO）。

2）unshift 与 shift 方法

unshift 方法在数组首部添加元素，同时返回数组的长度；shift 方法在数组首部删除元素并返回被删除的元素。

代码 3.29　数组的unshift与shift方法：shiftUnshift.js

```
//shift 和 unshift 方法的使用 shiftUnshift.js
var arr = ['html', 'css', 'javascript'];
console.log(arr);                //[ 'html', 'css', 'javascript' ]
var len = arr.unshift('node'); //unshift 方法在数组首部添加元素并返回其长度
console.log(len);                //4
```

```
console.log(arr);                    //[ 'node', 'html', 'css', 'javascript' ]
var last = arr.shift();              //shift 方法在数组首部删除元素并返回被删除的元素
console.log(last);                   //node
console.log(arr);                    //[ 'html', 'css', 'javascript' ]
```

程序运行结果如下：

```
[ 'html', 'css', 'javascript' ]
4
[ 'node', 'html', 'css', 'javascript' ]
node
[ 'html', 'css', 'javascript' ]
```

> 注意：push 和 shift 方法可以模拟队列数据结构，先进先出（FIFO）。

3）splice 方法

splice 方法比较灵活，根据传入的参数不同可以添加、修改和删除元素。该方法可以传递 3 个参数，即 splice(start,deleteCount,newVal)。

代码 3.30　数组的 splice 方法：splice.js

```
//splice 方法的使用：splice.js
var arr = ['html', 'css', 'javascript', 'vue'];
console.log(arr);
// var result=arr.splice(1,1);                    //删除
// var result=arr.splice(1,0,'node');             //新增
var result = arr.splice(1, 1, 'node');            //替换
// 从索引 1 开始删除一个元素并把 node 替换为被删除的位置；返回被删除的元素
console.log(result);
console.log(arr);
```

程序运行结果如下：

```
[ 'html', 'css', 'javascript', 'vue' ]
[ 'css' ]
[ 'html', 'node', 'javascript', 'vue' ]
```

如果 splice 方法只有 2 个参数则表示删除，从第 1 个参数指定的位置开始删除第 2 个参数指定个数的元素；如果是 3 个参数则表示修改，从第 1 个参数指定位置开始删除第 2 个参数指定个数的元素，并在第 2 个参数的位置上放置第 3 个参数的内容（用第 3 个参数替换被删除的元素）。

> 注意：splice 方法返回被删除的元素。

4）reverse、sort、concat、join、toString 和 slice 等

数组排序、拼接和截取也比较常见，方法示例如下。

代码 3.31　数组的排序、拼接和截取：other.js

```
//数组的其他方法：other.js
//1. reverse 方法：颠倒排序
var arr = [1, 2, 3];
console.log(arr);                     //[ 1, 2, 3 ]
arr.reverse();                        //对数组逆向排列，直接影响数组
console.log(arr);                     //[ 3, 2, 1 ]
//2. sort 方法：排序
var arr1 = [1, 3, 5, 2];
```

```javascript
console.log(arr1);                    //[ 1, 3, 5, 2 ]
arr1.sort();                          //默认升序排列，直接影响数组
console.log(arr1);                    //[ 1, 2, 3, 5 ]
//3. concat 方法：拼接数组
var arr2 = [1, 2, 8];
var arr3 = ['h', 'e', 'l', 'l', 'o'];
var arr4 = arr2.concat(arr3);         //concat 返回拼接后的新数组，原数组不变
console.log(arr4);                    //[1, 2, 8, 'h','e', 'l', 'l', 'o']
console.log(arr2, arr3);              //[ 1, 2, 8 ] [ 'h', 'e', 'l', 'l', 'o' ]
//4. join 方法：数组元素拼接为字符串
var arr5 = arr3.join("-");//将数组元素按指定分隔符分隔，返回字符串。不影响原数组
console.log(arr5);                    //h-e-l-l-o
console.log(arr3);                    //[ 'h', 'e', 'l', 'l', 'o' ]
//5. toString 方法：将数组元素转化为逗号分隔的字符串
var arr6 = arr3.toString();
console.log(arr6);                    //h,e,l,l,o
//6. slice 方法：截取数组
var arr7 = arr3.slice(1, 2);          //从下标为1处截取1个数组，不包含结束值
console.log(arr7);                    //[ 'e' ]
console.log(arr3);                    //[ 'h', 'e', 'l', 'l', 'o' ]
```

程序运行结果如下：

```
[ 1, 2, 3 ]
[ 3, 2, 1 ]
[ 1, 3, 5, 2 ]
[ 1, 2, 3, 5 ]
[1, 2, 8, 'h', 'e', 'l', 'l', 'o']
[ 1, 2, 8 ] [ 'h', 'e', 'l', 'l', 'o' ]
h-e-l-l-o
[ 'h', 'e', 'l', 'l', 'o' ]
h,e,l,l,o
[ 'e' ]
[ 'h', 'e', 'l', 'l', 'o' ]
```

5）搜索数组

数组提供了 indexOf、lastIndexOf、find、findIndex 方法用于实现数组元素的查找，可以查找元素值，也可以返回对应的索引，示例如下。

代码 3.32　数组查找的相关方法：search.js

```javascript
//搜索数组 search.js
//1. indexOf(searchElement,fromIndex)方法：从前往后
var arr = ['html', 'css', 'javascript', 'css'];
console.log(arr.indexOf('css'));              //返回第一次找到的索引1
console.log(arr.indexOf('node'));             //如果没找到则返回-1
//第二个参数为开始搜索的位置，如果没写则默认为0，这里为1
console.log(arr.indexOf('css', 1));
console.log(arr.indexOf('css', 2));           //3
//2. lastIndexOf(item,start)方法：从后往前
console.log(arr.lastIndexOf("css"));          //3. 从末尾开始搜索
console.log(arr.lastIndexOf("node"));         //没找到返回-1
//第二个参数为开始搜索的位置，如果没写则默认为数组长度
console.log(arr.lastIndexOf("css", 2));
//3. find
var hasCss = arr.find(function (s) {
    return s === "css"
});
```

```
console.log(hasCss);              //返回找到的css元素
var hasNode = arr.find(function (s) {
    return s === "node"
});
console.log(hasNode);             //找不到返回undefined
//4. findIndex
var css = arr.findIndex(function (val, index) {
    if (val === 'css' && index > 1) {
        return val;
    }
});
console.log(css);                 //如果找到则返回索引，找不到则返回-1，这里为3
```

其中，indexOf 为从前往后搜索，lastIndexOf 为从后往前搜索，如果找到则返回第一次出现的索引，否则返回-1。find 和 findIndex 可以将参数作为回调函数，可以根据业务需要自定义搜索逻辑。程序运行结果如下：

```
1
-1
1
3
3
-1
1
css
undefined
3
```

3．数组遍历

数组遍历可以使用 for 循环、for…of、for…in 以及高阶函数 forEach、map、filter 等。

1）使用 for 循环遍历数组

数组的 length 属性表示数组元素个数，因此可以使用 for 循环进行遍历，示例如下。

代码 3.33　for循环遍历数组：for.js

```
//for 遍历数组：for.js
var arr = ['html', 'css', 'javascript'];
for (var i = 0; i < arr.length; i++) {
    console.log(arr[i]);
}
//优化
for (var i = 0, len = arr.length; i < len; i++) {
    console.log(arr[i]);
}
```

运行代码，可以看到能成功遍历数组，可以在循环开始前获取数组长度，提高性能。

2）使用 for…of 遍历数组

for…of 遍历数组非常简单，可以直接获取元素值，无须通过下标访问。

代码 3.34　for…of遍历数组：forof.js

```
//使用 for…of 遍历数组：forof.js
var arr = ['html', 'css', 'javascript'];
for (var item of arr) {
    console.log(item);                       //直接获取元素
}
```

程序运行结果如下:

```
html
css
javascript
```

3) 使用 for…in 遍历数组

使用 for…in 遍历数组,可以直接获取下标,再通过下标获取数组元素,示例代码如下。

代码 3.35　for…in 遍历数组:forin.js

```
//使用 for…in 遍历数组: forin.js
var arr = ['html', 'css', 'javascript'];
for (var index in arr) {                    //index 表示数组索引
    console.log(index, arr[index]);
}
```

程序运行结果如下:

```
0 html
1 css
2 javascript
```

4) 高阶函数遍历数组

如果函数的参数是一个函数,则此函数称为高阶函数(Higher-order function)。简单理解就是高阶函数可以接收回调函数。数组对象的 forEach、map、reduce、filter 等函数都是高阶函数,自带遍历功能。forEach 函数的使用如下。

代码 3.36　高阶函数遍历数组:higherOrder.js

```
//高阶函数: higherOrder.js
var arr = ['html', 'css', 'javascript'];
arr.forEach(function (value, index, arr) { //参数依次是数组元素、下标和原数组
    console.log(value, index, arr);
})
arr.forEach(function (value) {             //参数可选
    console.log(value);
})
```

高阶函数内部自带循环效果,针对每个元素调用时会将参数自动传入回调函数,开发者可以根据自身的业务逻辑实现不同的功能。参数分别为数组元素、数组下标和原数组,开发者根据自身需要设置参数个数即可。程序运行结果如下:

```
html 0 [ 'html', 'css', 'javascript' ]
css 1 [ 'html', 'css', 'javascript' ]
javascript 2 [ 'html', 'css', 'javascript' ]
html
css
javascript
```

3.4.2　数学对象 Math

Math 对象提供了很多数学公式计算方法,包括 max、min、floor、abs 和 random 等,常用的方法如表 3.6 所示。

表 3.6 Math常用的方法

方 法 名 称	功 能 描 述
round	四舍五入
floor	向下取整
ceil	向上取整
max	查找参数列表中的最大值
min	查找参数列表中的最小值
abs	求绝对值
random	生成随机数

Math 对象常用的函数示例如下。

代码 3.37 Math对象常用的方法：commonFunction.js

```
//常用的方法: commonFunction.js
console.log(Math.PI);                        //圆周率
console.log(Math.round(5.5));                //四舍五入
console.log(Math.floor(4.6));                //向下取整
console.log(Math.ceil(4.6));                 //向上取整
console.log(Math.max(1, 2, 3, 15));          //最大值
console.log(Math.min(1, 2, 3, 15));          //最小值
console.log(Math.pow(2, 3));                 //2的3次方
console.log(2 ** 3);                         //2的3次方 ES 6新增
console.log(Math.sqrt(64));                  //求平方根
console.log(Math.abs(-8.8));                 //求绝对值
console.log(Math.sign(-3));                  //判断符号（正数,负数,0）
```

其中，PI 表示圆周率，round 表示四舍五入，运行结果如下：

```
3.141592653589793
6
4
5
15
1
8
8
8
8.8
-1
```

随机数的应用非常多，默认的 Math.random 方法会生成 0～1 的随机数。如果想生成任意区间的随机数，公式为 Math.random()*(大-小)+小。示例代码如下。

代码 3.38 random生成随机数：random.js

```
//随机数: random.js
console.log(Math.random());                          //0～1 的随机数
console.log(Math.random() * 10);                     //0～10 的随机小数
console.log(parseInt(Math.random() * 10));           //0～9 的随机整数，可以取 0
console.log(parseInt(0.8));                          //不是四舍五入
console.log(Math.floor(Math.random() * 10));         //0～9 的随机整数，可以取 0
console.log(parseInt(Math.random() * 10 + 1));       //1～10 的随机整数
console.log(Math.ceil(Math.random() * 10));          //1～10 的随机整数
```

```
//18～88 的随机整数,取不到 88
console.log(parseInt(Math.random() * (88 - 18) + 18));
//Math.random()*(大-小)+小
```

由于结果是随机生成的,所以每次的运行结果不一定一致,其中一次的运行结果如下:

```
0.40756793777251676
0.8902778876147677
1
0
4
1
6
85
```

3.4.3 日期对象 Date

几乎每个系统都离不开日期和时间的处理,因此 JavaScript 内置了 Date 对象用于处理日期和时间,常用的方法如表 3.7 所示。

表 3.7 Date常用的方法

方 法 名 称	功 能 描 述
Date	创建日期对象
setDate	以数组（1-31）设置日
setFullYear	设置年（可选月和日）
setHours	设置小时（0～23）
setMilliseconds	设置毫秒（0～999）
setMinutes	设置分（0～59）
setMonth	设置月（0～11）
setSeconds	设置秒（0～59）
setTime	设置时间（从1970-1-1至今的毫秒数）
getFullYear	以四位数字形式返回日期年份
getMonth	以数字0～11返回日期的月份
getDate	以数字1～31返回日期的日
getDay	以数字0～6返回日期的星期名
getHours	以数字0～23返回日期的小时数
getMinutes	以数字0～59返回日期的分钟数
getSeconds	以数字0～59返回日期的秒数
getMilliseconds	以数字0～999返回日期的毫秒数
getTime	返回自1970-1-1以来的毫秒数
toString	以默认格式显示日期字符串
toDateString	将日期转化为更易读的格式
toLocalStrig	将日期转换为本机的日期格式
toLocalDateString	将日期转换为本机的日期格式
ToLocalTimeString	将日期转换为本机的时间格式

常用的日期处理方法示例如下。

代码 3.39　Date对象的方法：date.js

```
//日期格式：date.js
var date = new Date();
console.log(date.getFullYear());                    //获取年份
console.log(date.getMonth());                       //获取月份
console.log(date.getDate());                        //获取日期
date.setMonth(7);                                   //设置日期
console.log(date.toLocaleDateString());             //打印本机格式的日期
```

注意，new Date 方法获取的是程序运行时间，因此每次运行程序的结果可能不一样。某次的运行结果如下：

```
2021
7
31
2021-8-31
```

3.4.4　字符串 String

JavaScript 字符串用单引号或双引号包裹，当包含特殊字符时需要用转义字符（\）进行转义，如单引号、双引号、反斜线。字符串有 length 长度属性，可以像数组一样通过下标进行访问。字符串提供了非常多的内置方法，常用的方法如表 3.8 所示。

表 3.8　字符串常用的方法

方 法 名 称	功 能 描 述
charAt	返回字符串中指定下标的字符
charCodeAt	返回字符串中指定索引的字符unicode编码
indexOf	返回字符串中指定文本首次出现的索引
lastIndexOf	返回指定文本在字符串中最后一次出现的索引
search	搜索特定值的字符串，并返回匹配的位置
slice	提取字符串的某个部分并在新字符串中返回被提取的部分
substring	与slice类似，但不接收负索引
substr	与slice类似，第二个参数规定被提取部分的长度
replace	用另一个值替换在字符串中指定的值，不会改变调用它的字符串。默认只替换首个匹配
toUpperCase	把字符串转换为大写
toLowerCase	把字符串转换为小写
concat	连接两个或多个字符串，与数组concat方法类似
trim	删除字符串两端的空白符
split	将字符串转换为数组

字符串通常需要查找或截取，常见的操作示例如下。

代码 3.40　字符串方法：string.js

```
//字符串方法：string.js
var myName = "heimatenyun";
```

```
    console.log(myName.charAt(0));              //返回指定位置的字符
//查找字符串
var str = "i am heimatengyun,i am heimatengyun";
console.log(str.indexOf('am'));              //字符串首次出现的索引（从前往后）
console.log(str.indexOf("am", 20));          //第二个参数指定开始查找的索引
console.log(str.lastIndexOf('am'));          //字符串最后一次出现的索引（从后往前）
//search 和 indexOf 方法的功能类似，但 search 不能设置第 2 个参数，indeOf 无法设置正
    则匹配
console.log(str.search("am"));               //首次找到的索引
console.log(str.toUpperCase());              //转换为大写字母
console.log(str.concat(myName));             //字符串拼接
console.log(str.replace('am', 'love'));      //替换首个匹配的字符串
//截取字符串
//截取字符串 第一个参数为起始位置，第二个参数为结束位置
console.log(str.slice(0, 4));
//截取字符串，与 slice 功能相同，但第二个参数不能为负
console.log(str.substring(0, 4));
//截取字符串 与 slice 功能相同，但第二个参数表示长度
console.log(str.substr(0, 4));
```

程序运行结果如下：

```
h
2
20
20
2
I AM HEIMATENGYUN,I AM HEIMATENGYUN
i am heimatengyun,i am heimatengyunheimatenyun
i love heimatengyun,i am heimatengyun
i am
i am
i am
```

3.5　ES 6+新增的语法

ES 的全称为 ECMAScript，是 ECMA 制定的标准化脚本语言，目前，JavaScript 使用的 ECMAScript 版本是 ECMAScript-262。简单说，ES 是标准，JavaScript 是该标准的具体实现。自从 2015 年 6 月发布 ES 2015（即 ES 6）以来，ES 每年 6 月会发布一个版本，目前最新的版本为 ES 13（ES 2022）。

每一个规范版本的发布都是为了解决一些特定的问题或者简化代码的编写。例如：ES 6 新增了 Class 类、箭头函数、模块化；ES 8 简化了异步方法，新增了 Async 和 await 等。本节就对这些新规范进行讲解，建议读者编写代码时尽量按照新规范来书写。

注意：本节所讲的 ES 6+指 ES 6 及其以后的版本（ES 6 至 ES 13）。

3.5.1　变量和常量

ES 6 新增了 let 和 const 关键字分别用于声明变量和常量。let 与 var 相比更加规范，在 JavaScript

中以前使用 var 声明变量，声明后还可以重复声明，这显然是不合理的，同时，var 声明的变量还存在变量提升问题（声明的变量会在代码执行的预解析阶段被放置到作用域的顶部），let 的诞生规范了上述问题，并且规定声明常量采用 const 关键字。示例代码如下。

代码 3.41　let和const关键字：letConst.js

```
//使用 let 和 const 声明变量和常量：letConst.js
typeof myName;
// typeof bookName;                    //报错，let 不存在变量提升问题
var myName = 'heimatengyun';
// var name = '123';                   //不报错，可以重复声明
let bookName = 'node.js 项目实战';
// let bookName="123";                 //报错，不可重复声明
const AGE = 18;                        //常量
// AGE = 19;                           //报错，永远 18 岁不可更改
```

示例代码中通过 let 关键字声明 bookName 变量，在尝试重复声明会发现报错；并且在声明之前通过 typeof 检测其类型，也发现报错。这说明使用 let 关键字声明的变量不存在变量提升问题。通过 const 关键字声明常量，常量值在语法上规定不能修改，否则将会报错。

3.5.2　解构赋值

ES 6 规定可以按照一定的模式从数组和对象中提取值，对变量进行赋值，这称为解构赋值（Destructuring）。数组解构赋值示例如下。

代码 3.42　数组解构赋值：destructuringArray.js

```
//数组解构赋值  destructuringArray.js
let [x, y, z] = [1, 2, 3];
console.log(x, y, z);                  //1 2 3
let [a, [b], c] = [1, [2], 3];
console.log(a, b, c);                  //1 2 3
let [d, e] = [1];
console.log(d, e);                     //1 undefined
let [f = 0] = [];
console.log(f);                        //0 解构不成功取默认值
```

从示例代码中可以看出，对数组的解构赋值本质上就是模式匹配，只要等号左右两边的模式相同，左边的值就会赋给右边对应的变量。如果赋值不成功则为 undefined，针对不成功的情况可以设置默认值。程序运行结果如下：

```
1 2 3
1 2 3
1 undefined
0
```

除了对数组解构之外，还可以对对象和字符串进行解构赋值，示例如下。

代码 3.43　对象和字符串解构赋值：destructuringObj.js

```
//对象解构赋值：destructuringObj.js
let person = {
    name: 'heimatengyun',
    age: 18,
```

```
    job: 'ceo'
}
//解构是指定别名 myName,指定别名后就不能再使用 name 了
let { name: myName, age, job } = person;
console.log(myName, age, job)
//字符串解构赋值
let [a, b, c] = 'heimatengyun';
console.log(a, b, c);                          //h e i
```

当对对象进行解构赋值时,可以指定别名,如在上例中将对象的 name 属性解构时指定别名为 myName,这在前后端交互时非常有用。程序运行结果如下:

```
heimatengyun 18 ceo
h e i
```

3.5.3 扩展运算符

扩展运算符(spread)也称为展开运算符,通常用于展开数组,即将一个数组转为用逗号分隔的参数序列,而剩余参数(rest)则是展开运算符的逆运算。

扩展运算符的应用比较广泛,可以用于复制数组,也可以合并数组,示例如下。

代码 3.44 扩展运算符:spread.js

```
//扩展运算符:spread.js
console.log(...[1, 2, 3]);                     //1 2 3
//复制数组
const a1 = [8, 18, 28];
const a2 = [...a1];
console.log(a2);                               //[ 8, 18, 28 ]
//合并数组
const arr1 = [1, 2];
const arr2 = [3, 4];
console.log([...arr1, ...arr2]);               //[ 1, 2, 3, 4 ]
```

与扩展运算符对应的是剩余参数,其语法格式为"...变量名",用于获取函数的多余参数,这样就可以不用使用 arguments 对象接收参数了。rest 参数搭配的变量是一个数组,该变量将多余的参数放入数组中。示例如下。

代码 3.45 剩余参数:rest.js

```
//剩余参数 rest.js
function show(a, b, ...c) {
    console.log(a, b, c);                      //1 2 [ 3, 4 ]
}
show(1, 2, 3, 4);
```

在上面的示例中,将函数参数从 3 开始的数据都复制到 c 数组中,这样函数就可以接收无数参数,完成 arguments 接收参数的功能。

3.5.4 字符串新增的方法

ES 6 新加了字符串模板,并添加了一些新的方法以便提高开发效率,这些方法包括 Includes、startsWith、endsWidth、repeat 和 padStart 等,使用示例如下。

代码 3.46　字符串新增的方法：string.js

```
//字符串新增的方法：string.js
//字符串模板
let myName = 'heimatengyun';
console.log("我是" + myName);                    //我是 heimatengyun ES 5 写法
console.log(`我是${myName}`);                    //我是 heimatengyun ES 6 写法
//includes 字符串查找，找到返回 ture，否则返回 false
let str = "i love you";
console.log(str.includes('love'));               //true
//startsWith 判断是否以 i 开头
console.log(str.startsWith('i'));                //true
//repeat 重复指定次数
console.log(str.repeat(2));                      //i love youi love you
//padStart padEnd，补全字符串长度，ES 8 新增
console.log(str.padStart(20, "*"));              //**********i love you 首部补全
console.log(str.padEnd(20, '*'));                //i love you********** 尾部补全
//trim trimStart trimEnd，去空格
let strWithSpace = "  i love you  ";
console.log(strWithSpace);                       //  i love you
console.log(strWithSpace.trimStart());           //i love you
console.log(strWithSpace.trimEnd());             //  i love you
```

上面的示例分别演示了 ES 6 及其之后的版本对字符串的扩展方法，运行结果如下：

```
我是 heimatengyun
我是 heimatengyun
true
true
i love youi love you
**********i love you
i love you**********
  i love you
  i love you
  i love you
```

3.5.5　数组新增的方法

数组在 JavaScript 中是非常重要的数据结构，ES 6 及其之后的版本也添加了非常多的方法便于对数组进行操作，这些方法包括 Array.of、Array.from、find、fill、includes 和 flat 等，使用示例如下。

代码 3.47　数组新增的方法：array.js

```
//数组的扩展方法：array.js
//Array.of 元素转换为数组
console.log(Array.of(1, 2, 3, 4));               //[ 1, 2, 3, 4 ]
//Array.from 用于复制数组或将类数组转换为数组
let arr1 = [1, 2];
console.log(Array.from(arr1));                   //[ 1, 2 ]
//copyWithin 用于将指定位置的成员复制到其他位置进行替换
//[ 3, 4, 3, 4, 5 ] 将位置 2~4 上的字符串取出放到 0 开始的位置进行替换
console.log([1, 2, 3, 4, 5].copyWithin(0, 2, 4));
//find 用于查找第一个符合条件的元素
let arr = [8, 18, 28, 38, 48];
var findResult = arr.find(function (item, index, arr) {
```

```
        return item > 20;
    });
    console.log(findResult);                        //28
    //includes 用于判断是否包含符合条件的元素
    console.log([1, 2, 3, 4].includes(3));          //true
    //flat 用于拉平数组
    console.log([1, 2, [3, 4]].flat());             //[ 1, 2, 3, 4 ]
    var flatResult = [1, 2, 3].flatMap(function (x) {   //遍历每个元素进行运算
        return x * x;
    });
    console.log(flatResult);                        //[ 1, 4, 9 ]
```

程序运行结果如下：

```
[ 1, 2, 3, 4 ]
[ 1, 2 ]
[ 3, 4, 3, 4, 5 ]
28
true
[ 1, 2, 3, 4 ]
[ 1, 4, 9 ]
```

3.5.6 对象新增的方法

JavaScript 是面向对象语言，面向对象的思想在程序设计中非常重要，因此 ES 6+针对对象也做了很多扩展，示例如下。

代码 3.48　对象新增的方法：object.js

```
//对象新增的方法：object.js
//1. ES 6 的对象简写
let age = 18;
let person = {
    name: 'heimatenyun',
    // age:age, ES 5 的写法
    age,                                //ES 6 简写
    showAge: function () {              //ES 5 的写法
    showAge() {                         //ES 6 简写
        return this.age;
    }
}
console.log(person.name);
console.log(person.showAge());          //18
//2. Object.assign 用于合并对象
let obj1 = {
    name: 'lili'
};
let obj2 = {
    age: 18
};
let obj = Object.assign({}, obj1, obj2);//将其他对象合并到第一个参数的对象中
console.log(obj);                       //{ name: 'lili', age: 18 }
//3. 扩展运算符复制对象
let obj3 = { ...obj2 };                 //将 obj2 复制到 obj3 中
console.log(obj3);                      //{ age: 18 }
```

程序运行结果如下：

```
heimatenyun
18
{ name: 'lili', age: 18 }
{ age: 18 }
```

3.5.7 箭头函数

ES 6 新增的箭头函数（arrow function）用于简化函数的定义，在函数定义时可以将 function 关键字和函数名称删掉，直接用=>连接参数列表和函数体。示例如下。

代码 3.49　箭头函数：arrowFun.js

```
//箭头函数：arrowFun.js
//1. 函数定义
//ES 5 函数定义
function sayHello() {
    console.log('hello');
};
sayHello();                                          //hello
//ES 6 箭头函数
sayHi = () => {
    console.log('hi')
}
sayHi();                                             //hi
//2. 回调函数
// ES 5 写法
let result = [1, 2, 3].map(function (x) {
    return x * x;
});
console.log(result);                                 //[ 1, 4, 9 ]
// ES 6 写法
let result1 = [1, 2, 3].map(x => x * x);
console.log(result1);                                //[ 1, 4, 9 ]
```

从上面的示例代码中可以看出，使用箭头函数可以简化函数声明，尤其适合在回调函数中使用。

注意：箭头函数内部的 this 被绑定为函数定义时的 this，并且无法改变。

3.5.8　Set 和 Map

数组元素可以重复，虽然数组提供了很多方法，但是去重还是比较麻烦的，因此 ES 6 新增了 Set 数据结构，它类似数组但是其元素具有唯一性。对象虽然很常用，但是属性名只能是字符串类型，因此 ES 6 新增了 Map，Map 类似对象但是属性名可以为对象或其他类型。

Set 提供了 add、delete、has 等方法来操作集合元素，使用示例如下。

代码 3.50　Set数据结构：set.js

```
//Set 数据结构：set.js
//1. 使用 Set 将数组去重
let arr = [1, 2, 3, 1, 2, 3];
let set = new Set(arr);                              //数组转 Set
```

```
console.log(set);                        //Set { 1, 2, 3 }
let arr1 = Array.from(set);              //Set 转数组
console.log(arr1);                       //[ 1, 2, 3 ]
let arr2 = [...set];                     //Set 转数组
console.log(arr2);                       //[ 1, 2, 3 ]
//2. set 的基本操作
set.add(8).add(18);                      //add 函数返回 Set 本身，因此可连写
console.log(set);                        //Set { 1, 2, 3, 8, 18 }
console.log(set.size);                   //Set 长度为 5
```

代码运行结果如下：

```
Set { 1, 2, 3 }
[ 1, 2, 3 ]
[ 1, 2, 3 ]
Set { 1, 2, 3, 8, 18 }
5
```

Map 提供了 set、has、forEach 等方法用来对 Map 对象进行操作，示例如下。

代码 3.51　Map 数据结构：map.js

```
//Map 数据结构: map.js
//1. 创建 Map
let map = new Map();
map.set('name', 'heimatengyun');
map.set('age', 18);
console.log(map);           //Map { 'name' => 'heimatengyun', 'age' => 18 }
console.log(map.size);                  //2
console.log(map.has('age'));//true
//2. 遍历
map.forEach((value, key) => {
    console.log(value, key)
})
//3. Map 与数组互转
let arr = [...map];                     //利用扩展运算符将 Map 转为数组
console.log(arr);         //[ [ 'name', 'heimatengyun' ], [ 'age', 18 ] ]
let newMap = new Set(arr);              //数组转 map
console.log(newMap);     //Set { [ 'name', 'heimatengyun' ], [ 'age', 18 ] }
```

从上面的示例代码中可以看出，Map 提供了 forEach 方法进行遍历，同时 Map 和数组之间可以相互转换，运行结果如下：

```
Map { 'name' => 'heimatengyun', 'age' => 18 }
2
true
heimatengyun name
18 age
[ [ 'name', 'heimatengyun' ], [ 'age', 18 ] ]
Set { [ 'name', 'heimatengyun' ], [ 'age', 18 ] }
```

注意：虽然 Map 也可以接收一个数组用来初始化，但是跟 Set 不同，在 Map 中，该数组的成员是一对对表示键值对的数组。

3.5.9　Class 类及其继承

在 ES 5 中面向对象创建类，通常是通过构造函数来实现，继承还要用原型和原型链方式来

实现。到了 ES 6，像面向对象语言（如 C++、Java 等）一样，其语法上提供了 class 关键字对类进行声明，同时提供关键字 extends 来实现类之间的继承。

面向对象的三大特性是继承、封装和多态。接下来通过示例演示在 JavaScript 中如何实现类继承。

代码 3.52　class 类继承：class.js

```
//class 实现继承: class.js
//父类
class Person {
    constructor(name) {
        this.name = name;                    //姓名
    }
    showName() {
        return this.name;
    }
}
//子类
class Student extends Person {
    constructor(name, grade) {
        super(name);                         //调用父类构造函数传入 name
        this.grade = grade;                  //年级，子类自己的属性
    }
    showGrade() {
        return this.grade;
    }
    sayHello() {
        return super.showName() + " hello!"
    }
}
let student = new Student("heimatengyun", 'grade one');
console.log(student.name);                   //调用父类继承来的属性
console.log(student.showName());             //调用父类继承来的方法
console.log(student.grade);                  //调用子类属性
console.log(student.showGrade());            //调用子类方法
console.log(student.sayHello());             //调用子类方法,在子类方法中扩展父类方法
```

在上面的代码中通过 class 定义了 Person 和 Student 两个类，Student 类使用 extends 继承父类 Person，子类可以继承父类的属性和方法，可以直接访问。同时，子类新增了自身的属性 grade 和方法 showGrade，通过 super 可以调用父类的方法。程序运行结果如下：

```
heimatengyun
heimatengyun
grade one
grade one
heimatengyun hello!
```

3.5.10　Promise 和 Async

ES 6 提供了两种异步编程方案：Promise 和 Generator。Promise 最早由社区提出和实现，主要用于解决回调地狱问题，ES 6 将其写进标准，统一用法，ES 6 原生提供了 Promise 对象。Generator 的作用主要是用于重构代码，将异步代码用同步的方式进行编写，更加方便维护；但是 Generator 是一个过渡产品，在 ES 8 中，作为 Generator 的语法糖，通常使用 Async 和 await

来替代 Generator 的语法。

开发项目时可以直接使用 Promise 语法，也可以将 Promise 与 Async 搭配使用，示例如下。

代码 3.53　Promise和Async的使用：promise.js

```
//Promise 和 async 的使用：promise.js
//异步操作封装到 Promise 对象
function costLongTime() {
    return new Promise(resolve => {
        setTimeout(() => { resolve('long long ago'), 1000 });//模拟耗时操作
    })
}
//Promise 方式
costLongTime().then(res => console.log(res))
//Async 方式
async function testAsync() {
    const time = await costLongTime();
    console.log(time)
}
testAsync();
```

在上面的示例代码中，在 costLongTime 方法中定义了一个 Promise 对象，并通过 setTimeout 定时器方法模拟耗时操作，将在 1s 后返回成功状态。使用封装的 Promise 对象有两种方法，可以直接通过 Promise 的 then 函数调用得到返回数据，也可以通过 Async 和 await 将异步的方法写为同步的形式。程序运行结果如下：

```
long long ago
long long ago
```

3.6　本章小结

本章详细介绍了 JavaScript 语言的知识及面向对象的特性。首先介绍了变量、数据类型、运算符、表达式和语句等基础语法；接着介绍了分支、循环程序控制结构，函数的定义及使用，以及 String、Array、Math 和 Date 等内置对象；最后重点介绍了 ES 6+语法知识。

通过本章的学习，读者可以了解 JavaScript 面向对象编程语言的特点，熟练掌握常用内置对象的属性和方法，熟练使用结构赋值和扩展运算符，能够使用 class 关键字完成类的封装和继承，熟练使用 Promoise 和 Async 进行异步编程。

本章通过大量示例演示了 JavaScript 的各种语法应用，只有熟练掌握才能更好地进行 Node.js 程序开发，第 4 章将正式开始 Node.js 核心编程模块的学习。

第 4 章　Node.js 的内置模块

Node.js 提供了非常多的底层内置模块，这些模块涉及进程相关的控制、文件系统相关的操作、网络相关的操作（TCP、UDP、HTTP、HTTPS 等）。模块，简单理解就是 API，Node.js 将常用的功能封装为 API 并提供给开发者使用，这些模块是日常工作中构建应用系统常用的功能，通过这些 API 的综合使用，能快速构建应用程序。本章针对这些核心模块进行介绍。

本章涉及的主要知识点如下：
- 了解 Node.js 内置的各类核心模块；
- 熟练使用 Buffer 模块进行数据存取；
- 熟练使用 child_press 模块管理子进程；
- 熟练使用 events 模块对事件进行管理；
- 熟练使用 timmers 定时器模块；
- 掌握 path 模块和 fs 文件系统模块；
- 熟练使用 net 模块、dgram 模块完成 TCP 和 UDP 程序制作；
- 熟练掌握 HTTP 模块创建 HTTP 服务器。

注意：不同版本的 Node.js 对应的模块有所不同。

4.1　Node.js 模块

Node.js 程序开发的过程就是将内置的 API 结合业务需求进行整合的过程，熟练掌握内置模块，便于提高程序开发的效率。本节内容包括：使用 module 模块查看 Node.js 所有的内置模块、在所有模块中都可以使用的全局变量、程序在运行过程中可能会出现的四类错误。了解这些内容，可以为后续学习各个模块的使用打下基础。

4.1.1　module 模块

【本节示例参考：\源代码\C4\module】

在 2.2 节中介绍过 Node.js 模块分为核心模块、自定义模块和第三方模块。核心模块是基石，是 Node.js 对底层功能的封装和抽象。Node.js 模块同时支持 CommonJS 模块和 ES 6 规范的模块，二者在模块的导入和导出方式上有所不同，使用区别可参考 2.1 节。

Node.js 提供了内置的 module 模块并公开了 module 变量，可以通过 import 或 require 导入进行访问。module 变量包括 builtinModules 属性，用于显示所有内置模块的名称列表，用于验证模块是否是由第三方维护。示例如下。

代码 4.1 module 模块：module.js

```
//module 模块：module.js
//CommonJS 规范
// const builtinModules = require('module')
// console.log(builtinModules)
//ES 6 规范
import { builtinModules as builtin } from 'module';
console.log(builtin)
```

Node.js 默认采用 CommonJS 规范引入模块，如果使用 require 引入模块则通过 Node.js 命令运行即可查看模块列表。如果要采用 ES 6 规范，则需要添加 package.json 文件，并在此文件中指定 type 类型为 module，文件内容如下。

package.json

```
{
    "type": "module"
}
```

运行文件 node module.js，运行结果如下：

```
[
  '_http_agent',         '_http_client',        '_http_common',
  '_http_incoming',      '_http_outgoing',      '_http_server',
  '_stream_duplex',      '_stream_passthrough', '_stream_readable',
  '_stream_transform',   '_stream_wrap',        '_stream_writable',
  '_tls_common',         '_tls_wrap',           'assert',
  'async_hooks',         'buffer',              'child_process',
  'cluster',             'console',             'constants',
  'crypto',              'dgram',               'dns',
  'domain',              'events',              'fs',
  'http',                'http2',               'https',
  'inspector',           'module',              'net',
  'os',                  'path',                'perf_hooks',
  'process',             'punycode',            'querystring',
  'readline',            'repl',                'stream',
  'string_decoder',      'sys',                 'timers',
  'tls',                 'trace_events',        'tty',
  'url',                 'util',                'v8',
  'vm',                  'worker_threads',      'zlib'
]
```

注意：以上内置模块的导入直接通过 require('模块名')即可。

4.1.2 global 全局变量

在 Node.js 中可以全局访问的变量包括：JavaScript 本身的内置对象和 Node.js 特定的全局变量。Node.js 提供了一些全局变量，这些变量在所有模块中可以直接使用。全局可以访问的变量如表 4.1 所示。

表 4.1 Node.js全局可以访问的变量

变量、方法或类	功 能 说 明
Buffer类	用于处理二进制数据
__dirname	当前模块的目录名。此变量可能看起来是作用于全局的，但实际上不是
__filename	当前模块的文件名。此变量可能看起来是作用于全局的，但实际上不是
clearImmediate方法	取消由setImmediate方法创建的Immediate对象
clearInterval方法	取消由setInterval方法创建的Timeout对象
clearTimeout方法	取消由setTimeout方法创建的Timeout对象
setImmediate方法	在I/O事件回调之后调度callback"立即"执行
setInterval方法	每延时数毫秒调度重复执行callback
setTimeout方法	在延时数毫秒后调度单次的callback执行
console	用于打印到标准输出和标准错误
exports	对module.exports的引用，其输入更短。此变量可能看起来是作用于全局的，但实际上不是
global	全局的命名空间对象。在浏览器中，顶层的作用域是全局作用域。这意味着在浏览器中，var something将定义新的全局变量。在Node.js中这是不同的。顶层作用域不是全局作用域；Node.js模块内的var something用于定义该模块的本地变量
module	对当前模块的引用。此变量可能看起来是全局变量，但实际上不是
performance	perf_hooks.performance对象
process	进程对象。process对象提供了有关当前Node.js进程的信息并对其进行控制。虽然它全局可用，但是建议通过require或import显式地访问
require方法	用于导入模块、JSON和本地文件。此变量可能看起来是作用于全局的，但实际上不是
TextDecoder	WHATWG编码标准TextDecoder API的实现
TextEncoder	WHATWG编码标准TextEncoder API的实现。TextEncoder的所有实例仅支持UTF-8编码
URL	浏览器兼容的URL类，按照WHATWG网址标准实现。解析网址的示例可以在标准本身中找到。URL类也在全局对象上可用
URLSearchParams	URLSearchParams API提供对URL查询的读写访问，为网址查询字符串而设计

△注意：表 4.1 中的__dirname、__filename、exports、module 和 require 方法看起来像作用于全局，但实际上它们只存在于模块的作用域中。

4.1.3 Console 控制台

【本节示例参考：\源代码\C4\global】

从代码 4.1 的运行结果中可以看到 Console 也是 Node.js 内置的一个模块，提供了一个简单的调试控制台，类似于网络浏览器提供的 JavaScript 控制台机制。Console 模块导出两个特定组件：Console 类和全局的 console 实例。

Console 类包括 console.log、console.error 和 console.warn 等方法，可用于写入任何的 Node.js 流；全局的 console 实例配置为写入 process.stdout 和 process.stderr。全局的 console 无须调用

require('console')就可以使用。

1. 全局的console实例

全局的 console 实例可以通过 log、error 和 warn 方法将信息打印到标准输出，示例如下。

代码4.2 全局的console实例：console.js

```
//全局的 console 实例
const myName = 'heimatengyun';
console.log(myName);                                    //打印内容到标准输出
console.log('hi %s', myName);
console.error(new Error('your code has bug!!!'));//打印错误消息和堆栈跟踪信息
console.warn(`hi ${myName}! i love you!`);       //打印信息
```

程序运行结果如下：

```
heimatengyun
hi heimatengyun
Error: your code has bug!!!
    at file:///E:/node%20book/c4/global/console.js:5:15
    at ModuleJob.run (internal/modules/esm/module_job.js:137:37)
    at async Loader.import (internal/modules/esm/loader.js:179:24)
hi heimatengyun! i love you!
```

2. Console类

Console 类可用于创建具有可配置输出流的简单记录器，可使用 console.Console 进行访问。Console 类构造函数可以接收一个对象，其中的部分可选配置项有 stdout 和 stderr。stdout 是用于打印日志或信息输出的可写流，stderr 用于警告或错误输出。如果未提供 stderr，则 stdout 用于 stderr。

下面通过创建 Console 类实例，将输出信息打印到文件中，示例如下。

代码4.3 Console类的使用：consoleClass.js

```
//Console 类
const fs = require('fs');                               //引入 fs 模块
//在当前目录下生成日志文件
const output = fs.createWriteStream('./stdout.log');
const errorOutput = fs.createWriteStream('./stderr.log');
const logger = new console.Console({ stdout: output, stderr:
errorOutput });                                         // 自定义的简单记录器
const myName = 'heimatengyun';
const age = 18;
logger.log(`i'm ${myName}`);                            //像控制台一样使用
logger.log('age: %d', age);
```

在代码中先引入 fs 文件系统模块，然后创建两个文件流 output 和 errorOutput，分别用于存储标准输出和错误输出。将文件流作为 Console 构造函数的参数实例化 logger 对象，通过对象的 log 方法将输出信息输出到文件流中。

运行代码，发现在当前目录下生成了 stdout.log 和 stderr.log 文件，stdout.log 文件内容如下：

```
i'm heimatengyun
age: 18
```

注意：fs 是 Node.js 内置的一个模块，后文会详细介绍。

4.1.4 Errors 错误模块

【本节示例参考：\源代码\C4\error】

在 Node.js 中运行的应用程序通常会遇到以下 4 类错误：
- 标准的 JavaScript 错误，如<EvalError>、<SyntaxError>、<TypeError>、<RangeError>、<ReferenceError>和<URIError>；
- 由底层操作系统约束触发的系统错误，如尝试打开不存在的文件或尝试通过关闭的套接字发送数据；
- 由应用程序代码触发的用户指定的错误；
- AssertionError 是特殊的错误类，当 Node.js 检测到异常逻辑时会触发，这些通常由 assert 模块引发。

Node.js 引发的所有 JavaScript 和系统错误都继承自标准的 JavaScript <Error>类（或者其实例），并且保证至少提供该类上可用的属性。

1．错误的传播和拦截

Node.js 支持多种机制来传播和处理应用程序运行时发生的错误。如何报告和处理这些错误完全取决于 Error 的类型和调用的 API 的风格。所有的 JavaScript 错误都作为异常处理，使用标准的 JavaScript throw 机制可立即生成并抛出错误，这由 JavaScript 提供的 try…catch 语句来处理。

通过 try…catch 语句捕获代码异常示例如下。

代码 4.4　捕获异常：tryCatch.js

```
//Error 错误处理
try {
    const a = 1;
    const b = a + c;           //c 未定义
} catch (err) {                //由于 c 未定义，因此抛出 ReferenceError
    console.log(err.name);     //处理异常后，后续代码继续执行
}
console.log("do something");   //如不捕获异常，Node.js 直接退出，无法执行到此处
```

任何使用 JavaScript throw 机制的代码都会引发异常，必须使用 try…catch 处理，否则 Node.js 进程将立即退出。在上面的示例代码中由于 c 未定义，所以会引发异常，但通过 catch 进行捕获，所以后续代码仍然会执行。运行结果如下：

```
ReferenceError
do something
```

除了少数例外，同步的 API 都使用 throw 来报告错误。异步的 API 中发生的错误可以以多种方式报告，下面具体介绍。

1）异步的 API 方法通过其回调函数接收错误信息

大多数情况下，异步方法通过其 callback 函数的第一个参数来接收 Error 对象。如果第一个参数不是 null 并且是 Error 的实例，则表示发生了应该处理的错误，示例如下。

代码 4.5　异步方法通过回调传递异常：callbackError.js

```
//异步方法通过回调函数传递异常
const fs = require('fs');
//通过回调函数的第一个参数传递异常
fs.readFile('a file that does not exist', (err, data) => {
    if (err) {                    //文件不存在，捕获到了异常
        console.error('error!', err);
        return;
    }
    // 读取文件内容
});
console.log('go on');             //readFile 是异步方法，因此会先继续执行后面的代码
```

由于文件模块的 readFile 是异步方法，所以无法在外部通过 try…catch 进行捕获，通过回调函数的第一个参数进行判断是否发生异常。在代码中读取一个不存在的文件，通过第一个参数 err 捕获到异常。程序运行结果如下：

```
go on
error! [Error: ENOENT: no such file or directory, open 'E:\node book\c4\
error\a file that does not exist'] {
  errno: -4058,
  code: 'ENOENT',
  syscall: 'open',
  path: 'E:\\node book\\c4\\error\\a file that does not exist'
}
```

Node.js 核心 API 公开的大多数异步方法都遵循称为错误优先回调的惯用模式。使用这种模式，回调函数作为参数传给方法。当操作完成或出现错误时，回调函数将使用 Error 对象（如果有）作为第一个参数传入。如果没有出现错误，则第一个参数将作为 null 传入。

2）EventEmitter 对象的 error 事件

当在 EventEmitter 对象上调用异步方法时，错误可以路由到该对象的 'error' 事件。以网络模块为例，当无法连接时则向流中添加异常。

代码 4.6　事件触发器对象异常捕获：eventError.js

```
//事件触发器异常捕获
const net = require('net');
const connection = net.connect('localhost');
connection.on('error', (err) => {  // 向流中添加 'error' 事件句柄：
    // 如果连接被服务器重置或根本无法连接，或者连接遇到任意类型的错误，则将错误发送到
      这里
    console.error(err);
});
connection.pipe(process.stdout);
```

示例中通过 net 模块尝试创建到本地服务器的连接，由于本地无可用服务器，所以会发生异常，此异常通过流添加到对象的 error 事件里。程序运行结果如下：

```
Error: connect ENOENT localhost
    at PipeConnectWrap.afterConnect [as oncomplete] (net.js:1141:16) {
  errno: 'ENOENT',
  code: 'ENOENT',
  syscall: 'connect',
  address: 'localhost'
}
```

'error'事件机制的使用常见于基于流和事件触发器的 API，其本身代表一系列随时间推移的异步操作（而不是单个操作可能通过或失败）。对于所有 EventEmitter 对象，如果未提供'error'事件句柄，则将抛出错误，导致 Node.js 进程报告未捕获的异常并崩溃，除非 domain 模块使用得当或已为'uncaughtException'事件注册句柄。

EventEmitter 对象的 error 事件句柄示例如下。

代码 4.7　EventEmitter对象异常句柄：eventEmitterError.js

```
//EventEmitter 对象的 error 事件句柄
const EventEmitter = require('events');
const ee = new EventEmitter();
setImmediate(() => {
    ee.emit('error', new Error('This will crash'));
});
ee.on('error', err => {      //添加 'error' 事件句柄，如果不添加则导致进程崩溃
    console.log("got some err:", err)
})
```

在上面的示例中，如果不提供定义的 ee 变量的 error 事件句柄，则程序将会崩溃。程序运行结果如下：

```
ot some err: Error: This will crash
    at Immediate._onImmediate (E:\node book\c4\error\test.js:7:22)
    at processImmediate (internal/timers.js:456:21)
```

3）使用 throw 机制报告异常

Node.js API 中的一些典型的异步方法可能仍然会使用 throw 机制来引发，因此必须使用 try…catch 处理异常。

💡注意：这类方法没有完整的列表，请参阅每种方法的文档以确定所需的错误处理机制。

2. 错误相关的类

通用的 JavaScript <Error> 对象不包含发生错误的具体信息。Error 对象包含捕获的异常的"堆栈跟踪"，其提供了对错误的文本描述。Node.js 生成的所有错误包括所有系统和 JavaScript 错误都是 Error 类的实例或继承自 Error 类。

与错误相关的类如表 4.2 所示。

表 4.2　Node.js中与错误相关的类

类	功 能 说 明
Error	通用的JavaScript <Error>对象，不表示发生错误的任何具体情况
AssertionError	表示断言的失败。assert模块抛出的所有错误都是AssertionError类的实例
RangeError	表示提供的参数不在函数可接收值的集合或范围内
ReferenceError	表示正在尝试访问未定义的变量。此类错误通常表示代码中存在拼写错误或程序损坏。虽然客户端代码可能会产生和传播这些错误，但是实际上只有Chrome V8会这样做
SyntaxError	表示程序不是有效的JavaScript。这些错误只能作为代码评估的结果生成和传播
SystemError	Node.js在其运行时环境中发生异常时会生成系统错误。这些通常发生在应用程序违反操作系统约束时
TypeError	表示提供的参数不是允许的类型。例如，将函数传给期望字符串为TypeError的参数

4.2　Buffer 缓冲区

【本节示例参考：\源代码\C4\buffer】

早期的 JavaScript 没有提供读取和操作二进制数据流的机制，因为 JavaScript 最初被设计用于处理字符串构成的 HTML 网页文档。随着 Web 技术的发展，Node.js 需要处理文件上传、数据库、图像、音视频文件等复杂的操作，为此 Node.js 引入了 Buffer 类，用于在 TCP 流、文件系统操作和其他上下文中与八位字节流进行交互。

4.2.1　缓冲区与 TypeArray

早期的 JavaScript 没有二进制数据流处理机制，刚开始的时候，Node.js 通过将每个字节编码为文本字符的方式来处理二进制数据，但这种方式速度较慢。后来，Node.js 引入了 Buffer 类来处理八位字节流，2015 年 ES 6 发布，使 JavaScript 原生对二进制的处理有了质的改善。ES 6 定义了 TypedArray，期望提供一种更加高效的机制来访问和处理二进制数据。

TypeArray 对象描述了基础二进制数据缓冲区的类数组视图，常见的 TypeArray 包括 Int8Array、Uint8Array、Int16Array、Uint16Array、Int32Array、Uint32Array 等。

基于 TypedArray，Buffer 类将以更优化和适合 Node.js 的方式来实现 Uint8Array API。Buffer 对象用于表示固定长度的字节序列，许多 Node.js API 都支持 Buffer。Buffer 类是 JavaScript 的 Uint8Array 和 TypedArray 的子类，并使用涵盖额外用例的方法对其进行扩展，所有的 TypedArray 方法都可在 Buffer 类中使用。

Buffer 类和 TypeArray 的使用示例如下。

代码 4.8　Buffer 和 TypeArray 的使用：typeArray.js

```javascript
//Buffer 和 TypeArray 的使用
//通过构造函数创建 TypeArray
const typeArray = new Int8Array(4);
typeArray[0] = 8;
console.log(typeArray)
//通过 Buffer 创建 TypeArray
const buf = Buffer.from([1, 2, 3, 4]);
console.log(buf);
const uint8array = new Uint8Array(buf);
console.log(uint8array);
```

TypeArray 是各种类型数组的统称，在上面的示例中创建了整型 8 位数组，并对第一个元素赋值为 8。也可以通过 Buffer 对象创建 TypeArray，使用 Buffer.from 方法将数组转换为 Buffer 对象，再将其传入 TypeArray 的构造函数中。程序运行结果如下：

```
Int8Array(4) [ 8, 0, 0, 0 ]
<Buffer 01 02 03 04>
Uint8Array(4) [ 1, 18, 3, 4 ]
```

4.2.2 Buffer 类

Buffer 类是直接处理二进制数据的全局类型，它可以使用多种方式构建。Buffer 类是基于 Uint8Array 的，因此可以简单将 Buffer 理解为数组结构。Buffer 类的常用方法如表 4.3 所示。

表 4.3 Buffer类的常用方法

方 法 名	功 能 说 明
Buffer.from(array)	使用0～255范围内的字节array创建新的Buffer
Buffer.from(arrayBuffer[, byteOffset [, length]])	创建ArrayBuffer的视图，无须再复制底层内存。新创建的Buffer将与TypedArray的底层ArrayBuffer共享相同的分配内存
Buffer.from(buffer)	将传入的Buffer数据复制到新的Buffer实例上
Buffer.from(string[, encoding])	创建包含string的新Buffer。encoding参数用于标识将string转换为字节时要使用的字符编码
Buffer.alloc(size[, fill[, encoding]])	分配size个字节的新Buffer。如果fill为undefined，则Buffer将以零填充。此方法比Buffer.allocUnsafe(size)慢，但可以保证新创建的Buffer实例永远不会包含敏感的旧数据
Buffer.allocUnsafe(size)	分配size个字节的新Buffer。由于缓冲区未初始化，所以可能包含敏感的旧数据。如果size小于或等于Buffer.poolSize的一半，则返回的缓冲区实例可以从共享内部的内存池中分配
Buffer.allocUnsafeSlow(size)	返回实例不适用内存池
buf.slice([start[, end]])	返回新的Buffer，其引用与原始缓冲区相同的内存，但由start和end索引进行偏移和裁剪
Buffer.concat(list[, totalLength])	返回新的Buffer，它是将list中的所有Buffer实例连接在一起的结果
Buffer.compare(buf1, buf2)	比较buf1和buf2，通常用于对Buffer实例的数组进行排序

注意：Buffer 类提供了很多 API，此处仅列出部分常用的方法。

1. 初始化缓冲区

接下来依次演示上述方法的用法。初始化缓冲区通常使用 Buffer.from、Buffer.alloc 和 Buffer.allocUnsafe 方法，示例如下。

代码 4.9　创建缓冲区：createBuffer.js

```
//初始化缓冲区的不同方法
//1. Buffer.from(arr) 返回新对象
const arr = [0x62, 0x75, 0x66, 0x66, 0x65, 0x72];
console.log(arr)                //[ 98, 117, 102, 102, 101, 114 ]
const buf = Buffer.from(arr);   //返回新的Buffer,只是把arr的值复制过来
console.log(buf);               //<Buffer 62 75 66 66 65 72>
arr[0] = 0x63;
console.log(buf); //<Buffer 62 75 66 66 65 72> //修改原数组的值,不影响buf
console.log(arr)                //[ 99, 117, 102, 102, 101, 114 ]
//2. Buffer.from(arr.buffer)返回对象的共享内存
const arr1 = new Uint16Array(2);
arr1[0] = 5000;
```

```
arr1[1] = 4000;
console.log(arr1);                          //Uint16Array(2) [ 5000, 4000 ]
const buf1 = Buffer.from(arr1.buffer);  // 与 arr1 共享内存
console.log(buf1);                          //<Buffer 88 13 a0 0f>
arr1[1] = 6000;
console.log(buf1);//<Buffer 88 13 70 17> 更改原始的Uint16Array也会更改缓冲区
//3. Buffer.from(buffer)返回新对象
const buf2 = Buffer.from('buffer');
const buf3 = Buffer.from(buf2);
buf2[0] = 0x61;
console.log(buf2.toString());               //auffer
console.log(buf3.toString());               //buffer 改变buf2不会影响buf3
//4. Buffer.from(string[, encoding]) 字符串转不同编码
const buf4 = Buffer.from('this is a tést');
const buf5 = Buffer.from('7468697320697320612074c3a97374', 'hex');
console.log(buf4.toString());               //this is a tést
//输出十六进制的编码值7468697320697320612074c3a97374
console.log(buf4.toString('hex'));
//dGhpcyBpcyBhIHTDqXN0 转成Base64编码
console.log(buf4.toString('base64'));
console.log(buf5.toString());               //输出结果为this is a tést
//5. Buffer.alloc(size[, fill[, encoding]])创建新对象
const buf6 = Buffer.alloc(5);
console.log(buf6);                          //<Buffer 00 00 00 00 00>
//6. Buffer.allocUnsafe(size)可能包含旧数据
const buf7 = Buffer.allocUnsafe(10);
//打印（内容可能会有所不同）：<Buffer 40 c6 4e 4f 44 02 00 00 00 00>
console.log(buf7);
buf7.fill(0);                               //清理旧数据
console.log(buf7); // 打印：<Buffer 00 00 00 00 00 00 00 00 00 00>
```

上面的示例演示了创建缓冲区的不同方法及各自的区别，读者在具体使用时需要根据实际情况进行选择。程序运行结果如下：

```
[ 98, 117, 102, 102, 101, 114 ]
<Buffer 62 75 66 66 65 72>
<Buffer 62 75 66 66 65 72>
[ 99, 117, 102, 102, 101, 114 ]
Uint16Array(2) [ 5000, 4000 ]
<Buffer 88 13 a0 0f>
<Buffer 88 13 70 17>
auffer
buffer
this is a tést
7468697320697320612074c3a97374
dGhpcyBpcyBhIHTDqXN0
this is a tést
<Buffer 00 00 00 00 00>
<Buffer 00 00 00 00 00 00 00 00 d0 7f>
<Buffer 00 00 00 00 00 00 00 00 00 00>
```

2．连接缓冲区

Buffer.concat(list[, totalLength])方法可以连接多个缓冲区并返回新的缓冲区，其有2个参数，其中，list<Buffer[]>|<Uint8Array[]>为连接的Buffer或Uint8Array实例的列表；第二个参数表示连接时list中Buffer实例的总长度。

返回新的Buffer，它是将list中的所有Buffer实例连接在一起的结果。如果列表没有条目

或者 totalLength 为 0，则返回新的零长度 Buffer。如果未提供 totalLength，则从 list 的 Buffer 实例中通过相加每个元素的长度进行计算。如果提供了 totalLength，则将返回值长度强制设为无符号整数。如果 list 中的 Buffer 的组合长度超过 totalLength，则结果截断为 totalLength。Buffer.concat()也像 Buffer.allocUnsafe()一样使用内部的 Buffer 池。

连接缓冲区示例如下。

代码 4.10　连接缓冲区：concat.js

```
//连接缓冲区
//通过 3 个 Buffer 实例的列表创建单个 Buffer
const buf1 = Buffer.alloc(1);
const buf2 = Buffer.alloc(2);
const buf3 = Buffer.alloc(3);
const totalLength = buf1.length + buf2.length + buf3.length;
console.log(totalLength);                //6
const bufA = Buffer.concat([buf1, buf2, buf3], totalLength);
console.log(bufA);                       //<Buffer 00 00 00 00 00 00>
console.log(bufA.length);                //6
```

在上面的示例中，通过 concat 方法将 3 个 Buffer 拼接，运行结果如下：

```
6
<Buffer 00 00 00 00 00 00>
6
```

3. 比较缓冲区

Buffer.compare(buf1, buf2) 比较 buf1 和 buf2，通常用于对 Buffer 实例的数组进行排序。这相当于调用 buf1.compare(buf2)，基于缓冲区中的实际字节序列进行比较，根据比较结果返回 0、1 或-1，表示 buf1 排序顺序在 buf2 之前还是之后，或者二者相等。当 buf1 等于 buf2 时返回 0；当 buf2 排在 buf1 之前时返回 1，否则返回-1。

缓冲区排序比较示例如下。

代码 4.11　缓冲区排序比较：compare.js

```
//缓冲区比较
const buf1 = Buffer.from('1234');
const buf2 = Buffer.from('0123');
console.log(Buffer.compare(buf1, buf2));    //buf2 排在 buf1 之前，因此返回 1
console.log(buf1.compare(buf2));            //返回 1
//用于对 Buffer 对象排序
const arr = [buf1, buf2];
console.log(arr);          //[ <Buffer 31 32 33 34>, <Buffer 30 31 32 33> ]
arr.sort(Buffer.compare);                   //数组排序
console.log(arr);          //[ <Buffer 30 31 32 33>, <Buffer 31 32 33 34> ]
const arr2 = [buf2, buf1];    //ES 6 结构赋值，相当于使用 arr.sort 进行排序
console.log(arr2);         //[ <Buffer 30 31 32 33>, <Buffer 31 32 33 34> ]
```

示例中创建了 buf1 和 buf2 两个缓冲区，通过 compare 方法比较排序的位置，得出 buf2 排在 buf1 之前，并可以将 compare 方法用于数组排序。程序运行结果如下：

```
1
1
[ <Buffer 31 32 33 34>, <Buffer 30 31 32 33> ]
[ <Buffer 30 31 32 33>, <Buffer 31 32 33 34> ]
[ <Buffer 30 31 32 33>, <Buffer 31 32 33 34> ]
```

4. 缓冲区切片

buf.slice([start[, end]])方法返回新的 Buffer，其引用与原始缓冲区相同的内存，但由 start 和 end 索引进行偏移和裁剪。start 表示新的 Buffer 的开始位置，默认值为 0；end 表示新的 Buffer 的结束位置，默认值为 buf.length。示例如下。

代码 4.12 切分缓冲区：slice.js

```
//切分缓冲区
const buf = Buffer.from([97, 98, 99, 100, 101, 102, 103, 104, 105, 106,
107]);                          //abcdefghijk, 字母 a 的 ASCII 值为 97（十进制）
console.log(buf);               //默认输出为十六进制格式
console.log(buf.toString());    //abcdefghijk
const buf1 = buf.slice(0, 4);
console.log(buf1.toString());   //abcd, 从 0 开始截取 4 个字符
```

示例中新建了一个 buf 对象，初始值为 a 到 k 的字母，然后通过 slice 对其进行截取，从 0 开始截取 4 个字符，得到 abcd。程序运行结果如下：

```
<Buffer 61 62 63 64 65 66 67 68 69 6a 6b>
abcdefghijk
abcd
```

> 注意：字母采用 ASCII 码表示，字母 a 的 ASCII 值为 97。通常书写代码默认是十进制，缓冲区默认显示是十六进制，可以通过 toString 方法对传入的不同进制进行转换。

4.3 child_process 子进程

【本节示例参考：\源代码\C4\childProcess】

Node.js 采用单线程和事件循环机制高效处理网络请求，在 I/O 密集型的系统中表现相当出色；但针对 CPU 密集型的任务，这可能会导致进程阻塞，降低应用程序的性能。为此 Node.js 提供了 child_process 模块来管理子进程，针对 CPU 密集型任务，可以创建新的子进程进行处理。本节主要介绍如何创建子进程，以及父进程和子进程之间的通信机制。

4.3.1 创建子进程

由于 Node.js 可以跨平台运行在不同的操作系统上，所以有一些差别。本节主要介绍如何使用 exec、execFile 和 spawn 方法创建子进程，这 3 个方法都是异步的，同时 Node.js 也提供了对应的同步版本（execSync、execFileSync、spawnSync）。

1. exec方法

exec 方法的原型为 child_process.exec(command[, options][, callback])，command 参数表示要运行的命令，options 是选型封装对象，callback 表示当进程终止时使用的回调函数，该方法返回 ChildProcess 对象。该方法衍生 Shell，然后在该 shell 中执行 command，缓冲任何生成的输出。exec 方法的使用示例如下。

代码 4.13　使用exec创建子进程：exec.js

```javascript
//使用 exec 创建子进程
const { exec } = require('child_process');
//在子进程中通过 node -v 命令查看版本号
exec('node -v', (error, stdout, stderr) => {
    console.log('child process');
    if (error) {
        console.error(`发生错误${error}`);
        return;
    }
    console.log(`stdout:${stdout}`);
    console.log(`stderr:${stderr}`);
})
console.log('main process');
```

在示例代码中将 node -v 命令传入 exec 方法，在子进程中查看 Node.js 的版本号。如果运行成功，则回调函的 error 为 null，否则 error 为 Error 的实例；dtdout 和 stderr 参数包含子进程的输出信息和错误信息。程序运行结果如下：

```
main process
child process
stdout:v12.18.2
stderr:
```

2．execFile方法

execFile 方法的原型为 child_process.execFile(file[, args][, options][, callback])，与 exec 方法类似，不同之处在于它默认不衍生 Shell，而是通过指定的可执行文件 file 直接作为新进程衍生，使其比 exec 方法的效率略高。由于未衍生 Shell，因此其不支持 I/O 重定向和文件通配等行为。execFile 方法的使用示例如下。

代码 4.14　使用execFile创建子进程：execFile.js

```javascript
//使用 execFile 创建子进程
const { execFile } = require('child_process');
const child = execFile('node', ['--version'], (error, stdout, stderr) => {
    if (error) {
        throw error;
    }
    console.log(stdout);                    //输出 Node.js 的版本号
});
```

程序运行后，在控制台可以看到打印出了 Node.js 的版本号。

3．spawn方法

spawn 方法使用给定的 command 和 args 中的命令行参数衍生新进程，原型为 child_process.spawn(command[, args][, options])，其中，command 表示要运行的命令，args 为字符串参数列表，options 为可选配置项，函数返回 ChildProcess 对象，示例如下。

代码 4.15　使用spawn创建子进程：spawn.js

```javascript
//使用 spawn 创建子进程
const { spawn } = require('child_process');
const child = spawn('node', ['-v']);                //创建子进程
```

```
child.stdout.on('data', data => {                    //捕获输出
    console.log(`stdout:${data}`);
})
child.on('close', code => {                          //捕获退出码
    console.log(`child exit:${code}`);
})
```

在示例代码中通过 spawn 方法执行 node -v 命令,并捕获输出和退出码,程序运行结果如下:

```
stdout:v12.18.2
child exit:0
```

4.3.2 父进程和子进程间的通信

child_process 模块提供的 spawn、exec 和 execFile 等方法返回 ChildProcess 对象,该类对象都是 EventEmitter,表示衍生的子进程。child_process 模块可以对子进程的启动、终止和交互进行控制。

在一个进程中创建子进程,Node.js 就会创建一个双向通信的通道,这两个进程可以利用这条通道相互收发字符串形式的数据;父进程还可以向子进程发送信号或终止子进程。

默认情况下,stdin、stdout 和 stderr 的管道在父进程和子进程之间建立,所有的子进程句柄都有一个 stdout 属性,以流的形式表示子进程的标准输出信息,然后在这个流上绑定事件。当子进程将数据输出到其标准输出时,父进程就会得到通知并将其打印到控制台上。

父进程向子进程发送消息的示例如下。

代码 4.16　父进程和子进程通信:communication.js

```
//父进程和子进程通信
const { fork } = require('child_process');
const main = fork(`${__dirname}/child.js`);          //执行模块
main.on('message', m => {
    //父进程从子进程中接收消息
    console.log(`main process received msg from child:${m}`);
});
main.send('i am main process');                      //父进程向子进程发送消息
```

在上面的示例中,通过 child_process 模块提供的 fork 方法允许自定义模块 child.js 创建子进程,然后监听 message 事件,如果子进程发送消息则父进程可以通过此事件接收消息。接着通过 send 方法向子进程发送消息。子进程的模块文件为 child.js,代码如下。

代码 4.17　子进程模块文件:child.js

```
//子进程
process.on('message', m => {
    console.log(`child received from mian:${m}`);    //子进程接收父进程的消息
});
process.send('i am child!')
```

在子进程模块中通过 message 事件监听父进程发送的消息,同时通过 send 方法与父进程通信。在控制台运行 node communication,结果如下:

```
child received from mian:i am main process
main process received msg from child:i am child!
```

4.4 events 事件触发器

【本节示例参考：\源代码\C4\events】

Node.js 是单线程应用程序，但由于 Chrome V8 引擎提供了异步执行回调接口，通过这些接口，可以处理大量并发请求。这种异步事件驱动机制使得 Node.js 的性能非常高。本节主要介绍事件及与之相关的 EventEmitter 类对应的方法。

4.4.1 事件循环

在 1.1.2 节提到过 Node.js 的事件驱动机制，所有事件机制都是用设计模式中的观察者模式实现的。Node.js 单线程类似进入一个 while（true）的事件循环，直到没有事件观察者才退出，每个事件都生成一个事件观察者，如果有事件发生就调用该回调函数。Node.js 的事件驱动模型如图 4.1 所示。

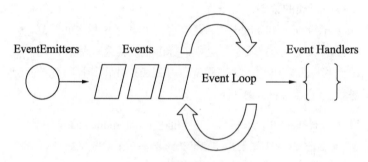

图 4.1　Node.js 的事件驱动模型

Node.js 使用事件驱动模型，当 Web Server 接收到请求时，就关闭当前请求并进行处理，然后继续服务下一个 Web 请求。当前的请求处理完成后，其被放回处理结果队列中，当资源空闲时，Node.js 将结果队列中最前面的结果取出返回给用户。

事件驱动模型非常高效，可扩展性非常强，因为 Web Server 一直接收请求而不等待任何读写操作（这也称为非阻塞式 I/O 或者事件驱动 I/O）。在事件驱动模型中会生成一个主循环来监听事件，如果检测到事件则会触发回调函数。整个事件驱动的流程就是这样实现的，非常简洁，类似于观察者模式，事件相当于一个主题（Subject），而所有注册到这个事件中的处理函数相当于观察者（Observer）。

在 Node.js 事件机制中主要有 3 类角色：事件（Event）、事件发生器（EventEmitter）、事件监听器（Event Listener）。

Node.js 的大部分核心 API 都是围绕惯用的异步事件驱动架构构建的，在该架构中，某些类型的对象（称为触发器）触发命名事件，使 Function 对象（监听器）被调用。例如：net.Server 对象在每次有连接时触发事件；fs.ReadStream 在打开文件时触发事件；流在每当有数据可供读取时触发事件。

所有触发事件的对象都是 EventEmitter 类的实例，假设对象名为 eventEmitter。这些对象暴露了 eventEmitter.on 方法，允许将一个或多个函数绑定到对象触发的命名事件中。当 EventEmitter 对象触发事件时，所有绑定到该特定事件的函数都会被同步地调用。

下面通过 EventEmitter 实例绑定事件监听器，代码如下：

代码 4.18　EventEmitter的简单使用：eventEmitter.js

```
//EventEmitter 的简单使用
const EventEmitter = require('events');
class MyEmitter extends EventEmitter { }
const myEmitter = new MyEmitter();
myEmitter.on('event', () => {                //注册监听器
    console.log('事件发生!');                  //事件发生
});
myEmitter.emit('event');                     //触发事件
```

在上面的示例中自定义 MyEmitter 继承 EventEmitter 类，并使用 on 方法注册监听器，然后通过 emit 方法触发事件。运行程序后可以在控制台看到事件触发，打印出了相关信息。

4.4.2　EventEmitter 类

EventEmitter 类由 events 模块定义和暴露，通过引入 events 模块获取该类。获取方式如下：

```
const EventEmitter = require('events');
```

EventEmitter 类定义的部分方法如表 4.4 所示。

表 4.4　Buffer类的常用方法

方　法　名	功　能　说　明
emitter.on(eventName, listener)	将listener函数添加到名为eventName的事件监听器数组的末尾
emitter.once(eventName, listener)	为名为eventName的事件添加单次的listener函数。下次触发eventName时将移除此监听器再调用
emitter.eventNames()	返回事件数组，数组中的元素包含触发器注册的监听器
emitter.listeners(eventName)	返回名为eventName的事件监听器数组的副本
emitter.prependListener(eventName, listener)	将listener函数添加到名为eventName的事件监听器数组的开头
emitter.removeListener(eventName, listener)	从名为eventName的事件监听器数组中移除指定的listener
emitter.removeAllListeners([eventName])	删除所有的监听器，或指定eventName的监听器
emitter.listenerCount(eventName)	返回监听名为eventName的事件监听器的数量

1．注册事件监听器

从代码 4.18 中可以看到，使用 emitter.on 方法注册监听器时，监听器会在每次触发命名事件时被调用。使用 emitter.once 方法注册最多可以调用一次监听器，当事件被触发时，监听器会被注销，然后再调用。

on 和 once 方法的区别见下面的示例。

代码4.19　注册监听器on和once的区别：registerEvent.js

```js
//使用 on 和 once 方法绑定事件的区别
const EventEmitter = require('events');
class MyEventEmitter extends EventEmitter { }
const myEmitter = new MyEventEmitter();
let count = 0;
//事件名可以自定义
myEmitter.on('add', () => {              //使用 on 方法注册监听器，可以调用任意次
   count++;
   console.log(count);
})
myEmitter.emit('add');                   //1
myEmitter.emit('add');                   //2
myEmitter.once('reduce', () => {         //使用 once 方法注册监听器，最多只能调用一次
   count--;
   console.log(count);
});
myEmitter.emit('reduce');                //1
myEmitter.emit('reduce');                //无输出,说明监听器没被触发
```

在上面的示例中通过 on 注册事件 add 的监听器，每当触发 add 事件时就调用监听器；而使用 once 注册事件 reduce 的监听器时，发现只能调用一次就不会调用了。程序运行结果如下：

```
1
2
1
```

2. 监听器的参数和this

eventEmitter.emit 方法可以触发事件，将参数传递给监听器函数，当监听器函数被调用时，this 指向监听器绑定的 EventEmitter 实例。监听器函数中的参数传递和 this 指向见下面的示例。

代码4.20　监听器参数：eventParamenter.js

```js
//监听器参数
const EventEmitter = require('events');       //EventEmitter 的名称可以自定义
class MyEmitter extends EventEmitter { };
const myEmitter = new MyEmitter();
myEmitter.on('es5function', function (x, y) {  //ES 5 的普通函数
   console.log(x, y);
   console.log(this);
   console.log(this === myEmitter);           //this 指向 myEmitter 实例自己
});
myEmitter.emit('es5function', 1, 2);
myEmitter.on('es6arrow', (x, y) => {          //ES 6 的箭头函数
   console.log(x, y);
   console.log(this);                         //{}
   console.log(this === myEmitter);           //false
});
myEmitter.emit('es6arrow', 1, 2);
```

在上面的示例代码中，监听器函数无论为 ES 5 的普通函数还是 ES 6 的箭头函数都可以传递参数，但是 this 指向存在重大差异。在普通函数中，this 指向当前实例，而在 ES 6 的箭头函数中，this 为空对象。程序运行结果如下：

```
1 2
MyEmitter {
```

```
    _events: [Object: null prototype] { es5function: [Function] },
    _eventsCount: 1,
    _maxListeners: undefined,
    [Symbol(kCapture)]: false
}
true
1 2
{}
false
```

3．事件类型

Node.js 中的事件类型由字符串表示。在上面的代码中自定义了两个事件，即 es5function 和 es6arrow，可以看出，事件名是可以任意取的。一般默认事件类型由不包含空格的小写单词组成。

事件类型可以灵活定义，但有一部分事件为 Node.js 内置的，如 newListener 事件、removeListener 事件和 error 事件。当 EventEmitter 类实例新增监听器时，会触发 newListener 事件，当移除已存在的监听器时，则会触发 removeListener 事件。

当 EventEmitter 实例出错时，会触发 error 事件。如果没有为 error 事件注册监听器，当 error 事件触发时，则会抛出错误并退出 Node.js 程序。为了防止出现这类错误，应该始终为 error 事件注册监听器。

代码 4.21　error 事件监听器：errorEvent.js

```
//为 error 事件注册监听器
const EventEmitter = require('events');
class MyEmitter extends EventEmitter { };
const myEmitter = new MyEmitter();
myEmitter.on('error', err => {                              //为 error 事件注册监听器
    console.log(`发生错误:${err}`);
});
myEmitter.emit('error', new Error('err info'));    //模拟触发 error 事件
```

在上面的示例中为 error 事件注册监听器，然后模拟发生 error 事件，可以看到程序捕捉到了异常。如果不注册 error 事件监听器则程序直接崩溃。

4．添加监听器

注册监听器默认是添加到监听器数组的末尾，可以通过 prependListener 方法将事件监听器添加到监听器数组的开始位置。

代码 4.22　添加监听器：addEvent.js

```
//事件的添加和移除等操作
//1．注册事件
const EventEmitter = require('events');
class MyEmitter extends EventEmitter { };
const myEmitter = new MyEmitter();
myEmitter.on('add', () => {
    console.log('first add');
});
myEmitter.on('add', () => {//默认添加到监听器数组的末尾；同名监听器可以重复添加
    console.log('second add');
});
```

```
myEmitter.prependListener('add', () => {      //添加到监听器数组的开始位置
    console.log('third add');
})
myEmitter.emit('add');                          //third add,first add,second add
myEmitter.on('update', () => {                  //再次绑定update监听器
    console.log('update');
})
//2. 获取所有已注册的事件名称
console.log(myEmitter.eventNames());     // [ 'add', 'update' ]
//3. 获取监听器数组副本
console.log(myEmitter.listeners('add')); //[ [Function], [Function], [Function] ]
myEmitter.listeners('add')[0]();              //third add
```

在上面的示例代码中通过 on 方法添加 add 事件的监听器函数，发现默认是添加到监听器数组的末尾，如果使用 prependListener 方法则是添加到监听器数组的头部。可以通过 eventNames 方法获取已注册的所有事件的名称，通过 listeners 方法根据事件名称获取监听器函数。程序运行结果如下：

```
third add
first add
second add
[ 'add', 'update' ]
[ [Function], [Function], [Function] ]
third add
```

5. 移除监听器

当需要移除监听器时，可以采用 removeListener 方法移除一个监听器，而使用 removeAllListener 方法移除所有的监听器。

代码 4.23　移除监听器：removeEvent.js

```
//移除监听器
const EventEmitter = require('events');
class MyEmitter extends EventEmitter { };
const myEmitter = new MyEmitter();
let sayHello = function () {
    console.log("hello");
}
myEmitter.on('hi', sayHello);
myEmitter.on('hi', sayHello);
myEmitter.on('hi', sayHello);
myEmitter.emit('hi');
console.log(myEmitter.listenerCount('hi'));           //3
myEmitter.removeListener('hi', sayHello);             //移除一个监听器
console.log(myEmitter.listenerCount('hi'));           //2
myEmitter.removeAllListeners('hi');                   //移除所有的监听器
console.log(myEmitter.listenerCount('hi'));           //0
```

在上面的示例中通过 on 方法添加了 3 个监听器，然后通过 removeListener 方法移除了一个监听器，最后通过 removeAllListeners 方法移除所有的监听器方法。程序运行结果如下：

```
hello
hello
hello
3
2
0
```

4.5 timmers 定时器

【本节示例参考：\源代码\C4\timmer】

timer 模块暴露了一个全局在未来某个时间点调用的调度函数的 API。因为定时器函数是全局的，所以不需要调用 require('timers')来使用该 API。Node.js 中的定时器函数实现了与网络浏览器提供的定时器 API 类似的功能，但它使用了不同的内部实现方式，它是基于 Node.js 事件循环构建的。

4.5.1 Node.js 中的定时器

Node.js 中定义了两个与定时器相关的类，即 Immediate 类和 Timeout 类。

Immediate 对象由 setImmediate 方法内部创建并返回，可以将它传递给 clearTimmediate 方法以取消调度行动。默认情况下，当立即调度时，只要立即处于活动状态，则 Node.js 事件循环就会继续运行。setImmediate 方法返回的 Immediate 对象导出可用于控制此默认行为的 immediate.ref 和 immediate.unref 方法。

Timeout 对象是在 setTimeout 和 setInterval 方法内部创建并返回的，可以将它传递给 clearTimeout 或 clearInterval 方法以取消调度行动。默认情况下，当使用 setTimeout 或 setInterval 方法调度定时器时，只要定时器处于活动状态，则 Node.js 事件循环就会继续运行。将这些方法返回的所有 Timeout 对象都导出，可用于控制此默认行为的 timeout.ref 和 timeout.unref 方法。

4.5.2 调度定时器

Node.js 中的定时器是一种会在一段时间后调用给定函数的内部机制。定时器函数的调用时间取决于创建定时器的方法及 Node.js 事件循环正在执行的其他工作。调度定时器的方法有 setImmediate、setInterval、setTimeout。在 Node.js V15.0 中还提供了定时器的 Promise API。

在 Node.js V15.0 之前，util 模块提供了可以用于定义 Promise 自定义变体的方法 util.promisify，其使用示例如下。

代码 4.24　setImmediate 定时器调度：setImmediate.js

```
//setImmediate 调度定时器
const util = require('util');
const setImmediatePromise = util.promisify(setImmediate);
setImmediatePromise('foobar').then((value) => {
    console.log(value);                              //传递可选的参数
    console.log('i/o work finished!');               //所有 I/O 完成后回调
});
async function timerExample() {                      //使用异步功能
    console.log('Before I/O callbacks');
    await setImmediatePromise();
    console.log('After I/O callbacks');
}
timerExample();
```

在上面的示例代码中，使用 util 模块提供的 promisify 方法将 setImmediate 方法异步化，模拟耗时的 I/O 操作，操作完成后打印信息。通过 Async 和 await 同步调用异步方法，可以看到异步方法的结果返回后才会继续执行后续的代码。程序运行结果如下：

```
Before I/O callbacks
foobar
i/o work finished!
After I/O callbacks
```

除了可以使用 setImmediate 方法调度定时器，还可以使用 setInterval 和 setTimeout 方法，示例如下。

代码 4.25　setInterval和setTimeout的区别：setInterval.js

```
//setInterval 和 setTimeout 的区别
const util = require('util');
const setTimeoutPromise = util.promisify(setTimeout);
const setIntervalPromise = util.promisify(setInterval);
setTimeoutPromise(1000, 'timeout').then((value) => {    //1s 后只调用 1 次
    console.log(value);
});
//每隔 1s 调用 1 次 doSomething 方法
setIntervalPromise(doSomething,1000, 'interval');
function doSomething(){
    console.log('i am working');
}
```

从运行结果中可以看出，setTimeout 只会在指定时间后调用 1 次，而 Interval 则会循环一直调用。

注意：在上面的示例代码中，通过 Promise 变体产生的定时器无法取消。

与调度定时器方法对应，取消定时器也有 3 个方法分别是 clearImmediate、clearInterval 和 clearTimeout。取消定时器的示例如下。

代码 4.26　clearInterval清除定时器：clearInterval.js

```
//清除定时器
let timer=setInterval(() => {
    console.log('i am working');
    clearInterval(timer);                                       //清除定时器
}, 1000);
```

通过 clearInterval 方法清除定时器后，以上定时器只会执行一次。

注意：在新版本的 Node.js 中，还提供了对应的异步 API，有兴趣的读者可以自行查阅官方接口文档。

4.6　path 路径

【本节示例参考：\源代码\C4\path】

path 模块提供了用于处理文件和目录路径的实用工具，通常通过路径来定位文件，可以使

用 const path = require('path')来访问。

由于 Node.js 具有跨平台的特性，所以可以运行在 Windows 和类 UNIX 系统上，大多数 UNIX 系统都实现了 POSIX（Portable Operating System Interface）标准。path 模块的默认操作因运行 Node.js 应用程序的操作系统而异，当在 Windows 操作系统上运行时，path 模块将使用 Windows 风格的路径；而在 POSIX 上运行 Node.js 时，部分接口将得到不一样的结果。

> 注意：POSIX 是指可移植操作系统接口，而 X 则表明其对 UNIX API 的传承。POSIX 标准定义了操作系统（很多时候针对的是类 UNIX 操作系统）应该为应用程序提供的接口标准，从而保证了应用程序在源码层次的可移植性。目前主流的 Linux 系统都做到了兼容 POSIX 标准。

以 basename 方法为例，演示代码运行在 Windows 和 Linux 系统上的区别。

代码 4.27　path模块在不同系统上的区别：pathOnDiffOs.js

```
//path 模块在 Windows 上和 Posix 上的区别
const path = require('path');
//不同平台 basename 返回不同的结果
//在 Windows 中返回 myfile.html，在 Linux 中返回 c:\temp\myfile.html
console.log(path.basename('c:\\temp\\myfile.html'));
//Windows 风格路径，反斜线
//windows 和 linux 都返回 myfile.html
console.log(path.win32.basename('C:\\temp\\myfile.html'));
//Linux Posix 风格路径，正斜线
//windows 和 linux 都返回 myfile.html
console.log(path.posix.basename('/tmp/myfile.html'));
```

以上代码在 Windows 中的运行结果如下：

```
myfile.html
myfile.html
myfile.html
```

在 Linux（Centos7）中的运行结果如下：

```
c:\temp\myfile.html
myfile.html
myfile.html
```

从运行结果中可以看到，在不同平台上运行 basename 得到的结果不一样，因此需要特别注意。当使用 Windows 文件路径（反斜线表示）时，如果要在任何操作系统上获得一致的结果，则使用 path.win32；当使用 POSIX 文件路径时，如果要在任何操作系统上获得一致的结果，则使用 path.posix。

由于系统差异，路径表示方法不一致，因此会产生上述差异。delimiter、format、isAbsolute、normalize、parse、relative 和 sep 等方法在不同平台上运行也会得到不一样的结果，在使用时需要注意。

以下示例演示了 path 模块的基本操作。

代码 4.28　path模块的基本操作：path.js

```
const path = require('path');
const filePath = '/c4/path/path.js';
//1. 使用 basename 方法返回 path 的最后一部分
```

```
console.log(path.basename(filePath));            //path.js
console.log(path.basename(filePath, '.js'));     //path
//2. 使用 dirname 方法返回 path 的目录名
console.log(path.dirname(filePath));             ///c4/path
//3. 使用 extname 方法返回 path 的扩展名
console.log(path.extname(filePath));             //.js
//4. 使用 join 方法拼接路径
console.log(path.join('/c4', 'path'));  //windows 上：\c4\path, linux 上：
/c4/path
```

在上面的示例代码中分别采用了不同的方法获取文件路径、文件扩展名和目录名。程序在 Windows 上的运行结果如下：

```
path.js
path
/c4/path
.js
\c4\path
```

4.7 fs 文件系统

【本节示例参考：\源代码\C4\fs】

文件的本质是存储数据，因此几乎所有的程序都会涉及文件操作。Node.js 通过 fs 模块提供与文件相关的操作 API，这些方法包含同步和异步版本，用于模仿标准 UNIX（POSIX）函数的方式与文件系统交互。

4.7.1 fs 模块简介

fs 模块支持以标准 POSIX 函数建模的方式与文件系统进行交互。该模块主要包含文件操作 API（同步 API、回调 API、异步 API）和常用的文件处理类（Dir 类、ReadStream 类、WriteStream 类）。

使用 fs 模块，需要先引入该模块，语法为 const fs=require('fs');，所有文件系统都具有同步、回调、promise 的形式，可以使用 CommonJS 语法和 ES 6 的模块进行访问。

> 注意：在 Node.js V14.0 之前基于 promise 的 API 引入方式为 const fs = require('fs').promises;，在 Node.js V14.0 中基于 Promise 的操作暴露在 fs.promise 模块中，通过 const fs=require('fs/promises');引入。这里使用的 Node.js 版本为 12.18.2。

1. 同步API

同步操作 API 会立即返回结果，如果发生异常可以立即捕获，也可以允许冒泡。下面以文件删除操作为例，演示同步方法的使用。

代码 4.29 同步API：synchronousApi.js

```
//同步 API
const fs = require('fs');
```

```
try {
    fs.unlinkSync('hello');                     //同步方法，会立即返回结果
    console.log('successfully deleted hello');
} catch (err) {
    console.log(err);
}
console.log('end');                             //最后输出
```

在上面的示例代码中，通过 unlinkSync 同步方法删除当前目录下的 hello 文件，在当前目录下新建 hello 文件，运行程序会提示删除成功；文件删除成功后再次运行时则会捕获到异常信息。同步方法函数名以 Sync 结尾。

2. 回调API

所有文件系统操作都有同步和异步形式，异步形式总是将完成回调作为最后一个参数。传递完成回调的参数取决于具体方法，但第一个参数始终预留用于异常处理，如果操作成功则第一个参数为 null 或 undefined。

将代码 4.29 采用回调方式实现如下。

代码 4.30　回调API：callbackApi.js

```
//异步回调
const fs = require('fs');
fs.unlink('hello', (err) => {
    if (err) throw err;
    console.log('successfully deleted hello');
});
console.log('end');                             //先输出
```

在上面的示例代码中通过 unlink 方法删除 hello 文件，但此方法是异步的，运行代码可以看到先输出 end 信息，然后输出文件删除成功或失败的信息。

虽然部分接口可以省略回调函数，但是不建议省略，否则一旦发生异常容易引起程序崩溃。

3. Promise API

Node.js 提供了基于 Promise 的 API 版本，功能与回调一样，但通过 Promise 可以使代码减少嵌套。下面将代码 4.30 改为 Promise 版本如下。

代码 4.31　Promise API：promiseApi.js

```
//基于 Promise 的 API
const fs = require('fs').promises;
(async function (path) {
    try {
        await fs.unlink(path);
        console.log(`successfully deleted ${path}`);
    } catch (error) {
        console.error('there was an error:', error.message);
    }
})('hello');
console.log('end');                             //先输出信息
```

在上面的示例代码中通过 require('fs').promises 得到基于 Promise 版本的 fs 模块 API，接着使用 Async 和 await 语法调用异步方法。此处使用两个括号将函数括起来，使用了立即执行函

数的语法，表示立即调用异步方法。运行结果与代码 4.30 一致。

说明：立即执行函数 IIFE（Imdiately Invoked Function Expression）是一个在定义的时候就立即执行的 JavaScript 函数。

虽然 Node.js 提供了同步版本，但是建议操作文件采用异步 API，否则可能会引起进程堵塞。无论哪一类 API 操作文件，都需要对操作的文件进行标识，操作系统对文件标识采用"文件描述符"的形式。

4．文件描述符

在 POSIX 系统中，对于每个处理文件和资源的进程，内核为其提供了一个当前打开的文件和资源表。每一个打开的文件都分配了一个简单的数字标识符，称为文件描述符。在 POSIX 系统中，使用文件描述符来识别和跟踪每个特定的文件。Windows 系统使用与 POSIX 相似的机制来跟踪资源。为了方便用户，Node.js 抽象了操作系统之间的差异，并为所有打开的文件分配了一个数字文件描述符。

基于回调的 fs.open 和同步 fs.openSync 方法打开一个文件并分配一个新的文件描述符。文件描述符可用于从文件中读取数据、向文件写入数据或请求有关文件的信息。

基于回调的操作示例如下。

代码 4.32　基于回调的文件操作：closeFileCallback.js

```
//基于回调的文件操作
const fs = require('fs');
function closeFd(fd) {
    fs.close(fd, (err) => {                    //关闭文件
        if (err) throw err;
    });
}
fs.open('hello', 'r', (err, fd) => {            //打开文件
    if (err) throw err;
    try {
        fs.fstat(fd, (err, stat) => {           //使用文件
            if (err) {
                closeFd(fd);
                throw err;
            }
            //文件操作
            closeFd(fd);
        });
    } catch (err) {
        closeFd(fd);
        throw err;
    }
});
```

在当前目录下创建 hello 文件并运行代码。示例中通过 open 方法打开文件，使用 fstat 对文件进行操作，操作文件通过 close 关闭文件。如果在操作过程中发生异常则需要关闭文件。

说明：操作系统限制了在任何给定时间内可以打开的文件描述符的数量，因此在操作完成后关闭描述符至关重要，否则将导致内存泄露，最终导致应用程序崩溃。

基于 Promise 的操作示例如下。

代码 4.33　基于Promise的文件操作：closeFilePromise.js

```
//基于 Promise 的文件操作
const fs = require('fs').promises;
let file;                                          //文件描述符
(async function () {
    try {
        file = await fs.open('hello', 'r');
        const stat = await file.stat();
        // 使用文件
    } finally {
        await file.close();
    }
})()
```

基于 Promise 的 API 使用<FileHandle>对象代替数字文件描述符。这些对象由系统更好地管理，以确保资源不泄露，但仍然需要在操作完成时关闭它们。

4.7.2　文件的基本操作

对于文件的操作包括文件打开、修改和删除等。文件操作需要先定位文件，可以通过文件路径进行定位。大多数 fs 操作可以接收以字符串、<Buffer>或使用 file: 协议的<URL>对象的形式指定的文件路径。

1．文件路径

字符串形式的路径被解释为标识绝对或相对文件名的 UTF-8 字符序列；对于大多数 fs 模块函数，path 或 filename 参数可以作为使用 file: 协议的<URL>对象传入；使用<Buffer>指定的路径主要用于将文件路径视为不透明字节序列的某些 POSIX 操作系统。在此类系统上，单个文件路径可能包含使用多种字符编码的子序列。与字符串路径一样，<Buffer>路径可以是相对路径或绝对路径。

2．文件系统标志

对文件打开操作需要提供操作模式，文件系统标识采用字符串的描述如表 4.5 所示。

表 4.5　文件系统标志

标识	说明
a	打开文件进行追加。如果文件不存在，则创建该文件
ax	类似于'a'，如果路径存在则失败
a+	打开文件进行读取和追加。如果文件不存在，则创建该文件
ax+	类似于'a+'，如果路径存在则失败
as	以同步模式打开文件进行追加。如果文件不存在，则创建该文件
as+	以同步模式打开文件进行读取和追加。如果文件不存在，则创建该文件
r	打开文件进行读取。如果文件不存在，则会发生异常
r+	打开文件进行读写。如果文件不存在，则会发生异常

续表

标识	说明
rs+	以同步模式打开文件进行读写。指示操作系统绕过本地文件系统缓存
w	打开文件进行写入。创建（如果它不存在）或截断（如果它存在）该文件
wx	类似于'w'但如果路径存在则失败
w+	打开文件进行读写。创建（如果它不存在）或截断（如果它存在）该文件
wx+	类似于'w+'，如果路径存在则失败

3．文件读取

文件操作 API 分为同步、回调和基于 Promise，本节以回调方式为例进行演示。以回调方式读取文件回调 API 如表 4.6 所示。

表 4.6　读取文件回调API

方法名	说明
fs.read	异步地从指定的文件中读取数据
fs.readdir	异步地读取文件中的内容
fs.readFile	异步地读取文件的全部内容

Node.js 也为以上方法提供了对应的同步方法，如 fs.readSync 等。read 方法的原型为 fs.read(fd, buffer, offset, length, position, callback)，fd 表示文件描述符，buffer 表示将数据写入缓冲区，offset 表示要写入数据的缓冲区的位置，length 表示读取的字节数，position 表示文件读取的开始位置。

在代码 4.32 的基础上通过 read 方法读取文件内容。

代码 4.34　使用read读取文件：read.js

```javascript
//使用 read 读取文件
const fs = require('fs');
function closeFd(fd) {
    fs.close(fd, (err) => {                          //关闭文件
        if (err) throw err;
    });
}
fs.open('read.txt', 'r', (err, fd) => {              //打开文件
    if (err) throw err;
    try {
        var buf = Buffer.alloc(255);
        //通过文件描述符操作文件
        //err 标识错误信息，length 标识读取内容字节数，buffer 标识读取内容
        fs.read(fd, buf, 0, 255, 0, (err, length, buffer) => {
            if (err) {
                closeFd(fd);
                throw err;
            };
            console.log(length, buffer.toString());
            closeFd(fd);
        })
    } catch (err) {
      closeFd(fd);
```

```
        throw err;
    }
});
```

在上面的示例代码中通过 open 方法打开文件，在其回调中获取文件描述符，再通过 read 方法读取文件的内容，当发生异常或文件使用完成时需要关闭文件。在当前目录下创建 read.txt 文件并输入一些内容，运行代码，输出结果如下：

43 白驹过隙韶光短 黑马腾云碧空宽

还可以使用 readFile 方法读取文件内容，原型为 fs.readFile(path[, options], callback)，path 表示文件路径，options 用于设置读取编码的格式及模式，callback 表示回调函数，示例如下。

代码 4.35　通过 readFile 读取文件：readFile.js

```
//通过 readFile 读取文件
const fs = require('fs');
fs.readFile('read.txt', 'utf-8', (err, data) => {
    if (err) {
        throw err;
    }
    console.log(data);
})
```

在代码中通过 readFile 方法读取 read.txt 文件的内容，运行程序，同样可以输出结果。

除此之外，还可以通过 readdir 方法获取目录内容，方法原型为 fs.readdir(path[, options], callback)，回调有两个参数(err, files)，其中，files 是目录中文件名的数组，不包括 '.' 和 '..'，示例如下。

代码 4.36　通过 readdir 读取文件：readdir.js

```
//通过 readdir 读取目录内容
const fs = require('fs');
fs.readdir('.', (err, files) => {       //files 为目录下的文件名数组
    if (err) {
        throw err;
    }
    files.forEach(file => {             //遍历文件名数组
        console.log(file);
    })
})
```

运行代码，可以看到成功输出了当前目录下所有的文件名称。

4．文件写入

写入文件可以使用 write 和 writeFile 方法，二者的参数略有不同。write 方法根据不同的参数可以分别将字符串和 Buffer 内容写入文件。

当使用 write 方法写入字符串时，原型为 fs.write(fd, string[, position[, encoding]], callback)，表示将 string 写入 fd 指定的文件。position 指数据从文件开头应被写入的偏移量，encoding 是预期的字符串编码，回调将接收参数 (err, written, string)，其中，written 指定传入的字符串需要被写入的字节数，写入的字节数不一定与写入的字符串字符数相同。写入字符串的示例如下。

代码 4.37　write将字符串写入文件：write.js

```js
//通过 write 方法写入文件
const fs = require('fs');
fs.open('write.txt', 'w', (err, fd) => {     //w 表示文件不存在就新建，否则覆盖
    if (err) {
        throw err;
    }
    let content = '白驹过隙韶光短 黑马腾云碧空宽';   //待写入的内容
    fs.write(fd, content, 0, 'utf-8', (err, length, buf) => {
        if (err) {
            throw err;
        }
        console.log(length);                        //写入的字节数
        fs.close(fd, err => {
            if (err)
                throw err;
        })
    })
})
```

在上面的示例代码中，通过 open 方法创建或打开文件并通过 write 方法写入字符串。如果 write.txt 不存在则创建，否则覆盖文件的内容。

write 方法也接收向文件中写入 Buffer 的内容，原型为 fs.write(fd, buffer[, offset[, length[, position]]], callback)，表示将 Buffer 写入 fd 指定的文件。如果 Buffer 是普通对象，则它必须具有自有的 toString 函数属性。offset 确定要写入的缓冲区部分，length 是整数，指定要写入的字节数；position 指从文件开头部分应被写入的数据偏移量；回调提供了 3 个参数 (err, bytesWritten, buffer)，其中，bytesWritten 指定从 Buffer 写入的字节数。

下面将代码 4.37 修改为向文件写入 Buffer，示例如下。

代码 4.38　write将Buffer写入文件：writeBuffer.js

```js
//通过 write 将 Buffer 写入文件
const fs = require('fs');
//w 表示文件不存在则新建，否则覆盖
fs.open('write-buffer.txt', 'w', (err, fd) => {
    if (err) {
        throw err;
    }
    let buffer = Buffer.from('白驹过隙韶光短 黑马腾云碧空宽');    //待写入内容
    fs.write(fd, buffer, 0, buffer.length, 0, (err, length, buf) => {
        if (err) {
            throw err;
        }
        console.log(length, buffer.toString());        //打印写入字节数和内容
        fs.close(fd, err => {
            if (err)
                throw err;
        })
    })
})
```

在上面的示例代码中，通过 Buffer.from 方法将字符串转化为 Buffer，然后将其写入文件。为了简化代码，Node.js 提供了 writeFile 方法，此方法能接收字符串或 Buffer 参数，原型为 fs.writeFile (file, data[, options], callback)，当 file 是文件名时，将数据异步地写入文件，如果文

件已存在则替换该文件。data 可以是字符串或缓冲区,如果 options 是字符串,则它指定编码。

writeFile 方法示例如代码 4.39 所示。

代码 4.39 使用 writeFile 写入文件:writeFile.js

```
//通过 writeFile 写入文件
const fs = require('fs');
let content = '白驹过隙韶光短 黑马腾云碧空宽';
fs.writeFile('write-file.txt', content, 'utf-8', err => {
    if (err) {
        throw err;
    }
    console.log('写入成功');
})
```

运行代码可以看到,同样成功地向 write-file.txt 文件写入内容。

注意:由于篇幅所限,还有很多文件相关的 API 请查阅官方文档。查阅 API 时注意版本号,不同的版本有一些差异。

4.8 NET 网络

【本节示例参考:\源代码\C4\net】

随着互联网的普及,几乎所有程序都是基于网络的,Node.js 提供了 net 模块,包含一系列异步的网络 API,用于创建基于流的 TCP(Transmission Control Protocal)或 IPC 服务器和客户端。本节介绍 TCP 服务器的创建及通信操作。

4.8.1 net 模块简介

TCP 在网络编程中的应用非常广泛,很多应用都是基于 TCP 构建,如 IM 即时聊天工具等。TCP 是面向连接的,提供端到端可靠的数据流传输协议。Socket 套接字是在网络上运行的两个程序之间的双向通信链路的端点,两端分别绑定通信链路的一个端口号,使 TCP 层可以标识数据最终会被发送到哪个应用程序中。

net 模块主要提供了对 TCP 和 ICP 异步 API 的封装,主要类包括:Server 和 Socket 类等。Server 类继承自 EventEmitter,用于创建 TCP 或 IPC 服务器;Socket 类继承自 stream.Duplex,也是 EventEmitter。

Server 实例通过 net.createServer 方法创建,创建之后就可以调用对应的方法完成相应的功能。Server 类常用的事件或方法如表 4.7 所示。

表 4.7 Server 类常用的方法

事件或方法	说 明
close 事件	服务器关闭时触发。如果连接存在,则在所有连接结束之前不会触发此事件
connection 事件	建立新连接时触发,触发后获取 Socket 对象。socket 是 Socket 类的实例。获取 Socket 实例后,可以通过 write 方法发送数据,同时通过监听 data 事件获取数据

续表

事件或方法	说明
error事件	发生错误时触发。与Socket类不同，除非手动调用server.close方法，否则close事件不会在此事件之后直接触发
listening事件	在调用server.listen方法后绑定服务器时触发
listen方法	启动一个服务监听连接
close方法	关闭整个TCP服务器。Socket实例提供的end方法可以终止Socket对象，从而终止客户端的连接

4.8.2 TCP 服务器

本节通过Node.js提供的Server类和Socket类完成TCP服务器端的创建，然后使用Windows自带的Telnet工具作为客户端进行通信，如图4.2所示。

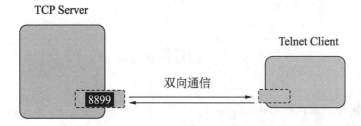

图 4.2　TCP Server 与 Telnet Client 通信

1．TCP服务器端

使用net模块创建服务器端，见示例代码4.40所示。

代码 4.40　TCP服务器端：tcpServer.js

```javascript
//创建 Tcp Server
const net = require('net');
const tcpServer = net.createServer();
//监听 error 事件
tcpServer.on('error', err => {
    console.log(`TCP 服务器监听到错误：${err}`);
    throw err;
});
//监听 close 事件
tcpServer.on('close', () => {
    console.log('TCP 服务器接收到 close 事件');
});
//监听 listening 事件
tcpServer.on('listening', () => {
    console.log('TCP 服务器接收到了 listening 事件');
});
//监听 connection 事件，获取 Socket 对象
tcpServer.on('connection', socket => {
    console.log('TCP 服务器接收到 connection 事件');
    socket.setEncoding('utf8');                              //设置字符编码
```

```js
        socket.write('wellcome!now you can send me msg:\n');        //换行\n
        //监听数据
        socket.on('data', msg => {
            console.log(`TCP 服务器接收到消息: ${msg}`);
            if (msg == 'q') {
                socket.write('see you!');
                socket.end();                                        //关闭 sokcet
            } else {
                socket.write(msg);
            }
        })
    })
    //启动监听，绑定端口
    tcpServer.listen(8899, () => {
        console.log(`TCP 服务器启动了，端口为 8899`);
    });
```

在上面的示例代码中，通过 net.createServer 方法创建 TCP Server 并监听事件。在 connection 事件中监听客户端的连接，一旦由客户端连接上来便可以通过 Socket 对象进行通信。通过 Socket 的 write 方法可以将信息发送给客户端，当接收到字母 q 时，关闭客服端连接。通过 listen 绑定 8899 端口，启动服务器监听。程序运行结果如下：

```
TCP 服务器接收到了 listening 事件
TCP 服务器启动了，端口为 8899
```

此时便可以通过任何一个客户端工具在本地连接 127.0.0.1 8899 上进行通信。接下来演示通过 Windows 10 自带的 Telnet 作为客户端进行通信的过程。

2．Telnet客户端

运行 cmd，在终端输入命令 telnet 127.0.0.1 8899 进入 Telnet 工具界面，在其中可以看到 TCP Server 发送的欢迎信息，如图 4.3 所示。

图 4.3　TCP Server 与 Telnet Client 发送的消息

在终端输入信息，服务器端收到了信息。当输入 q 时，客户端连接被关闭并退出。

> 说明：此处使用的是 Windows 10 自带的 Telnet 工具，读者也可以使用 Linux 中的远程工具。Windows 10 的 Telnet 工具默认未开启，需要在"控制面板"中选择"程序"|"程序和功能"|"打开或关闭 Windows 功能"，在弹出的"Windows 功能"对话框中勾选"Telnet 客户端"即可。

4.9 dgram 数据报

【本节示例参考：\源代码\C4\dgram】

UDP 是用户数据报协议，在网络中它与 TCP 一样用于处理数据包，是一种连接协议，它在 OSI 模型中处于第四层传输层，位于 IP 的上一层。Node.js 提供了 dgram 模块对 UDP 编程提供支持，使用 dgram.Socket 类来对 UDP 端点进行抽象。

4.9.1 dgram 模块简介

UDP（User Datagram Protoco，用户数据报协议）与 TCP 一样都属于传输层协议。UDP 的主要作用是将网络数据流量压缩成数据包的形式，一个电信的数据包就是一个二进制数据的传输单位。数据包的前 8 个字节用来包含包头信息，剩余字节则用来包含具体传输的数据内容。

UDP 与 TCP 的区别如下：

- TCP 需要建立连接，而 UDP 则不需要。
- TCP 提供可靠的数据传输，数据不丢失，不重复，按顺序达到；而 UDP 则不能保证其可靠性。
- UDP 具有较好的实时性，工作效率比 TCP 高，适用于对高速传输和实时性有较高要求的通信或广播通信。
- 每一条 TCP 都是点对点的连接，而 UDP 支持一对一、一对多、多对多等交互方式。

dgram 模块主要提供 dgram.createSocket 方法和 dgram.Socket 类。dgram.Socket 类的常用 API 如表 4.8 所示。

表 4.8 dgram.Socket 类的常用方法

事件或方法	说明
close事件	服务器关闭时触发
connect事件	建立新连接时触发
error事件	发生错误时触发
listening事件	只要套接字开始监听数据报消息，就会发出listening事件
message事件	当有新的数据包被Socket接收时，事件被触发。回调函数参数包括msg和rinfo：msg表示消息内容；rinfo表示远程地址信息，address表示地址，family表示IPv4或IPv6；prot表示端口；size表示消息大小
bind方法	启动UDP服务器监听，可以指定端口、地址和回调函数
send方法	发送数据
close方法	关闭套接字，触发close事件

4.9.2 UDP 服务器

本节通过 Node.js 提供的 dgram.createSocket 方法创建 dgram.Socket 实例（分别创建服务器

端和客户端实例），并监听此实例的 message 事件接收数据，然后通过 send 方法进行通信，示意图如图 4.4 所示。

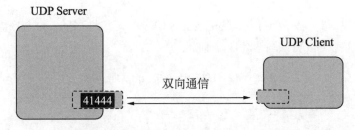

图 4.4 UDP Server 与 UDP Client 通信

1．UDP服务器端

使用 dgram.createSocket 方法创建服务器端并监听数据请求，收到信息并向客户端发送数据。

代码 4.41 UDP服务端：udpServer.js

```
//UDP 服务器
const dgram = require('dgram');
const udpServer = dgram.createSocket('udp4'); //创建基于IPV4的UDP服务器端
//监听error事件
udpServer.on('error', err => {
    console.log(`服务器错误：${err.stack}`);
    udpServer.close();
});
//监听close事件
udpServer.on('close', () => {
    console.log('服务器触发close事件');
});
//监听connect事件
udpServer.on('connect', () => {
    console.log('服务器触发connect事件');
});
//监听message事件，接收信息
udpServer.on('message', (msg, rinfo) => {
    console.log(`服务器收到客户端 ${rinfo.address}:${rinfo.port} 的消息：${msg}`);
    //从回调函数获取消息内容和客户端信息
    console.log(`客户端地址类型时:${rinfo.family},消息大小为:${rinfo.size}`);
    //向客户端发送消息
    udpServer.send(`${msg},too!`, rinfo.port, rinfo.address);
});
//监听listening事件，bind方法触发
udpServer.on('listening', () => {
    console.log(`服务器监听${udpServer.address().address}:${udpServer.address().port}`);
});
//启动监听
udpServer.bind(41444);                    //指定监听端口，触发listening事件
```

在上面的示例代码中，创建 udpServer 并通过 bind 方法绑定 41444 端口，监听 message 事

件，一旦收到消息就打印消息并向客户端发送消息。

2．UDP客户端

与创建服务器端一致，使用 dgram.createSocket 方法创建 dgram.Socket 的实例并监听 message 事件，通过 send 方法与服务器端通信。

代码 4.42　UDP客户端：udpClient.js

```
//UDP 客户端
const dgram = require('dgram');
const msg = Buffer.from('i want you ');
const udpClient = dgram.createSocket('udp4');   //创建 IPv4 的 UDP 客户端
//监听 message 事件，接收服务器端信息
udpClient.on('message', (msg, rinfo) => {
    console.log(`客户端从服务器端: ${rinfo.address}:${rinfo.port} 收到消息: ${msg}`);
});
//每隔 1s 向服务器发送信息
setInterval(() => {
    udpClient.send(msg, 41444, '0.0.0.0');         //指定服务器端口
}, 1000);
```

在上面的示例代码中，通过定时器方法 setInterval 定时向服务器端发送消息，分别运行服务器端和客户端，可以看到通信成功，如图 4.5 所示。

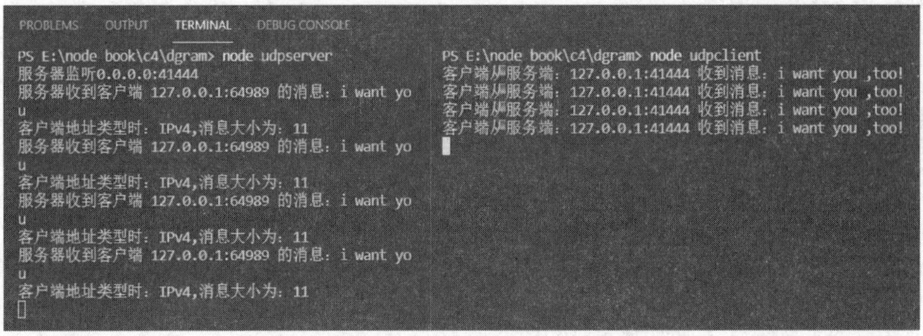

图 4.5　UDP 通信

4.10　超文本传输协议模块

【本节示例参考：\源代码\C4\http】

HTTP 是随着万维网而产生的超文本传输协议，用于将 Web 服务器文本传输到本地浏览器上。日常生活中时刻都在使用该协议，HTTP 底层是基于 TCP 的。Node.js 提供了 HTTP 模块，用于轻松创建 HTTP 服务器，本节针对 HTTP 模块进行介绍。

4.10.1　HTTP 模块简介

HTTP 模块主要用于创建 HTTP 服务器，该模块提供了 http.request 和 http.get 方法，以及

http.Server、http.ClientRequest 和 http.ServerResponse 等。HTTP 模块常用的 API 如表 4.9 所示。

表 4.9　HTTP模块常用的API

方法或类	说　明
http.createServer方法	创建HTTP服务器，返回http.Server实例
http.request方法	处理HTTP的get、post、delete、put等请求，内部创建http.ClientRequest类对象
http.Server类	继承自net.Server，通过http.createServer创建，使用listen绑定端口
http.ClientRequest类	该类从http.request方法内部创建并返回，表示正在进行的请求，其标头已入队，继承自Steam类
http.ServerResponse类	该类由HTTP服务器内部创建，而不是由用户创建。它作为第二个参数传给request事件，继承自Steam类

在前后端分离的 Web 应用中，系统划分为 Web 前端和后端 API 接口两个部分。前端一般采用 HTML+CSS+JavaScript 完成界面的制作，并通过 AJAX 技术与后端进行交互；而后端通常采用 PHP、Spring Boot 等语言开发 RESTfull 风格的 API 接口为前端提供服务。Node.js 将 JavaScript 语言推广到服务器端运行，因此提供了 HTTP 模块，通过它也能编写 RESTfull 风格的高性能 API 接口。

4.10.2　HTTP 服务器

通过 HTTP 模块的 createServer 方法创建 HTTP 服务器，在其回调函数中监听请求，根据请求类型即可完成不同的操作。

1. RESTfull API

在下面的示例中提供了用于管理待办清单的 API，post、put 和 delete 用于完成待办任务的添加、修改和删除，待办清单通过数组存储于内存中。

代码 4.43　HTTP服务器：httpServer.js

```
//创建 RESTfull API
const http = require('http');
const hostName = '127.0.0.1';
const port = 8099;
let todoList = new Array();                    //待办清单
let todoItem;                                  //待办事项
const httpServer = http.createServer((request, response) => {
    //获取请求信息
    request.setEncoding('utf-8');              //设置字符编码
    request.on('data', data => {
        todoItem = data;
        console.log(`接收到请求类型：${request.method},数据为：${data}`);
        switch (request.method) {
            case 'POST':
                todoList.push(todoItem);
                break;
            case 'PUT':
                for (let i = 0, len = todoList.length; i < len; i++) {
```

```
                if (todoItem == todoList[i]) {
                    todoList.splice(i, 1, '修改');        //修改
                    break;
                }
            }
            break;
        case 'DELETE':
            for (let i = 0, len = todoList.length; i < len; i++) {
                if (todoItem == todoList[i]) {
                    todoList.splice(i, 1);                //删除
                    break;
                }
            }
            break;
    }
    //设置响应信息
    response.statusCode = 200;
    response.setHeader('Content-Type', 'text/plain');
    response.end(JSON.stringify(todoList));               //返回结果
    });
});
httpServer.listen(port, hostName, () => {
    console.log(`http 服务器运行在 http://${hostName}:${port}`);
})
```

在上面的代码中通过 http.createServer 创建 http.Server 实例，并通过 listen 方法监听本机的 8099 端口。程序运行结果如下：

```
http 服务器运行在 http://127.0.0.1:8099
```

2．测试客户端

RESTfull API 客户端调试工具很多，可以使用 postman，该工具可以下载安装，也可以安装 Chrome 插件。这里使用浏览器插件测试 POST 方法，如图 4.6 所示。

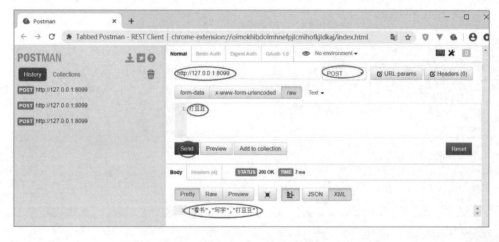

图 4.6 使用 postman 浏览器插件调试 RESTfull API

其他接口的测试方法类似，不再赘述。至此，就完成了 HTTP 模块提供的 API 接口服务。

4.11 本章小结

本章详细介绍了 Node.js 的内置模块，这些模块是 Node.js 平台的基石。首先介绍了 module 模块及 Node.js 暴露的全局变量，这些变量在全局中都可以直接使用；接着介绍了 Buffer 缓冲区模块，无论文件操作还是网络传输都需要用到缓冲区；由于 Node.js 是单线程的，但有的特殊场景需要开辟新线程来处理业务，因此就用到了 child_process 子进程模块；Node.js 是基于事件的，因此很多对象都是 EventEmitter 类的子类，需要深入理解 events 模块的机制；对于定时触发的任务则需要用到 timmers 定时器模块。

然后介绍了 fs 模块，该模块封装了大量对文件的操作，包含同步和异步方法。最后介绍了与网络相关的模块，net 模块主要用于创建 TCP 服务，dgram 模块主要用于创建 UDP 服务。HTTP 模块是最常用的模块，在前后端分离的项目中可以通过此模块创建 RESTfull 风格的 API 接口。

本章通过大量的示例对各个模块进行了演示，希望读者能举一反三，融会贯通，为后续的开发打下坚实的基础。第 5 章将介绍 Node.js 对数据库的操作。

第 5 章　数据库操作

计算机程序的本质是处理数据，业务系统输入的原始数据经过业务计算处理后，最终需要持久化存储到数据库中。数据库根据类型划分为关系型数据库（SQL 数据库）、非关系型数据库（NoSQL）和新型数据库（NewSQL），本章介绍如何在 Node.js 中使用关系数据库 MySQL、非关系数据库 MongoDB 和 Redis 数据库。

本章涉及的主要知识点如下：

- MySQL 数据库的安装及基本命令使用；
- MongoDB 数据库安装及基本命令使用；
- Redis 数据库的安装及命令使用；
- 在 Node.js 中通过对应模块操作 MySQL、MongoDB 和 Redis 数据库。

> 注意：数据库理论不是本章的重点，本章主要介绍如何在 Node.js 中使用以上数据库。

5.1　Node.js 操作 MySQL

MySQL 数据库是深受欢迎的开源、免费的关系数据库软件之一，采用 C++语言编写。本节介绍如何安装 MySQL，以及如何使用官方提供的客户端和基本命令对数据库进行操作，掌握这些内容是 MySQL 数据库操作的基础。掌握 MySQL 的基本知识后，接着介绍如何在 Node.js 中使用 MySQL。

5.1.1　安装 MySQL

MySQL 是广受欢迎的关系数据库，这一点从 DB-Engines 官网的排名统计中可以看出，如图 5.1 所示（排名地址为 https://db-engines.com/en/ranking）。

Rank			DBMS	Database Model	Score		
Feb 2024	Jan 2024	Feb 2023			Feb 2024	Jan 2024	Feb 2023
1.	1.	1.	Oracle	Relational, Multi-model	1241.45	-6.05	-6.08
2.	2.	2.	MySQL	Relational, Multi-model	1106.67	-16.79	-88.78
3.	3.	3.	Microsoft SQL Server	Relational, Multi-model	853.57	-23.03	-75.52
4.	4.	4.	PostgreSQL	Relational, Multi-model	629.41	-19.55	+12.90
5.	5.	5.	MongoDB	Document, Multi-model	420.36	+2.88	-32.41
6.	6.	6.	Redis	Key-value, Multi-model	160.71	+1.33	-13.12
7.	7.	↑8.	Elasticsearch	Search engine, Multi-model	135.74	-0.33	-2.86
8.	8.	↓7.	IBM Db2	Relational, Multi-model	132.23	-0.18	-10.74
9.	9.	↑12.	Snowflake	Relational	127.45	+1.53	+11.80
10.	↑11.	↓9.	SQLite	Relational	117.28	+2.08	-15.38

图 5.1　2024 年 2 月数据库使用排名 Top10

1. MySQL简介

MySQL 是一个关系型数据库管理系统，在 Web 中应用广泛，它由瑞典 MySQL AB 公司开发，目前属于 Oracle 公司。MySQL 是一种关联数据库管理系统，关联数据库将数据保存在不同的表中，而不是将所有数据放在一个大仓库内，这样就增加了数据库的处理速度和灵活性。

MySQL 主要有以下特点：
- 开源，目前隶属于 Oracle 旗下产品；
- 支持大型的数据库，可以处理拥有上千万条记录的大型数据库；
- 使用标准的 SQL 语言；
- 跨平台（Linux、Windows）且支持多种编程语言（如 C、C++、Java、Python 等）；
- 采用 GPL 协议，可以通过修改源码定制 MySQL。

> 注意：MySQL 支持 5000 万条记录的数据，32 位系统表文件最大支持 4GB，64 位系统表文件最大支持 8TB。

2. 在Windows系统中安装MySQL

Windows 系统中安装 MySQL 非常简单，需要下载社区版本，以下为操作步骤。

（1）下载安装包。

官网下载地址为 https://dev.mysql.com/downloads/mysql/，该页面会自动匹配当前操作系统的类型，选择对应的 MySQL 版本后单击 Download 按钮，如图 5.2 所示。

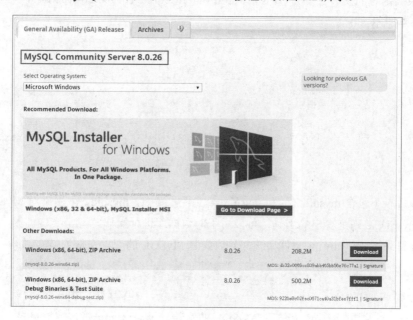

图 5.2　选择 MySQL 版本

> 注意：下载页面会自动匹配当前操作系统的类型，并且默认下载最新的 MySQL 版本，如果需要下载不同操作系统的不同版本，可以选择 Archives 选项卡，然后根据自身需求选择即可。笔者的操作系统为 Windows 10 64 位，因此下载 64 位的 MySQL 8.0 版本。

还可以在该页面的选择操作系统处下拉，选择下载源代码。

在新弹出的页面中选择 No thanks,just start my download 后，即可下载，如图 5.3 所示。下载完成后压缩包文件名为 mysql-8.0.26-winx64.zip。

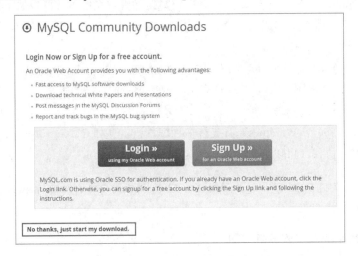

图 5.3　直接下载 MySQL

（2）安装 MySQL。

解压 mysql-8.0.26-winx64.zip 到希望安装 MySQL 的目录下，得到目录 mysql-8.0.26-winx64，进入该目录（笔者的安装目录为 D:\softwareInstall\mysql\mysql-8.0.26-winx64），可以看到目录结构如图 5.4 所示。

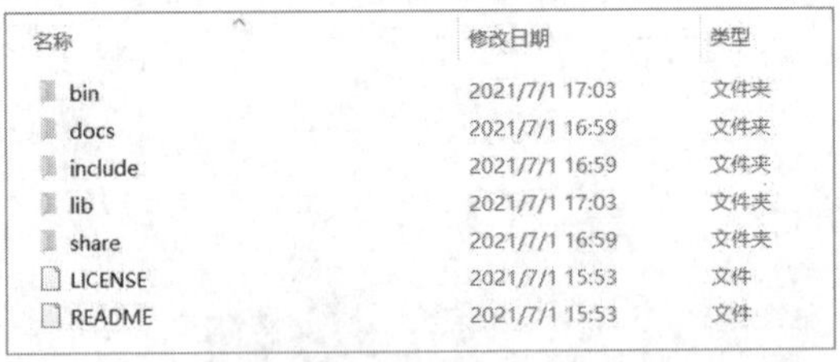

图 5.4　MySQL 8 解压后的目录

在 bin 目录下包含 mysqld.exe 和 mysql.exe 文件，其中，mysqld.exe 用于对 MySQL 服务进行管理，mysql.exe 则是客户端工具，可以用于对数据库进行操作。

在 bin 目录下新建 my.ini 文件（该文件为安装 MySQL 的配置文件），输入如下内容：

```
[mysqld]
basedir=D:\\softwareInstall\\mysql\\mysql-8.0.26-winx64
datadir=D:\\softwareInstall\\mysql\\mysql-8.0.26-winx64\\data
```

在 my.ini 文件中，basedir 指定了 MySQL 的安装目录，datadir 指定数据目录。data 目录无须事先创建，安装过程中会自动创建该目录并将数据表信息存入此目录。

> 注意：本例中的路径为笔者的解压目录，读者需要根据自己实际情况对目录进行修改。由于 Windows 风格的路径是用反斜线表示的字符串，可能包含需要转义的字符，所以采用双反斜线的写法可以避免特殊情况下出错。

在 bin 目录（笔者为 D:\softwareInstall\mysql\mysql-8.0.26-winx64\bin）下运行 cmd 终端，并执行如下初始化命令：

```
mysqld --defaults-file=D:\softwareInstall\mysql\mysql-8.0.26-winx64\my.ini --initialize --console
```

出现如下结果，表示安装成功，如图 5.5 所示。

图 5.5 MySQL 初始化安装

提示安装成功后，默认的用户名为 root 并生成了一个默认密码，该密码可以在后续通过命令进行修改。

安装成功后 MySQL 默认是未启动的，因此需要先启动 MySQL 服务。

（3）启动 MySQL 服务。

MySQL 服务的启动使用官方提供的 mysqld 工具，运行如下命令即可启动。

```
mysqld -console
```

--console 表示将 MySQL 服务的启动信息输出到控制台。执行上面的命令，如果看到输出如下信息则表示启动成功，如图 5.6 所示。

图 5.6 启动 MySQL 服务

从图 5.6 中可以看出，MySQL 服务默认运行在 3306 端口上。

注意：同一台计算机可以安装不同版本的 MySQL 服务，但需要修改启动端口。

MySQL 服务启动后，可以通过官方提供的客户端工具进行测试和操作。

（4）客户端操作。

服务启动后，在 bin 目录下运行 cmd 终端，使用前面生成的用户名和密码登录 MySQL 服务，登录命令如下：

```
mysql -u root -p
```

其中，-u 表示用户名，-p 表示输入的密码。执行上述命令并输入正确的密码后，登录成功的界面如图 5.7 所示。

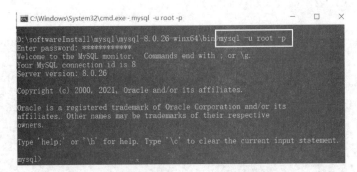

图 5.7　客户端连接 MySQL 服务

可以通过 alter 语句修改 root 密码，为了方便演示，修改密码为 root，修改语句如下：

```
alter user 'root'@'localhost' identified by 'root';
```

操作完成后，当退出客户端时输入 exit 命令即可，下次再登录时使用新密码即可登录成功。

说明：在生产环境中，root 账号的密码应设置得复杂一些，提高安全性。

（5）关闭 MySQL 服务。

当需要停止 MySQL 服务时，可以直接在第（3）步的服务运行窗口中按 Ctrl+C 键终止服务；也可以在其他窗口中使用如下命令终止服务：

```
mysqladmin -u root -p shutdown
```

执行上面的命令后，输入密码，如果密码正确则执行 shutdown 命令关闭 MySQL 服务。关闭后再次连接，则提示无法连接成功，如图 5.8 所示。

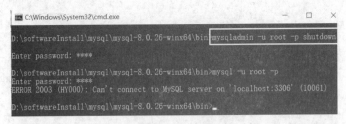

图 5.8　关闭 MySQL 服务

3. 在 Linux 系统中安装 MySQL

在 Linux 系统中安装 MySQL 大概分为两步：执行 mysqld 命令对数据库进行初始化，初始化完成后就可以通过 MySQL 命令对数据库进行操作了。大致的安装思路与 Windows 一致，由于系统不同，使用的命令也不同，这涉及 Linux 常用的命令，超出了本书的范围，所以这里不进行详细介绍，有兴趣的读者可以与笔者进行交流。

说明：企业里一般是运维人员负责搭建环境。

5.1.2 MySQL 的基本命令

MySQL 存储数据涉及几个概念：数据库、数据表、行和列。一个数据库可以包含很多数据表，每个数据表又由很多行和列组成，行和列构成数据单元格，数据就存储在单元格内，这类似于 Excel 的工作簿与工作表格的关系。

为此 MySQL 提供了数据库、表格的操作命令和语句，常用的命令和语句如表 5.1 所示。

表 5.1 MySQL常用的命令和语句

命令和语句	功 能 说 明
show databases	显示已有数据库
create database	创建数据库，格式为create databse 数据库名称
use	使用数据库，格式为use 数据库名称
create table	创建表，格式为create table 表名 (列名 数据类型，列名 数据类型...)
show tables	查看数据表
insert into	向表添加数据，格式为insert into 表名（列名，列名）values （值，值）
select	查询表格数据，格式为select * from 表名
update	更新表数据，格式为update 表名 set 列名=值，…
delete	删除表数据，格式为delete from 表名 where 列名=值

注意：语句必须用分号结尾。

1．操作数据库

通过 show databases 命令查看数据库信息，通过 create database 命令创建数据库，下面演示创建数据库 student 的操作，如图 5.9 所示。

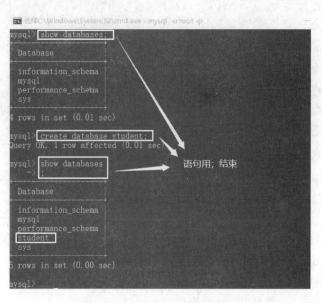

图 5.9 通过命令操作数据库

通过以上演示可以看到，默认情况下已有 4 个数据库，感兴趣的读者可以自行演示每个数据库的作用。

2．操作数据表

有了 student 数据库，接下来就是在数据库中创建数据表用于存放数据。创建表之前需要先切换到将要操作的数据库，如图 5.10 所示。

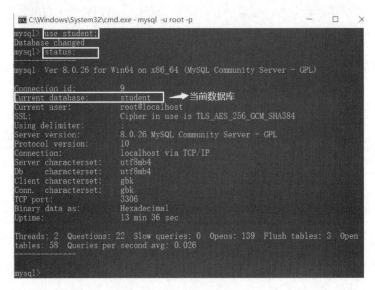

图 5.10　通过命令切换数据库

登录后，默认是连接到 MySQL 数据库的，如果要切换到刚才新建的 student 数据库，则需要使用 use 命令。切换完成后，如果要查看当前是在哪个数据库下，则可以使用 status 命令，命令如下：

```
use student;                    //切换数据库
status;                         //查看当前数据库的状态
```

接下来在 student 数据库中创建 stu 学生表，该表包含 2 列，其中，stu_id 表示学生 ID，stu_name 表示学生姓名。命令如下：

```
show tables;                    //显示数据表
create table stu(stu_id bigint not null,stu_name varchar(20));//创建数据表
```

通过命令操作数据表的过程如图 5.11 所示。

创建 stu 数据表后，还可以通过 describe 命令查看表的详细信息。接下来就是在数据表中操作数据。

3．操作数据

创建数据表之后可以通过 select 语句查询数据表信息，也可以通过 insert 语句向数据表添加数据；可以通过 update 语句修改数据表信息，也通过 delete 语句根据条件删除表数据。

1）insert 语句的使用

使用 insert 语句向 stu 学生表添加数据信息，如图 5.12 所示。

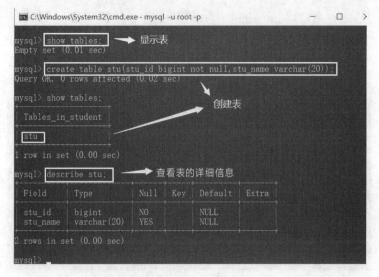

图 5.11 创建 stu 数据表

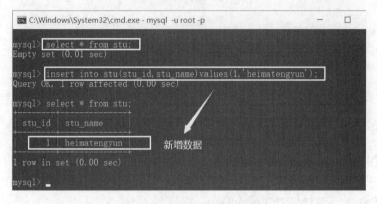

图 5.12 向数据表添加数据

2) update 语句的使用

通过 update 语句修改数据，如图 5.13 所示。

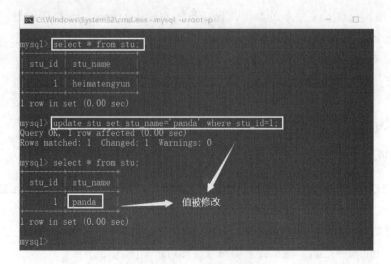

图 5.13 修改数据表数据

示例中通过 update 语句将 stu_name 字段的值进行了修改。

3）delete 语句的使用

当数据有误或不需要时，可以通过 delete 语句将其删除，如图 5.14 所示。

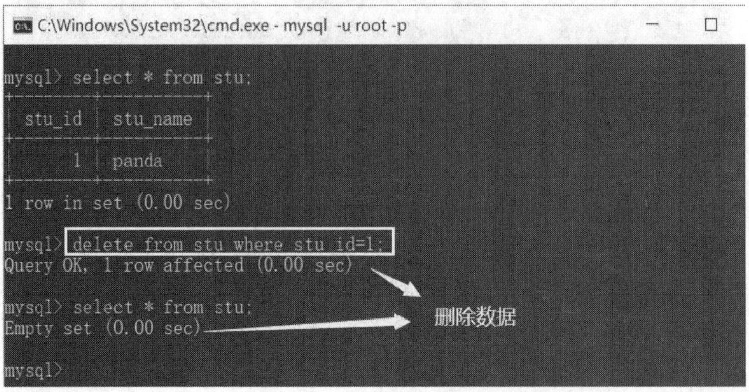

图 5.14　删除数据表数据

示例中通过 delete 语句删除了之前通过 insert 语句插入的数据。

> 注意：删除数据一定要添加 where 条件，否则将会删除整个表中的数据。

以上操作都是在 MySQL 官方提供的客户端工具中完成的，接下来演示如何在 Node.js 中完成同样的功能。

5.1.3　在 Node.js 中使用 MySQL

【本节示例参考：\源代码\C5\mysqlDemo】

操作 MySQL 数据库，需要安装 MySQL 驱动，在 Node.js 中使用最多的是 MySQL 模块，它是一个开源的、原生 JavaScript 编写的 MySQL 驱动。本节演示该模块的使用方法，该模块的项目地址为 https://github.com/mysqljs/mysql。

MySQL 模块提供了非常多的功能，包括数据库连接的创建，数据库的增、删、改、查操作，以线程池方式操作数据库等。MySQL 模块提供了 createConnection 方法用于创建一个数据库连接对象，通过该对象提供的 connnect 方法完成与数据库的连接。连接成功后，通过 query 方法执行数据库的增、删、改、查操作，操作完成后，通过连接对象的 end 方法关闭连接。

下面通过示例演示在 Node.js 中如何使用 MySQL 模块完成对数据库的操作。

1．创建项目

由于 MySQL 模块不是 Node.js 的内置模块，是第三方开发的，所以需要创建项目并对依赖进行管理。先在项目目录下（笔者的目录为 C5/mysqlDemo）执行 npm init 命令对项目进行初始化，初始化的目的是生成 package.json 配置文件。

执行 npm init 命令之后，根据提示填写项目即可，如图 5.15 所示。

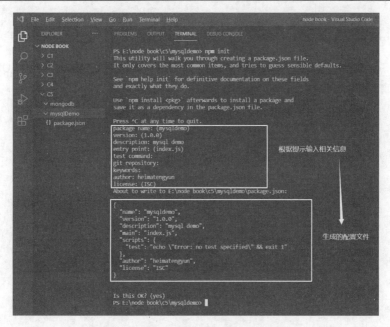

图 5.15　执行 npm init 命令初始化项目

命令执行完成后，在项目目录下生成 package.json 配置文件。

2. 安装MySQL模块

项目初始化后，通过 npm 命令安装 MySQL 模块，命令如下：

```
npm install mysql
```

执行命令安装 MySQL 模块，安装完成后目录下会新增一个 node_modules 目录和 package-lock.json 配置文件，并会在 package.json 文件中记录安装的 MySQL 模块信息，如图 5.16 所示。

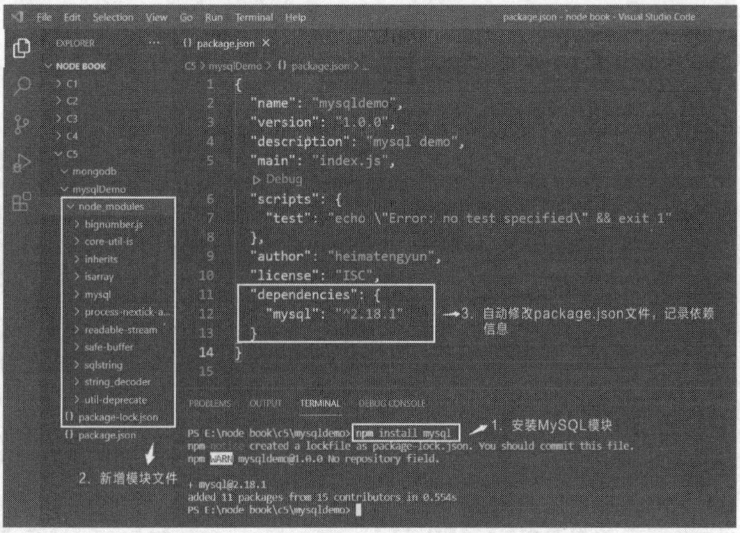

图 5.16　安装 MySQL 模块

> 注意：项目目录的名称不能与第三方模块同名，如此处项目名称不能命名为 MySQL，否则在安装 MySQL 模块时会报错。

3. 通过MySQL模块操作数据库

安装 MySQL 模块后，就可以通过 MySQL 模块提供的功能连接并操作 MySQL 数据库了。数据库的查询操作示例如下。

代码 5.1　查询功能：mysqlDemo.js

```javascript
//通过 MySQL 模块操作数据库
const mysql = require('mysql');
//配置连接信息
const config = {
    host: 'localhost',
    user: 'root',
    password: 'root',
    database: 'student'
}
const connection = mysql.createConnection(config);
//创建连接
connection.connect();
//执行操作
const sql = 'select * from stu';
connection.query(sql, (err, results, fields) => {
    if (err) {
        throw err;
    }
    //获取查询结果
    console.log(results);
});
//关闭连接
connection.end();
```

在上面的示例代码中，通过模块的 createConnection 方法创建数据库连接对象，之后通过连接对象 connect 方法连接数据库，连接之后就可以通过 query 方法执行查询操作了，操作完成之后通过 end 方法关闭与数据库的连接。

如果直接运行上述代码，会得到错误信息 Client does not support authentication protocol requested by server，如图 5.17 所示。

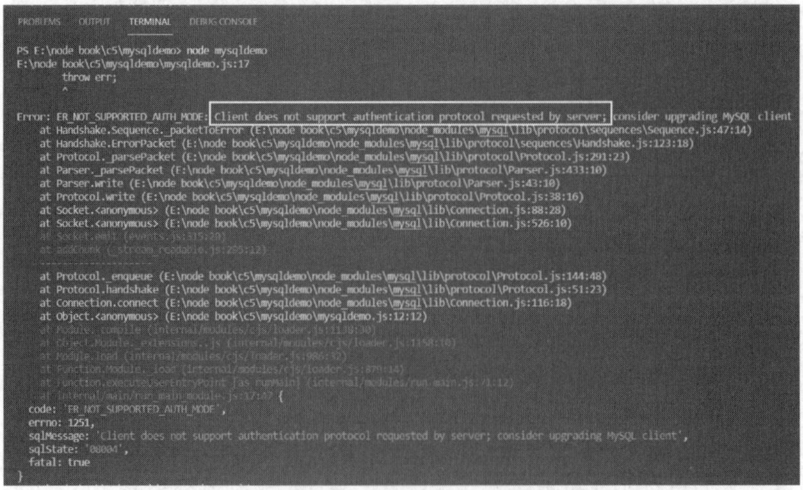

图 5.17　MySQL 认证错误信息

第 5 章　数据库操作

造成这个错误的原因是 MySQL 8 采用默认的 caching_sha2_password 加密方式，而引入的 MySQL 模块暂时未完全支持该种加密方式，将来或许 MySQL 模块会对其支持。目前的解决方法是通过 alter 命令修改 root 账号的密码，并指定 MySQL 模块能够支持的加密方式，如 msyql_native_password，命令如下：

```
alter user 'root'@'localhost' identified with mysql_native_password by 'root';
```

在 MySQL 客户端执行上面的命令，修改 root 账号后，通过 MySQL 命令向 student 数据库的 stu 数据表添加一行数据，添加数据的命令为 insert into stu(stu_id,stu_name) values(1,'panda');。

再次通过 node 命令执行示例代码，可以查看 stu 表的信息如下：

```
[ RowDataPacket { stu_id: 1, stu_name: 'panda' } ]
```

可以看到，返回的是一个数组，如此就得到了刚才新加入的数据信息。

下面是数据库添加操作示例。

代码 5.2　添加功能：insert.js

```javascript
//向数据库添加数据
const mysql = require('mysql');
//配置连接信息
const config = {
    host: 'localhost',
    user: 'root',
    password: 'root',
    database: 'student'
}
const connection = mysql.createConnection(config);
//创建连接
connection.connect();
//查询
const sqlSelect = 'select * from stu';
select(connection, sqlSelect);
//添加
const sqlInsert = 'insert into stu set ?';            //用占位符?接收对象
const insertData = {
    stu_id: 2,
    stu_name: '黑马腾云'
}
connection.query(sqlInsert, insertData, (err, results, fields) => {
    if (err) {
        throw err;
    }
    //获取查询结果
    console.log("添加结果：" + results);
})
select(connection, sqlSelect);
//关闭连接
connection.end();
//查询方法
function select(con, sql) {
    con.query(sql, (err, results, fields) => {
        if (err) {
            throw err;
        }
        //获取查询结果
```

· 125 ·

```
        console.log(results);
    });
};
```

在上面的示例中，将查询方法进行封装，方便在添加数据前后进行查询。数据库添加使用query方法，在添加数据的SQL语句中可以使用问号进行占位，在调用时传入数据对象。程序运行结果如下：

```
[ RowDataPacket { stu_id: 1, stu_name: 'panda' } ]
OkPacket {
  fieldCount: 0,
  affectedRows: 1,
  insertId: 0,
  serverStatus: 2,
  warningCount: 0,
  message: '',
  protocol41: true,
  changedRows: 0
}
[
  RowDataPacket { stu_id: 1, stu_name: 'panda' },
  RowDataPacket { stu_id: 2, stu_name: '黑马腾云' }
]
```

下面是数据库的修改示例。

代码5.3　修改功能：update.js

```
//修改数据库中的数据
const mysql = require('mysql');
//配置连接信息
const config = {
    host: 'localhost',
    user: 'root',
    password: 'root',
    database: 'student'
}
const connection = mysql.createConnection(config);
//创建连接
connection.connect();
//查询
const sqlSelect = 'select * from stu';
select(connection, sqlSelect);
//修改
const sqlUpdate = 'update stu set stu_name= ? where stu_id= ? ';//?占位符
const updateData = ['哥老关', 2];                              //以数组形式传递
connection.query(sqlUpdate, updateData, (err, results, fields) => {
    if (err) {
        throw err;
    }
    //获取查询结果
    console.log(results);
})
select(connection, sqlSelect);
//关闭连接
connection.end();
//查询方法
function select(con, sql) {
    con.query(sql, (err, results, fields) => {
        if (err) {
```

```
            throw err;
        }
        //获取查询结果
        console.log(results);
    });
};
```

在上面的示例中,依然通过 query 方法修改数据,修改数据的 SQL 语句中依然使用问号作为占位符,将要修改的内容作为数组进行传递。运行程序,结果如下:

```
[
  RowDataPacket { stu_id: 1, stu_name: 'panda' },
  RowDataPacket { stu_id: 2, stu_name: '黑马腾云' }
]
OkPacket {
  fieldCount: 0,
  affectedRows: 1,
  insertId: 0,
  serverStatus: 34,
  warningCount: 0,
  message: '(Rows matched: 1  Changed: 1  Warnings: 0',
  protocol41: true,
  changedRows: 1
}
[
  RowDataPacket { stu_id: 1, stu_name: 'panda' },
  RowDataPacket { stu_id: 2, stu_name: '哥老关' }
]
```

下面是删除数据库数据的示例。

代码 5.4　删除功能:delete.js

```
//删除数据库中的数据
const mysql = require('mysql');
//配置连接信息
const config = {
    host: 'localhost',
    user: 'root',
    password: 'root',
    database: 'student'
}
const connection = mysql.createConnection(config);
//创建连接
connection.connect();
//查询
const sqlSelect = 'select * from stu';
select(connection, sqlSelect);
//删除
const sqlDelete = 'delete from stu where stu_id = ?';
const deleteId = 2;
connection.query(sqlDelete, deleteId, (err, results, fields) => {
    if (err) {
        throw err;
    }
    //获取删除结果
    console.log(results);
})
select(connection, sqlSelect);
//关闭连接
```

```
    connection.end();
//查询方法
function select(con, sql) {
    con.query(sql, (err, results, fields) => {
        if (err) {
            throw err;
        }
        //获取查询结果
        console.log(results);
    });
};
```

在上面的示例代码中,依然通过 query 方法进行删除,在删除数据的 SQL 语句中使用问号作为占位符,程序运行结果如下:

```
[
  RowDataPacket { stu_id: 1, stu_name: 'panda' },
  RowDataPacket { stu_id: 2, stu_name: '哥老关' }
]
OkPacket {
  fieldCount: 0,
  affectedRows: 1,
  insertId: 0,
  serverStatus: 34,
  warningCount: 0,
  message: '',
  protocol41: true,
  changedRows: 0
}
[ RowDataPacket { stu_id: 1, stu_name: 'panda' } ]
```

> 注意:在开发时,可以将数据库操作的相关功能封装到一个类中使用,以减少代码冗余。

5.2 Node.js 操作 MongoDB

MongoDB 是强大的非关系型数据库,是一个基于分布式文件存储的数据库,采用 C++编写,旨在为 Web 应用提供可扩展的高性能数据存储方案。本节先介绍如何安装 MongoDB,以及如何使用自带的客户端工具和命令对文档进行操作,掌握这些内容是 MongoDB 数据库操作的基础。掌握 MongoDB 的基本使用后,接着介绍如何在 Node.js 中使用 MongoDB。

5.2.1 安装 MongoDB

MongoDB 是介于关系数据库和非关系数据库之间的产品,它在非关系数据库中功能最丰富也最像关系数据库。它支持的数据结构非常松散,是类似 JSON 的 bjson 格式,因此可以存储比较复杂的数据类型。

1. MongoDB简介

MongoDB 由 10gen 团队(后改名为 MongoDB)于 2007 年 10 月开发,并于 2009 年 2 月首度推出。MongoDB 具有以下特点:

- 面向文档存储，操作简单。
- 可以设置任何属性的索引来实现更快的排序。
- 支持丰富的查询表达式。
- 允许在服务器端执行脚本，可以用 JavaScript 编写某个函数直接在服务器端运行，也可以把函数定义存储在服务器端，以便下次直接调用。
- 支持多种编程语言（如 C#、C++、PHP、Java、Python 等）。
- 高可用，提供自动故障转移和数据冗余功能。
- 横向扩展，可以将数据分片到一组计算机集群上。
- 支持多个存储引擎并提供插件式存储引擎 API，允许第三方开发定制。

2．在Windows系统中安装MongoDB

MongoDB 的安装非常简单，其官方提供了社区版和企业版，社区版可免费使用。截至写作时 MongoDB 最新版本为 7.0.6，官网下载地址为 https://www.mongodb.com/try/download/community。

（1）下载安装包。

MongoDB 的官方下载页面会自动根据系统匹配下载版本，笔者的操作系统为 Windows 10 64bit，因此下载 Windows 版本的 msi 文件，下载界面如图 5.18 所示。

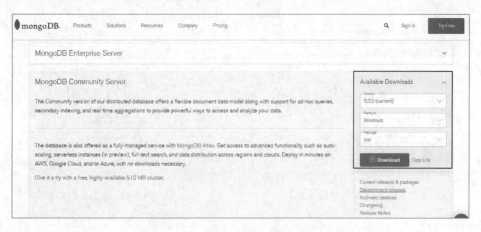

图 5.18　MongoDB 官网下载页面

下载后得到的文件为 mongodb-windows-x86_64-5.0.2-signed.msi。

📙说明：在图 5.18 所示的平台选择下拉列表框中可以下载源代码。

（2）安装 MongoDB。

双击安装文件，弹出安装对话框，如图 5.19 所示。

单击 Next 按钮进入下一步，如图 5.20 所示。

勾选同意协议后，单击 Next 按钮进入下一步，如图 5.21 所示。

图 5.19　弹出 MongoDB 安装对话框

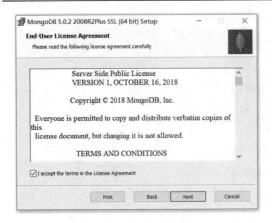
图 5.20　MongoDB 安装协议

图 5.21　MongoDB 安装模式

单击 Custom 按钮自定义安装，如图 5.22 所示。

在弹出的自定义安装对话框中选择安装目录，单击 Next 按钮进入配置界面，如图 5.23 所示。

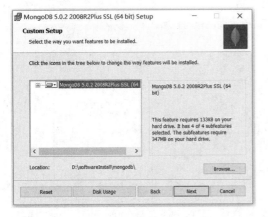
图 5.22　MongoDB 自定义安装

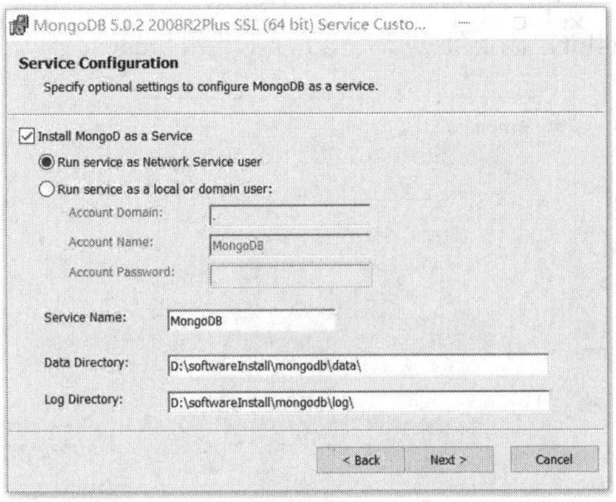

图 5.23　MongoDB 服务配置

保持默认设置，单击 Next 按钮进入下一步，如图 5.24 所示。

保持默认设置，单击 Next 按钮进入下一步，如图 5.25 所示。

图 5.24　安装 MongoDB Compass

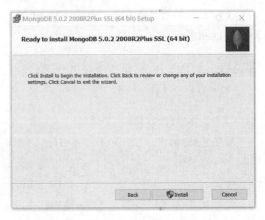
图 5.25　准备安装 MongoDB

单击 Install 按钮进行安装，在弹出的对话框中可以看到安装进度，如图 5.26 所示。
大概需要 3min，即可安装完成，如图 5.27 所示。

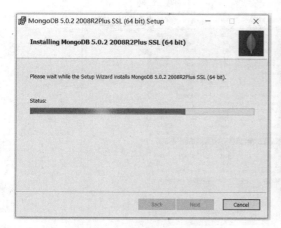

图 5.26　MongoDB 的安装进度

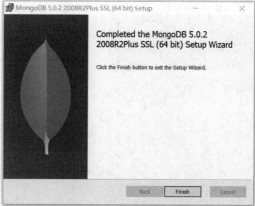

图 5.27　MongoDB 安装完成

安装完成的同时会弹出 Compass 主界面，如图 5.28 所示。

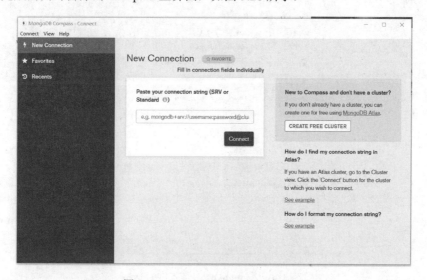

图 5.28　MongoDB Compass 主界面

至此，MongoDB 在 Windows 上安装成功。

（3）启动 MongoDB 服务。

MongoDB 安装成功后，MongoDB 服务就会被安装到 Windows 中，而且会自动启动 MongoDB 服务。

MongoDB 服务启动可以直接用官方提供的 bin 目录下的 mongod 命令（使用非常简单，直接在该目录下运行 mongod 命令即可）；也可以通过 Windows 服务进行管理，启动、关闭、重启 MongoDB 服务，或者设置开机启动。接下来演示如何通过 Windows 的服务来管理 MongoDB。

右击"此电脑"，在弹出的快捷菜单中选择"管理"命令，弹出"计算机管理"窗口，在左侧的"服务和应用程序"中选择"服务"，即可在右侧的服务界面中找到 MongoDB 服务，如图 5.29 所示。

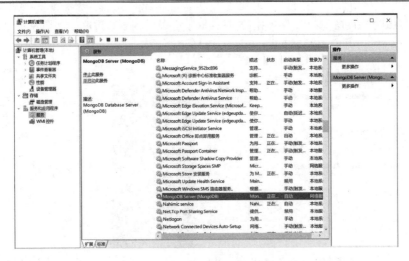

图 5.29　MongoDB 服务管理

双击 MongoDB 服务，弹出服务管理对话框，如图 5.30 所示。

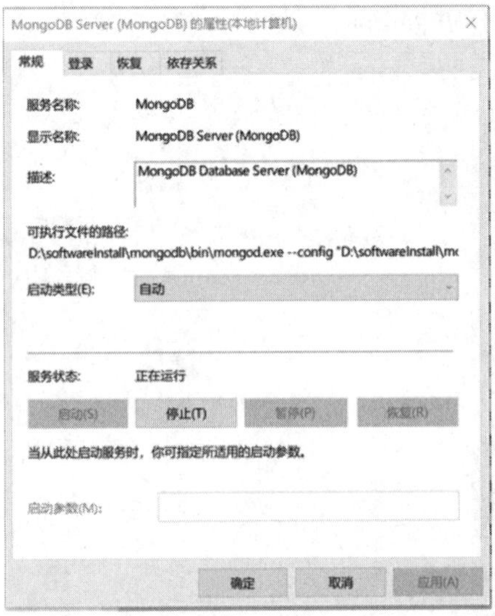

图 5.30　MongoDB 服务管理对话框

在其中可以对服务进行启动、停止和重启等管理。

（4）客户端连接 MongoDB 服务。

MongoDB 服务启动后，就可以访问 MongoDB 服务了。MongoDB 的默认端口是 27017，因此可以直接在浏览器中输入 http://localhost:27017 来验证服务是否启动。如果浏览器输出如下信息，则表示 MongoDB 服务已启动，如图 5.31 所示。

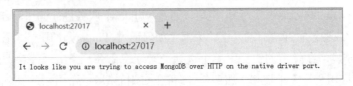

图 5.31　客户端连接 MongoDB

除此之外，还可以使用官方提供的 mongo.exe 客户端工具对 MongoDB 进行 CURD 操作。接下来演示客户端工具如何连接 MongoDB 服务。

切换到 MongoDB 安装目录的 bin 目录，允许终端，输入 mongo 命令，得到如下信息表示连接成功，如图 5.32 所示。

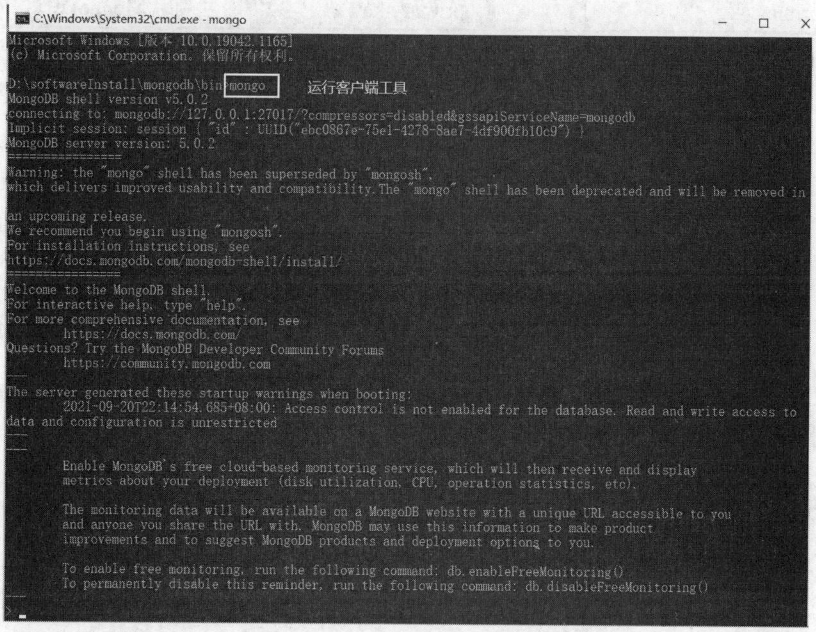

图 5.32　客户端连接 MongoDB

至此，MongoDB 安装并连接成功。

3．在Linux系统中安装MongoDB

在 Linux 系统中安装 MongoDB 比较简单，只需要将安装包解压，然后运行 mongod 命令即可运行 MongoDB 服务，但这里涉及 Linux 常用的命令，超出了本书范围，因此不作详细介绍，有兴趣的读者可以与笔者进行交流。

5.2.2　MongoDB 的基本命令

MongoDB 是非关系型数据，因此一些概念与 MySQL 不同。在 MongoDB 中依然有数据库的概念，但是没有表的概念，关系数据库中的表在 MongoDB 中称为"集合"，关系数据库中的记录在 MongoDB 中称为"文档"。相关的概念对应关系如表 5.2 所示。

表 5.2　MySQL与MongoDB中的概念对比

MySQL	MongoDB	说　　明
database	database	数据库
table	Collection	数据库表、集合
row	Document	数据库记录行、文档

续表

MySQL	MongoDB	说　　明
column	Field	数据属性、字段
index	index	索引
primary key	primary key	主键，MongoDB将_id作为主键

MongoDB中提供了一系列命令用于对MongoDB进行操作，如表5.3所示。

表5.3　MongoDB的常用命令

命令或函数	功　能　描　述
db	显示当前连接的数据库
db.getName函数	查看当前使用的数据库名称
show dbs	查看所有的数据库
use	使用数据库，格式为use 数据库名。当数据库不存在时自动创建数据库
exit	退出客户端
Db.createCollection函数	创建集合
show collections	查看集合，相当于MySQL中的查看表
db.集合.drop函数	删除集合
db.集合.insertOne函数	插入单个文档，如果集合不存在则自动创建
db.集合.insertMany函数	插入多个文档
db.集合.find函数	查询文档
db.集合.updateOne函数	修改单个文档，使用$set操作符修改字段值只会修改查询到的第一条数据
db.集合.updateMany函数	修改多个文档
db.集合.replaceOne函数	替换单个文档，只会替换查询到的第一条数据
db.集合.deleteOne函数	删除单个文档，只会删除查询到的第一条数据
db.集合.deleteMany函数	删除多个文档

注意：MongoDB还有非常多的功能，由于篇幅所限，更多内容请读者查看其官网。

1. 数据库的操作

MongoDB在安装时默认创建了一个test数据库，当连接客户端时默认是连接该数据库。可以通过db命令查看当前连接的数据库，通过show dbs命令查看所有的数据库，使用或创建数据库使用use命令。创建学生数据库student，如图5.33所示。

student数据库创建成功，接下来可以向该数据库中添加集合和文档。

注意：MongoDB命令不像MySQL一样必须要用逗号分隔。

2. 集合的操作

集合相当于数据表，可以通过db.createCollection创建，通过show collections命令进行查看。同时，通过insertOne或insertMany向不存在的集合添加数据时也会自动创建集合。集合的操作如图5.34所示。

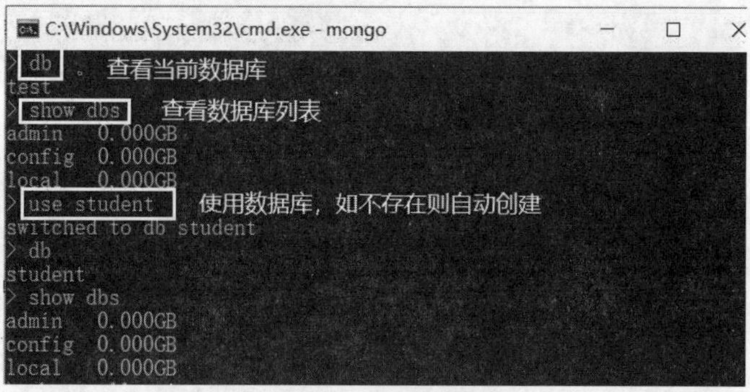

图 5.33 创建数据库

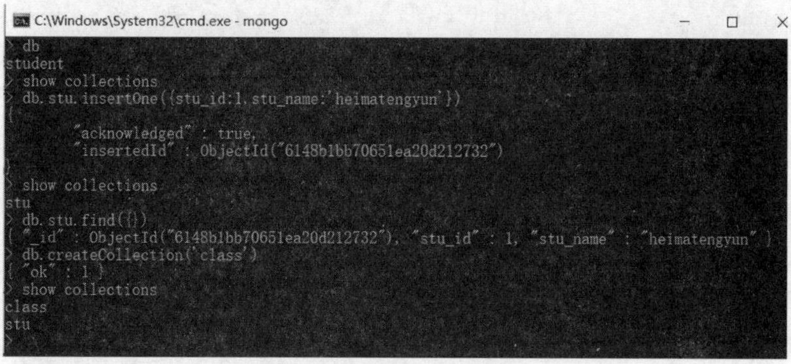

图 5.34 以 MongoDB 命令方式操作集合

在上面的示例中，通过 insertOne 方法和 db.createCollection 方法都可以创建集合，通过命令 show collections 可以查看所有集合。find 方法用于查看集合中的文档数据。

3．文档的操作

1）添加文档

图 5.34 演示的是通过 insertOne 方法添加单个文档，还可以使用 insertMany 方法向集合中添加多个文档。

```
> show collections
class
stu
> db.stu.insertMany([{stu_id:2,stu_name:'licy'},{stu_id:3,stu_name:
'lilei'}])
{
        "acknowledged" : true,
        "insertedIds" : [
            ObjectId("6148b58c70651ea20d212733"),
            ObjectId("6148b58c70651ea20d212734")
        ]
}
> db.stu.find({})
{ "_id" : ObjectId("6148b1bb70651ea20d212732"), "stu_id" : 1, "stu_name" :
"heimatengyun" }
{ "_id" : ObjectId("6148b58c70651ea20d212733"), "stu_id" : 2, "stu_name" :
"licy" }
```

```
{ "_id" : ObjectId("6148b58c70651ea20d212734"), "stu_id" : 3, "stu_name" : 
"lilei" }
>
```

注意：以上是在 MonGO 客户端中执行的命令及结果，后文都采用此种方式，不再截图。

以上示例通过 insertMany 方法向 stu 集合添加多条数据，从返回结果中可以看出，MongoDB 自动生成了_id 字段，其类型为 ObjectId。

2）查询文档

查询文档使用 find 方法，上面的示例对其进行了简单演示。类似 MySQL 的查询语句可以设置 where 条件，find 方法参数也支持多种查询方式，示例如下：

```
> db.stu.find({})
{ "_id" : ObjectId("6148b1bb70651ea20d212732"), "stu_id" : 1, "stu_name" : 
"heimatengyun" }
{ "_id" : ObjectId("6148b58c70651ea20d212733"), "stu_id" : 2, "stu_name" : 
"licy" }
{ "_id" : ObjectId("6148b58c70651ea20d212734"), "stu_id" : 3, "stu_name" : 
"lilei" }
> db.stu.find({"stu_name":"lilei"})
{ "_id" : ObjectId("6148b58c70651ea20d212734"), "stu_id" : 3, "stu_name" : 
"lilei" }
> db.stu.find({"stu_id":{$lt:2}})
{ "_id" : ObjectId("6148b1bb70651ea20d212732"), "stu_id" : 1, "stu_name" : 
"heimatengyun" }
> db.stu.find({"stu_id":{$lt:2},"stu_name":"heimatengyun"})
{ "_id" : ObjectId("6148b1bb70651ea20d212732"), "stu_id" : 1, "stu_name" : 
"heimatengyun" }
>
```

find 方法接收一个对象作为参数，表示根据条件进行查询。在上面的代码中，条件 {"stu_name":"lilei"}是查询字段，表示查找姓名为 lilei 的文档；还可以使用查询运算符，{"stu_id":{$lt:2}}表示查询 stu_id 小于 2 的文档，$lt 表示小于运算符；除此之外还可以使用多条件查询，{"stu_id":{$lt:2},"stu_name":"heimatengyun"}表示 stu_id 小于 2 且姓名为 heimatengyun 的文档。

find 方法的参数使用比较灵活，可以满足不同需求的条件查询。

3）修改文档

修改单个文档使用 updateOne 方法，示例如下：

```
> db.stu.find({})
{ "_id" : ObjectId("6148b1bb70651ea20d212732"), "stu_id" : 1, "stu_name" : 
"heimatengyun" }
{ "_id" : ObjectId("6148b58c70651ea20d212733"), "stu_id" : 2, "stu_name" : 
"licy" }
{ "_id" : ObjectId("6148b58c70651ea20d212734"), "stu_id" : 3, "stu_name" : 
"lilei" }
> db.stu.updateOne({"stu_name":"licy"},{$set:{"stu_name":"lilei"}})
{ "acknowledged" : true, "matchedCount" : 1, "modifiedCount" : 1 }
> db.stu.find({})
{ "_id" : ObjectId("6148b1bb70651ea20d212732"), "stu_id" : 1, "stu_name" : 
"heimatengyun" }
{ "_id" : ObjectId("6148b58c70651ea20d212733"), "stu_id" : 2, "stu_name" : 
"lilei" }
{ "_id" : ObjectId("6148b58c70651ea20d212734"), "stu_id" : 3, "stu_name" : 
"lilei" }
>
```

在上面的示例中，将 stu_name 为 licy 的文档字段的值修改为 lilei，使用 $set 操作符来修改字段值。

修改多个文档的示例如下：

```
> db.stu.find({})
{ "_id" : ObjectId("6148b1bb70651ea20d212732"), "stu_id" : 1, "stu_name" :
"heimatengyun" }
{ "_id" : ObjectId("6148b58c70651ea20d212733"), "stu_id" : 2, "stu_name" :
"lilei" }
{ "_id" : ObjectId("6148b58c70651ea20d212734"), "stu_id" : 3, "stu_name" :
"lilei" }
> db.stu.updateMany({"stu_name":"lilei"},{$set:{"stu_name":"lili"}})
{ "acknowledged" : true, "matchedCount" : 2, "modifiedCount" : 2 }
> db.stu.find({})
{ "_id" : ObjectId("6148b1bb70651ea20d212732"), "stu_id" : 1, "stu_name" :
"heimatengyun" }
{ "_id" : ObjectId("6148b58c70651ea20d212733"), "stu_id" : 2, "stu_name" :
"lili" }
{ "_id" : ObjectId("6148b58c70651ea20d212734"), "stu_id" : 3, "stu_name" :
"lili" }
>
```

可以看到，修改前有两个文档的 stu_name 字段值为 lilei，执行 updateManey 方法后，满足条件的文档全部被修改了。

4）替换文档

可以使用 replaceOne 方法替换除 _id 以外的整个文档，示例如下：

```
> db.stu.find({})
{ "_id" : ObjectId("6148b1bb70651ea20d212732"), "stu_id" : 1, "stu_name" :
"heimatengyun" }
{ "_id" : ObjectId("6148b58c70651ea20d212733"), "stu_id" : 2, "stu_name" :
"lili" }
{ "_id" : ObjectId("6148b58c70651ea20d212734"), "stu_id" : 3, "stu_name" :
"lili" }
> db.stu.replaceOne({"stu_name":"lili"},{"stu_id":4,"stu_name":"panda"})
{ "acknowledged" : true, "matchedCount" : 1, "modifiedCount" : 1 }
> db.stu.find({})
{ "_id" : ObjectId("6148b1bb70651ea20d212732"), "stu_id" : 1, "stu_name" :
"heimatengyun" }
{ "_id" : ObjectId("6148b58c70651ea20d212733"), "stu_id" : 4, "stu_name" :
"panda" }
{ "_id" : ObjectId("6148b58c70651ea20d212734"), "stu_id" : 3, "stu_name" :
"lili" }
>
```

从示例中可以看到，修改前虽然有两个文档的 stu_name 字段值为 lili，但是只修改了一条记录。

5）删除文档

当文档不需要时，可以通过 deleteOne 和 deleteMany 进行删除，示例如下：

```
> db.stu.find({})
{ "_id" : ObjectId("6148b1bb70651ea20d212732"), "stu_id" : 1, "stu_name" :
"heimatengyun" }
{ "_id" : ObjectId("6148b58c70651ea20d212733"), "stu_id" : 4, "stu_name" :
"panda" }
{ "_id" : ObjectId("6148b58c70651ea20d212734"), "stu_id" : 3, "stu_name" :
"lili" }
> db.stu.deleteOne({"stu_id":1})
```

```
{ "acknowledged" : true, "deletedCount" : 1 }
> db.stu.find({})
{ "_id" : ObjectId("6148b58c70651ea20d212733"), "stu_id" : 4, "stu_name" : "panda" }
{ "_id" : ObjectId("6148b58c70651ea20d212734"), "stu_id" : 3, "stu_name" : "lili" }
> db.stu.deleteMany({"stu_id":{$lt:5}})
{ "acknowledged" : true, "deletedCount" : 2 }
> db.stu.find({})
>
```

在上面的示例中,通过 deleteOne 删除一个文档,接着通过 deleteMany 删除所有 stu_id 字段值小于 5 的文档。

5.2.3 在 Node.js 中操作 MongoDB

【本节示例参考:\源代码\C5\mongodbDemo】

与 Node.js 中操作 MySQL 一样,在 Node.js 中操作 MongoDB 需要安装驱动,在 Node.js 中通常使用 MongoDB 官方提供的 MongoDB 模块来操作 MongoDB。

MongoDB 模块对外暴露了 MongoClient 类,通过该类的实例对象的 db 方法可以获得数据库对象,获取数据库对象后就可以对文档进行 CURD 操作了,使用方式与 5.2.2 节的命令方式基本对应。本节就来演示这些方法的使用。

1. 创建项目并初始化

在项目目录(笔者的目录为 C5\mongodbDemo)下执行项目初始化命令 npm init,完成项目初始化工作。与安装 MySQL 时的操作一致,在此不再详细说明。

2. 安装MongoDB模块

MongoDB 模块是用 JavaScript 开发的开源驱动程序,用于操作 MongoDB,可以通过 npm 命令进行安装。命令如下:

```
npm install mongodb -save
```

安装完成后,可以看到在项目目录下添加了 MongoDB 相关文件,在 package.json 文件中添加了 MongoDB 的依赖。

3. MongoDB模块的使用

安装 MongoDB 模块后,可以使用其提供的功能完成 MongoDB 的操作,在具体对文档操作之前,需要连接 MongoDB 服务器,示例如下。

代码 5.5　连接MongoDB:connect.js

```
//连接 MongoDB
const { MongoClient } = require('mongodb');
const url = 'mongodb://localhost:27017';        //MongoDB 服务器的 URL
const dbName = 'student';                       //数据库名称
const client = new MongoClient(url);            //实例化客户端
client.connect(err => {                         //通过客户端连接服务器
```

```
        if (err) {
            console.error(err.stack);
            return;
        }
        console.log('连接服务器成功');
        //获取数据库对象后,就可以通过它完成对集合和文档的 CURD 操作了
        const db = client.db(dbName);
        console.log('成功获取数据库对象');
        client.close();
})
```

示例中通过 MongoDB 模块暴露的 MongoDB 类进行实例化,然后通过 connect 方法连接到 MongoDB 服务,连接成功后通过 db 方法获取数据库,取得数据库后就可以完成文档的 CURD 操作。

与命令方式类似,可以向集合中插入文档,示例如下。

代码 5.6 插入文档到 MongoDB 中:insert.js

```
//插入文档
const { MongoClient } = require('mongodb');
const url = 'mongodb://localhost:27017';       //MongoDB 服务器的 URL
const dbName = 'student';                      //数据库名称
insertOne();
insertMany();
//插入一个文档
function insertOne() {
    let client = new MongoClient(url);
    client.connect(err => {
        if (err) {
            console.error(err.stack);
            return;
        }
        console.log('连接服务器成功');
        const db = client.db(dbName);
        const stu = db.collection('stu');       //获取集合
        stu.insertOne({ stu_id: 1, stu_name: 'lucy' }, (err, result) => {
            if (err) {
                console.log(err);
                return;
            }
            console.log(`单个文档已插入,响应结果为:`);
            console.log(result);
            client.close();
        });
    });
}
//插入多条文档
function insertMany() {
    let client = new MongoClient(url);
    client.connect(err => {
        if (err) {
            console.error(err.stack);
            return;
        }
        console.log('连接到服务器成功');
        const db = client.db(dbName);
        const stu = db.collection('stu');       //获取集合
        stu.insertMany([{ stu_id: 2, stu_name: 'lili' }, { stu_id: 2,
```

```
        stu_name:
'lili' }], (err, result) => {
            if (err) {
                console.log(err);
                return;
            }
            console.log(`多个文档已插入,响应结果为:`);
            console.log(result);
            client.close();
        });
    })
}
```

示例中通过 insertOne 方法插入一个文档，再通过 insertMany 方法插入多个文档，使用方法与命令方式一致。

💡注意：插入数据的方法是异步的，需要在回调中关闭当前连接。

查找文档的示例如下。

代码 5.7　查找 MongoDB 文档：find.js

```
//查找文档
const { MongoClient } = require('mongodb');
const url = 'mongodb://localhost:27017';            //MongoDB 服务器的 URL
const dbName = 'student';                           //数据库名称
const client = new MongoClient(url);                //实例化客户端
client.connect(err => {                             //通过客户端连接服务器
    if (err) {
        console.error(err.stack);
        return;
    }
    const db = client.db(dbName);
    find(db, () => {
        client.close();
    })
})
//查看文档
const find = (db, callback) => {
    const stu = db.collection('stu');
    stu.find({}).toArray((err, result) => {         //也可以根据条件进行查询
        console.log('查看文档');
        console.log(result);
        callback(result);
    })
}
```

示例中通过 find 方法查找所有的文档，也可以像命令操作方式一样，传入指定的条件实现条件查询，将查询结果转化为数组形式输出。输出结果如下：

```
查看文档
[
  {
    _id: new ObjectId("6149585f92d1e5f908212a45"),
    stu_id: 1,
    stu_name: 'lucy'
  },
  {
    _id: new ObjectId("6149585f92d1e5f908212a46"),
```

```
        stu_id: 2,
        stu_name: 'lucy'
    },
    {
        _id: new ObjectId("6149585f92d1e5f908212a47"),
        stu_id: 2,
        stu_name: 'lili'
    }
]
```

📖 说明：由于执行次数不同，读者的结果可能不一致，这里仅作为参考。

修改文档示例如下。

代码 5.8　修改MongoDB文档：update.js

```
//修改文档
const { MongoClient } = require('mongodb');
const url = 'mongodb://localhost:27017';        //MongoDB 服务器的 URL
const dbName = 'student';                       //数据库名称
const client = new MongoClient(url);            //实例化客户端
client.connect(err => {                         //通过客户端连接服务器
    if (err) {
        console.error(err.stack);
        return;
    }
    const db = client.db(dbName);
    updateOne(db, () => {
        client.close();
    })
})
//修改一个文档
const updateOne = (db, callback) => {
    const stu = db.collection('stu');
    stu.updateOne({ 'stu_name': 'lili' }, { $set: { 'stu_name': 'lucy' } },
(err, result) => {
        console.log('修改文档成功');
        console.log(result);
        callback(result);
    })
}
```

示例中通过 updateOne 修改一个文档，修改语法与命令行一致，需要使用$set 操作符。

还可以通过 deleteOne 和 deleteMany 方法删除文档，示例如下。

代码 5.9　删除MongoDB文档：delete.js

```
//查找文档
const { MongoClient } = require('mongodb');
const url = 'mongodb://localhost:27017';        //MongoDB 服务器的 URL
const dbName = 'student';                       //数据库名称
const client = new MongoClient(url);            //实例化客户端
client.connect(err => {                         //通过客户端连接服务器
    if (err) {
        console.error(err.stack);
        return;
    }
```

```
            const db = client.db(dbName);
            deleteOne(db, () => {
                client.close();
            })
        })
        //删除文档
        const deleteOne = (db, callback) => {
            const stu = db.collection('stu');
            //删除第一个名称为 lili 的文档
            stu.deleteOne({ 'stu_name': 'lili' }, (err, result) => {
                console.log('删除文档');
                console.log(result);
                callback(result);
            })
        }
```

示例中通过 deleteOne 方法删除符合条件的第一条数据，如果要删除匹配的所有文档，则使用 deleteMany 方法。

至此，MongoDB 模块的基本操作介绍完毕。在真实项目中除了使用 MongoDB 模块操作 MongoDB，还有一些优秀的第三方库也可以提高开发效率。Mongoose 是优秀的基于 Node.js 的第三方库，能够对输入的数据自动处理，其官网为 https://mongoosejs.com/，感兴趣的读者可以深入研究。

5.3 Node.js 操作 Redis

Redis 是流行的缓存系统，采用 C 语言编写，基于 BSD 协议开源，它是一个高性能的 key-value 数据库。Redis 的出现弥补了 Memcached 类键值对数据库的不足，对关系数据库起到了很好的补充作用。本节先介绍 Redis 的安装，以及如何使用客户端通过命令方式与 Redis 服务器端进行交互，掌握这些内容是理解 Redis 的基础。掌握 Redis 的基本使用后，接着介绍如何在 Node.js 中使用 Redis 数据库。

5.3.1 安装 Redis

Redis（Remote Dictionary Server）是一个由 Salvatore Sanfilippo 写的 key-value 存储系统，是跨平台的非关系型数据库。Redis 支持网络，可基于内存、分布式、可选持久性的键值对（key-value）存储数据，并提供多种语言的 API。

1．Redis简介

Redis 通常被称为数据结构服务器，因为值（value）可以是字符串（String）、哈希（Hash）、列表（List）、集合（Sets）和有序集合（Sorted sets）等类型。

Redis 不是唯一的 key-value 缓存产品，它与其他产品相比具有如下特点：

- ❑ 支持数据持久化，可以将内存数据存储于磁盘。
- ❑ 支持多种数据类型，如 Hash、list 和 sets 等数据结构。

- 支持 master-slave 模式数据备份。
- 高性能，读速度是 110000 次/s，写速度是 81000 次/s。
- 原子性，支持事务操作。
- 多语言 API 支持，包括 C、C#、C++、Java 等。

2．在Windows系统中安装Redis

Redis 采用 C 语言编写，大多数情况运行在 POSIX 系统（Linux、OS X 等）中，无须添加额外的依赖。Redis 的开发和测试工作常用于 Linux 和 OS X 系统中，因此建议采用 Linux 来部署 Redis，官方没有提供 Windows 版本，但微软（Microsoft）开发和维护了 Redis 的 Win-64 接口，项目地址为 https://github.com/microsoftarchive/redis。为了方便在 Windows 系统中安装，Redis 提供了安装包，下载地址为 https://github.com/microsoftarchive/redis/releases/。该项目至笔者完稿时的最新稳定版为 3.0.504，下载此版本进行安装。

（1）下载安装包。

笔者的计算机是 Windows 10 64 位，因此下载 64 位的安装包，得到文件 Redis-x64-3.0.504.msi。

（2）安装 Redis。

双击文件运行安装，弹出安装向导，如图 5.35 所示。

单击 Next 按钮进入安装协议对话框，如图 5.36 所示。

勾选复选框，表示同意，单击 Next 按钮进入安装目录选择对话框，如图 5.37 所示。

图 5.35　Redis 安装向导

图 5.36　安装协议

图 5.37　选择安装目录

自定义安装目录，勾选将安装目录添加到环境变量复选框，单击 Next 按钮进入端口设置对话框，如图 5.38 所示。

保持默认的 6379 端口即可，单击 Next 按钮进入内存设置对话框，如图 5.39 所示。

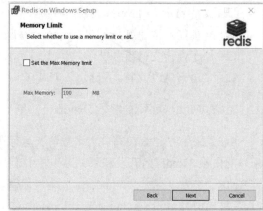

图 5.38　设置端口　　　　　　　　图 5.39　内存设置

保持默认值即可，单击 Next 按钮进入准备安装对话框，如图 5.40 所示。

在其中单击 Install 按钮开始安装并且可以看到安装进度，安装完成后如图 5.41 所示。

图 5.40　准备安装　　　　　　　　图 5.41　安装完成

安装完成后，在 Redis 的安装目录下可以看到服务器端 redis-server.exe 文件和客户端工具 redis-cli.exe。

（3）启动服务。

安装成功后，Redis 服务就会被安装到 Windows 中，安装成功就自动启动了 Redis 服务。可以通过服务形式管理 Redis 服务，操作方式与 MongoDB 服务类似，不再赘述。

除此之外，还可以通过安装目录下的 redis-server.exe 文件启动 Redis 服务。双击 redis-server.exe 文件或在终端运行 redis-servr 即可运行服务，如图 5.42 所示。

可以看到 Redis 运行在 6379 端口，服务启动成功。

3．在Linux系统中安装Redis

在 Linux 系统中安装 Redis 比较简单，只需要将源码下载下来，解压并编译，然后在编译包里运行 redis-server 即可以运行 Redis 服务，但这里涉及 Linux 常用的命令，超出了本书的范围，因此不进行详细介绍，有兴趣的读者可以与笔者进行交流。

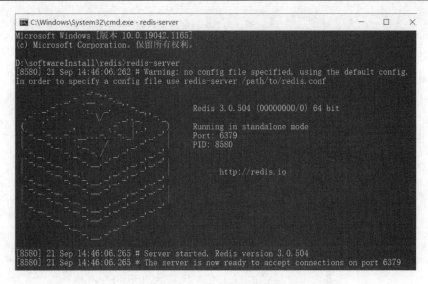

图 5.42　启动 Redis 服务

5.3.2　Redis 的基本命令

Redis 不仅是简单的 key-value 键值对存储，更是一个数据结构服务器（Data structures server），用来支持不同的数值类型。Redis key 是二进制安全的，意味着可以使用任意二进制序列作为 key。Reids 支持的 key 的类型包括字符串 String、哈希表 Hash、列表 List、集合 Set、有序集合 Sorted set、HyperLogLog。各种类型说明如表 5.4 所示。

表 5.4　Redis key 支持的数据类型

数 据 类 型	说　　明
String	字符串类型，当key为key类型时，value可以是任意类型的String
Hash	String类型的字段和值的映射表，适合存储对象
List	String列表，链表结构，按照顺序排序进行排列
Set	String类型的无序集合，成员唯一，不重复
Sorted set	与Set类似，不重复，每个元素有一个Double类型的分数用来排序
HyperLogLog	用于概率统计的数据结构，以评估一个集合的基数

Redis 每种类型的 key 有不同的操作命令。Redis 命令用于在 Redis 服务上执行操作。要在 Redis 服务中执行命令，需要一个 Redis 客户端。本节使用 Redis 官方提供的 redis-cli 客户端来演示 Redis 命令的使用。

1. redis-cli的使用

在 Redis 安装目录下双击 redis-cli.exe 文件或在该目录下打开终端并执行 redis-cli 命令，均可打开 redis-cli 客户端工具。

```
D:\softwareInstall\redis>redis-cli
127.0.0.1:6379> ping
PONG
```

```
127.0.0.1:6379> exit
D:\softwareInstall\redis>
```

打开终端后，客户端会自动连接本地的 Redis 服务器，此时输入 ping 命令会得到 PONG 响应，说明连接成功。如要退出客户端，输入 exit 命令后按 Enter 键即可。

由于不同类型的 key 操作命令不同，接下来就在 redis-cli 客户端中依次进行演示。

2．String 类型

String 类型的 key 是最简单的值类型，当 key 为 String 类型时，如果使用 String 类型作为 value，就是将一个 String 映射到另外一个 String。Redis 常用的字符串命令如表 5.5 所示。

表 5.5　Redis 常用的字符串类型命令

命　　令	说　　明
set key value	设置指定 key 的值
get key	获取指定 key 的值，如果 key 不存在则返回 nil
incr key	将 key 中存储的数字值增 1，如果不是数值类型则报错。incr 是 increment 缩写，incr 操作是原子的，即使有多个客户端同时使用 incr 命令，也能得到正确的值
mset key value[key value]	同时设置一个或多个 key-value 对
mget key1[key2]	获取所有给定 key 的值

注意：以上命令不区分大小写。

常用的设置和获取 key 的命令示例如下：

```
127.0.0.1:6379> set name heimatengyun
OK
127.0.0.1:6379> get name
"heimatengyun"
127.0.0.1:6379> set money 1
OK
127.0.0.1:6379> get money
"1"
127.0.0.1:6379> incr money
(integer) 2
127.0.0.1:6379> get money
"2"
127.0.0.1:6379> incr money
(integer) 3
127.0.0.1:6379> get money
"3"
127.0.0.1:6379>
```

在上面的示例中，通过 set 命令设置名称为 name 的 key 的值为 heimatengyun，然后通过 get 命令获取。接着设置名称为 money 的 key 的值为 1，然后通过 incr 命令使其自增多次后输出。

接下来演示通过 mset 和 mget 命令批量设置和读取 key 的操作。

```
127.0.0.1:6379> mset sister lili brother lilei friend hanmeimei
OK
127.0.0.1:6379> mget sister brother friend
1) "lili"
2) "lilei"
3) "hanmeimei"
```

```
127.0.0.1:6379> get sister
"lili"
127.0.0.1:6379>
```

在上面的示例中，通过 mset 命令设置了 sister、brother、friend 这 3 个 key 的值，然后通过 mget 命令可以一次性读取 key 的值，当然也可以通过 get 命令单个读取。

还有一些命令没有关联到任何类型，但是在与 key 交互时非常有用，这些命令可以用于任何类型的 key，这类命令如表 5.6 所示。

表 5.6 通用类型的命令

命 令	说 明
keys pattern	查找所有符合给定模式的key，如keys * 表示查看所有key
exists key	检查给定的key是否存在
del key	如果key存在则删除key
type key	返回key存储的值的类型
expire key	设置key的过期时间，以s计算
ttl	以s为单位，返回给定key的剩余生存时间，ttl是time to live的缩写

查看所有 key、删除 key、检测 key 是否存在的使用示例如下：

```
127.0.0.1:6379> keys *
1) "name"
2) "money"
3) "friend"
4) "brother"
5) "sister"
127.0.0.1:6379> get name
"heimatengyun"
127.0.0.1:6379> del name
(integer) 1
127.0.0.1:6379> get name
(nil)
127.0.0.1:6379> exists name
(integer) 0
127.0.0.1:6379>
```

在上面的示例中，通过 keys * 查看所有的 key，然后通过 del 命令将名称为 name 的 key 删除，通过 exists 命令检测删除 key 后是否还存在 key，可以看到，key 不存在时返回 0。

type 命令用于检测 key 的类型，如果 key 不存在则返回 none，示例如下：

```
127.0.0.1:6379> type money
string
127.0.0.1:6379> del money
(integer) 1
127.0.0.1:6379> type money
none
127.0.0.1:6379>
```

还可以通过 expire 命令设置 key 的过期时间，示例如下：

```
127.0.0.1:6379> get brother
"lilei"
127.0.0.1:6379> expire brother 10
(integer) 1
127.0.0.1:6379> get brother
"lilei"
```

```
127.0.0.1:6379> get brother
(nil)
127.0.0.1:6379>
```

在上面的示例中,通过 expire 命令设置 brother 的过期时间为 10s,10s 后再次获取 brother 时已经获取不到了。

3. Hash类型

Redis Hash 是一个 String 类型的 field(字段)和 value(值)的映射表,Hash 特别适合用于存储对象。Hash 类型的常用命令如表 5.7 所示。

表 5.7 Hash类型的常用命令

命 令	说 明
hmset key field value[field value]	同时将多个 filed-value 对设置到哈希表key中
hgetall key	获取在哈希表中指定key的所有字段和值
hget key field	获取存储在哈希表中指定字段的值
hmget key field[field]	获取所有给定字段的值
hset key field value	将哈希表key中的字段field的值设置为value
hexists key field	查看哈希表key中指定的字段是否存在
hdel key field[field]	删除一个或多个哈希表字段
hkeys key	获取所有哈希表中的字段
hvals key	获取哈希表中的所有值
hlen key	获取哈希表中的字段数量

Hash 类型常用命令的使用示例如下:

```
127.0.0.1:6379> hmset me name 'heimatengyun' age 18
OK
127.0.0.1:6379> hgetall me
1) "name"
2) "heimatengyun"
3) "age"
4) "18"
127.0.0.1:6379> hget me name
"heimatengyun"
127.0.0.1:6379> keys *
1) "me"
2) "sister"
127.0.0.1:6379> type me
hash
127.0.0.1:6379>
```

在上面的示例中,先通过 hmset 设置 key 为 me 的 Hash 表,分别设置字段 name 和 age 的值。接着通过 hgetall 获取 Hash 表 me 里的所有字段,也可以通过 hget 获取单个字段值。最后通过 type 观察 me 的类型为 Hash。

4. List类型

Redis 列表是简单的字符串列表,按照插入顺序排序,可以添加一个元素到列表的头部(左边)或者尾部(右边)。List 类型的常用命令如表 5.8 所示。

表 5.8 List类型的常用命令

命　　令	说　　明
lpush key value1 [value2]	将一个或多个值插入列表头部
rpush key value1 [value2]	在列表尾部添加一个或多个值
lrange key start stop	获取列表指定范围内的元素
llen key	获取列表长度
lpop key	移出并获取列表的第一个元素
rpop key	移除列表的最后一个元素，返回值为移除的元素
lindex key index	通过索引获取列表中的元素

List 类型命令的使用示例如下：

```
127.0.0.1:6379> lpush mylist one
(integer) 1
127.0.0.1:6379> lpush mylist two
(integer) 2
127.0.0.1:6379> lpush mylist three
(integer) 3
127.0.0.1:6379> lrange mylist 0 3
1) "three"
2) "two"
3) "one"
127.0.0.1:6379> llen mylist
(integer) 3
127.0.0.1:6379> lindex mylist 2
"one"
127.0.0.1:6379> keys *
1) "me"
2) "mylist"
3) "sister"
127.0.0.1:6379> type mylist
list
127.0.0.1:6379>
```

在上面的示例中，通过 lpush 命令向 mylist 中添加 3 个值，添加时如果 key 不存在则创建。添加完成后，通过 lrange 命令查看从索引 0 开始到索引 3 位置上的值；接着通过 llen 命令查看 mylist 的长度为 3，通过 lindex 命令查看索引为 2 的值为 one。

注意：由于采用 lpush 命令在 List 的左边添加值，所以索引最大的值为最新加入的值。

5. Set类型

Redis 的 Set 是 String 类型的无序集合，集合成员是唯一的，集合中不能出现重复的数据。Redis 中的集合是通过哈希表实现的，因此添加、删除、查找的复杂度都是 O(1)。Set 类型的常用命令如表 5.9 所示。

表 5.9 Set类型的常用命令

命　　令	说　　明
sadd key member1 [member2]	向集合中添加一个或多个成员
smembers key	返回集合中的所有成员

续表

命　　令	说　　明
scard key	获取集合的成员数
sismember key member	判断member元素是否为集合key的成员
srem key member1 [member2]	移除集合中一个或多个成员

Set 类型的常用命令使用示例如下：

```
127.0.0.1:6379> sadd myset one
(integer) 1
127.0.0.1:6379> sadd myset two
(integer) 1
127.0.0.1:6379> sadd myset three
(integer) 1
127.0.0.1:6379> smembers myset
1) "three"
2) "two"
3) "one"
127.0.0.1:6379> scard myset
(integer) 3
127.0.0.1:6379> srem myset three
(integer) 1
127.0.0.1:6379> scard myset
(integer) 2
127.0.0.1:6379> smembers myset
1) "two"
2) "one"
127.0.0.1:6379> type myset
set
127.0.0.1:6379> sadd myset one
(integer) 0
127.0.0.1:6379> smembers myset
1) "two"
2) "one"
127.0.0.1:6379>
```

在上面的示例中通过 sadd 命令向 myset 集合中添加 3 条数据，首次添加时集合不存在则创建。添加完成后通过 smemers 命令查看所有集合成员；通过 scard 命令查看集合元素个数为 3；使用 srem 命令删除集合中的值 three，删除成功后再次查看集合值个数为 2。通过 type 命令查看类型为 Set 的集合。当尝试向集合中添加已存在的值 one 时，提示集合数据被影响的数量为 0，验证了 Set 集合数据不能重复。

6. Sorted set类型

Redis 有序集合和集合一样也是 String 类型元素的集合，且不允许有重复的成员。不同的是，有序集合中的每个元素都会关联一个 Double 类型的分数，Redis 正是通过这个分数为集合中的成员进行从小到大排序的。

有序集合的成员是唯一的，但分数（score）却可以重复。集合是通过哈希表实现的，因此添加、删除和查找的复杂度都是 O(1)。Sorted Set 类型常用的命令如表 5.10 所示。

表 5.10 Sorted set类型常用的命令

命　　令	说　　明
zadd key score1 member1 [score2 member2]	向有序集合中添加一个或多个成员，或更新已存在成员的分数
zrange key start stop [withscores]	通过索引区间返回有序集合指定区间内的成员
zrank key member	返回有序集合中指定成员的索引
zrem key member [member ...]	移除有序集合中的一个或多个成员

Sorted set 类型命令的简单使用示例如下：

```
127.0.0.1:6379> zadd mysortedset 1 one 2 two 3 three
(integer) 3
127.0.0.1:6379> zrange mysortedset 0 3 withscores
1) "one"
2) "1"
3) "two"
4) "2"
5) "three"
6) "3"
127.0.0.1:6379> zrange mysortedset 0 3
1) "one"
2) "two"
3) "three"
127.0.0.1:6379> zadd mysortedset 4 three
(integer) 0
127.0.0.1:6379> zrange mysortedset 0 3 withscores
1) "one"
2) "1"
3) "two"
4) "2"
5) "three"
6) "4"
127.0.0.1:6379>
```

在上面的示例中，通过 zadd 命令一次性为 mysortedset 添加 3 个带分值的值，接着使用 zrange 命令输出 mysortedset 里的值，命令如果带 withscores 参数则会输出值的分数。当尝试使用 zadd 命令向 mysortedset 里添加重复数据 three（分值与原有的不同）时，发现元素个数并没有增加，但是 three 的分值被修改了。

5.3.3 在 Node.js 中使用 Reids

【本节示例参考：\源代码\C5\redisDemo】

要在项目中操作 Redis，需要安装 Redis 驱动，在 Node.js 项目中，有很多模块实现了 Redis 驱动，比较优秀的 Redis 模块的项目地址为 https://github.com/NodeRedis/node-redis。本节采用 Redis 模块来完成 Redis 的操作。

1. 创建项目并初始化

与之前讲解的 MySQL 和 MongoDB 一样，在创建项目时需要切换到项目目录并执行 npm init 命令初始化项目，生成的 package.json 文件用于管理模块依赖。

2. 安装Redis模块

项目初始化后，通过 npm install redis 命令安装 Redis 模块。安装成功后可以看到在项目目录下添加了 Redis 相关文件，在 package.json 文件中添加了 Redis 的依赖。

3. 使用Redis模块

安装 Redis 模块后，就可以通过 Redis 模块来操作 Redis 服务了，下面是一个简单的使用示例。

代码 5.10　操作redis：redis.js

```javascript
//Redis 操作
const redis = require('redis');
//创建客户端
const redisClient = redis.createClient();
//监听错误事件
redisClient.on('error', err => {
    console.log(err);
});
//设置和获取单个String类型的key和值
redisClient.set('mymoney', '1000万', redis.print);
redisClient.get('mymoney', (err, reply) => {
    console.log(reply);              //Reply: OK  1000万
});
//设置Hash类型
redisClient.hset("myfriend", "name", "lili", redis.print);//Reply: 1
redisClient.hset("myfriend", "age", 18, redis.print);     //Reply: 1
//取字段名，等同于hkeys命令
redisClient.hkeys("myfriend", (err, replies) => {
    replies.forEach((reply, i) => {
        console.log(i, reply);       //0 name 1 age
    })
});
//取所有字段和值，等同于hgetall命令
redisClient.hgetall("myfriend", (err, reply) => {
    console.log(reply);              //{ name: 'lili', age: '18' }
    redisClient.quit();
})
```

在上面的示例中，首先引入 Redis 模块，通过模块的 createClient 方法创建 Redis 客户端，接着通过客户端提供的 set 方法设置 String 类型的 mymoney 的值，然后通过 get 方法获取其值。然后通过 hset 设置 Hash 类型的 myfriend 并设置字段 name 和 age，通过 hkeys 获取所有字段名，通过 hgetall 获取所有字段名和对应的值。程序运行结果如下：

```
Reply: OK
1000万
Reply: 1
Reply: 1
0 name
1 age
{ name: 'lili', age: '18' }
```

从以上示例中可以看出，模块中的方法几乎与命令一一对应，模块的 hkeys 方法对应 hkeys 命令，模块的 hgetall 方法对应 hgetall 命令。在客户端 redis-cli 里通过对应命令查看，结果如下：

```
127.0.0.1:6379> type myfriend
hash
127.0.0.1:6379> hgetall myfriend
1) "name"
2) "lili"
3) "age"
4) "18"
127.0.0.1:6379> hkeys myfriend
1) "name"
2) "age"
```

5.4 本章小结

本章详细介绍了数据库相关知识以及在 Node.js 中如何使用模块操作数据库。计算机程序本质上就是处理数据，因此大部分软件系统都离不开数据库的支撑。以前只有后端程序员才会涉及数据库的操作，由于 Node.js 将 JavaScript 语言带入服务器端的开发中，因此前端人员也能轻易地使用 JavaScript 进行数据库的相关操作。

本章首先介绍了关系数据库 MySQL 的安装及其常用的操作命令，通过这些命令能够实现数据库及数据的常规管理工作，有了这些储备后，又讲解了在 Node.js 中如何使用 MySQL 模块通过代码的形式完成数据库的管理操作；接着介绍了非关系数据库 MongoDB 的安装以及客户端的常用命令，以及如何在 Node.js 中通过 MongoDB 模块操作 MongoDB 数据库；最后演示了 Redis 缓存数据库的安装及其常用的命令，以及在 Node.js 中如何通过 Redis 模块进行操作。

本章通过大量的示例对数据库的操作进行演示，希望读者能举一反三，为后续项目开发做好充分的准备。

第 2 篇
Node.js 开发主流框架

▶▶ 第 6 章　Express 框架

▶▶ 第 7 章　Koa 框架

▶▶ 第 8 章　Egg 框架

第 6 章　Express 框架

在前面的章节中我们学习了 Node.js 的内置模块，利用这些模块和第三方模块可以构建复杂的大型 Web 应用。为了提高开发效率，产生了很多第三方基于 Node.js 的 Web 开发框架，Express 就是其中经典的 Node.js 框架之一。

Express 是一款简洁而灵活的 Node.js Web 应用开发框架，它提供了一系列强大特性和 HTTP 工具用于快速创建各种 Web 应用。本章主要讲解 Express 框架的基础知识、路由、中间件以及如何编写 RESTfull API。

本章涉及的主要知识点如下：

- Express 框架：了解框架的由来、安装及其使用方法；
- 路由 Router：理解客户端的请求与服务器处理函数之间的映射关系；
- 中间件：掌握 Express 中间件的分类及实现自定义中间件的方法；
- 编写 RESTfull API：理解 Web 开发模式，通过示例演示如何编写 API 接口，以及如何实现前后端数据交互，然后介绍 Express 框架提供的常见 API。

注意：一般情况下真正进行项目开发时都采用框架，很少直接使用原生 Node.js。

6.1　Express 框架入门

本节首先介绍 Express 框架的基本概念，理解这些概念是学习和使用该框架的基础。了解 Express 框架的相关概念后再介绍如何安装 Express 框架，并通过示例代码演示 Express 框架的基本使用。完成本节内容的学习后，读者不仅可以编写简单的 RESTfull API 接口，而且可以掌握静态资源的托管方法。

6.1.1　Express 简介

Express 是什么？来看看官方的定义：Express 是基于 Node.js 平台的快速、开放、极简的 Web 开发框架。它是一个保持最小规模的灵活的 Node.js Web 应用程序开发框架，为 Web 和移动应用程序提供一组强大的功能；它提供了丰富的 HTTP 工具和中间件，可以快速、方便地创建强大的 API；它提供精简的基本的 Web 应用程序功能，但不会隐藏 Node.js 原生程序的高性能；它作为经典的 Node.js 框架之一，具有非常良好的生态。Express 的英文官网为 http://expressjs.com/，中文官网为 https://www.expressjs.com.cn/。

相信读者还记得 4.10 节讲到的 HTTP 模块，Express 框架的作用和 Node.js 内置的 http 模块类似，是专门用来创建 Web 服务器的。其实 Express 框架本质上就是 NPM 仓库上的一个第三方包，它提供了快速创建 Web 服务器的便捷方法。

Express 框架的作者曾提到他是得到 Sinatra 的启发才创建 Express 的，Sinatra 是一个基于 Ruby 的 Web 开发框架，致力于让 Web 开发变得更快、更高效和更易维护。Express 自然借鉴了这些优点，目前最新的稳定版是 4.18.1。

△注意：生产环境下建议使用 Express 4.x 版本，官网上可以看到 Express 5.x 处于 Alpha 版本，该框架已停止更新，其团队推出了新一代的 Koa 框架，具体将在第 7 章介绍。

Express 能做什么？使用 Express 可以便捷地创建 Web 网站的服务器和 API 接口的服务器。由于商业项目都采用前后端分离的开发模式，所以本节使用 Express 创建 API 接口的服务器。

6.1.2　Express 的基本用法

【本节示例参考：\源代码\C6\express】

由于 Express 是一个第三方 NPM 包，所以在使用前需要先创建项目并进行安装。接下来演示 Express 的安装及其基本使用。

1．安装Express

由于 Express 是基于 Node.js 的，所以需要先安装 Node.js 环境，而其在前面章节的介绍中我们已经安装过了，因此这里只需要创建项目，然后直接安装 Express 即可。

在 C6 目录下创建 express 目录并在 Visual Studio Code 中打开，在终端执行初始化项目命令 npm init，之后一直按 Enter 键将会生成 package.json 文件，后续安装的模块会自动记录到该文件中，如图 6.1 所示。

图 6.1　初始化项目

接下来安装 Express，在终端执行如下命令：

```
npm i express@4.17.2
```

以上命令将安装 Express 4.17.2 版本，如果不指定版本，则默认安装 NPM 仓库中可用的最新版。Express 在 NPM 仓库中的地址为 https://www.npmjs.com/package/express。安装成功后会自动记录到依赖列表中，如图 6.2 所示。

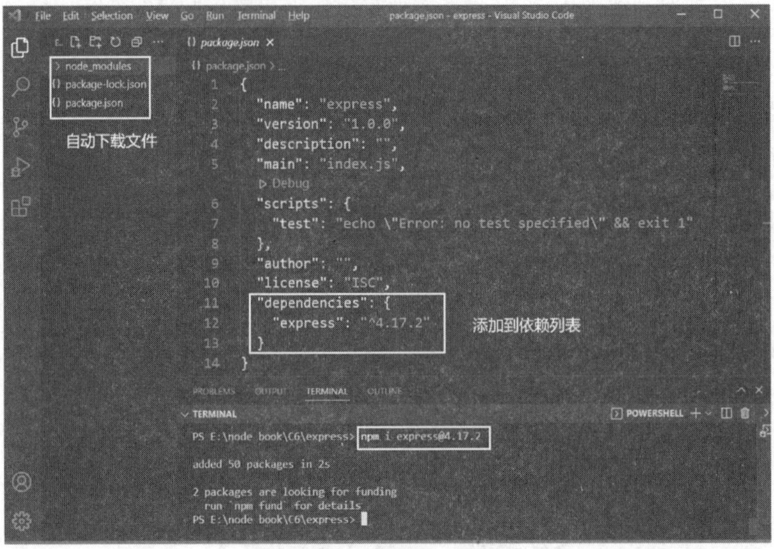

图 6.2 安装 Express 框架

> 注意：以上命令相当于 npm install@4.17.2，其中，i 是 install 的缩写，还可以包含参数--save 和--no-save。其中，--save 表示将 Express 依赖文件的版本信息保存到 package.json 文件中，其是默认选项，可以省略；--no-save 则表示临时安装 Express，不将其依赖添加到依赖列表中。

2. 创建基本服务器

安装 Express 之后，就可以创建文件了，可以使用 Express 框架提供的 API 创建应用。首先创建基本的服务器，创建 app.js 文件，其内容如下。

代码 6.1 基本服务器：app.js

```
//使用 Express 创建基本的服务器
//1. 导入 Express
const express = require('express');
//2. 创建 Web 服务器
const app = express();
//3. 启动服务器
app.listen(8080, () => {
    console.log('Express 服务器启动 http://127.0.0.1:8080');
})
```

以上代码首先通过 require 方法导入 Express 框架，然后通过 express 方法创建 Web 服务器，最后通过 listen 方法在 8080 端口启动 Web 服务器。在终端中执行 node app.js 命令即可启动服务器，此时在浏览器中通过地址 http://127.0.0.1:8080 访问该服务器将得不到结果，原因是代码中未实现响应 get 请求的方法。

3. 响应get请求

继续完善 app.js 文件，监听客户端的 get 请求，实现当客户端在浏览器中访问路径 index 的时候能得到响应。

代码 6.2　添加监听的get请求：app.js

```
//使用 Express 创建基本的服务器
//导入 Express
const express = require('express');
//创建 Web 服务器
const app = express();
//监听 get 请求
app.get('/index',(req,res)=>{
    res.send('index page');                          //发送响应内容给客户端
})
//启动服务器
app.listen(8080, () => {
    console.log('Express 服务器启动 http://127.0.0.1:8080');
})
```

运行程序后，在浏览器中访问地址 http://127.0.0.1:8080/index，输出 index page。在上面的代码中，通过 app.get 监听客户端的请求，当服务器端收到请求时，通过回调函数中的 response 对象返回客户端 index page 文字内容。

4. 响应post请求

继续完善 app.js，监听客户端的 post 请求，实现当客户端通过 post 请求路径 author 时向客户端返回用户信息。

代码 6.3　添加监听post请求：app.js

```
//使用 Express 创建基本的服务器
//导入 Express
const express = require('express');
//创建 Web 服务器
const app = express();
//监听 get 请求
app.get('/index', (req, res) => {
    res.send('index page');                          //向客户端发送响应内容
})
//监听 post 请求
app.post('/author', (req, res) => {
    res.send({
        name: '潘成均',
        age: 18,
        gender: '男',
        nick: '黑马腾云'
    })
})
//启动服务器
app.listen(8080, () => {
    console.log('Express 服务器启动 http://127.0.0.1:8080');
})
```

以上代码通过 app.post 监听客户端的 post 请求，当收到客户端的请求时，返回 JSON 对象数据，如图 6.3 所示。

图 6.3　测试并获取 JSON 数据

5．获取 URL 查询参数

当客户端以查询字符串的形式（如/login?name=panda）向服务器端接口发送数据时，需要通过 req.query 对象进行接收，默认情况下该对象为空，使用示例如下。

代码 6.4　接收查询参数：get-para1.js

```
//获取查询的字符串参数
const express = require('express');
const app = express();
app.get('/login', (req, res) => {
    //req.query默认是空对象,当客户端将查询字符串(本例为?name=黑马腾云)发送到服务器
      上时,可以通过 req.query 对象获取客户端传递的相应值
    console.log(req.query);                    //接收客户端发送的参数
    console.log(req.query.name);               //获取对象中参数的值
    res.send(req.query)
})
app.listen("8080", () => {
    console.log('server running at http://127.0.0.1:8080');
})
```

在上述代码中，通过 req.query 接收来自客户端的请求并获取查询参数中的值，当通过浏览器访问接口地址 http://127.0.0.1/login?name=panda 或通过 postman 工具进行测试时，可以看到 req.query 对象包含参选字符串中的参数值。注意，在使用 postman 工具进行测试时，查询参数通过 Params 进行指定，如图 6.4 所示。

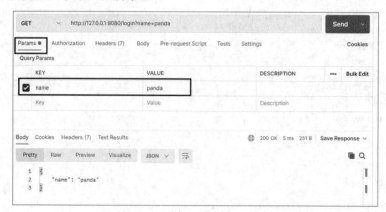

图 6.4　测试获取 URL 参数

6. 获取URL动态参数

当客户端以动态参数的形式（如/user/:id）向服务器端接口发送数据时，需要通过 req.params 对象进行接收，默认情况下该对象为空。

代码 6.5　接收动态参数：get-para2.js

```
//获取动态参数
const express = require('express');
const app = express();
//在URL地址中，可以通过(:参数名)的形式匹配动态参数的值
app.get('/userinfo/:id', (req, res) => {
    //req.params默认是一个空对象，当客户端以动态参数形式传值时，可以通过此对象取值
    console.log(req.params);
    console.log(req.params.id);
    res.send(req.params);
})
app.listen('8080', () => {
    console.log('server runnin at http://127.0.0.1:8080');
})
```

在上述代码中，通过 req.params 对象获取客户端以动态参数的形式发送到服务器端的数据。当在浏览器中访问 http://127.0.0.1:8080/userinfo/1 或在 postman 工具中进行测试时，表示通过动态参数的形式把 1 赋值给 id，这样在服务器端就会将 id 参数作为 req.params 的一个属性并赋值为 1，如图 6.5 所示。

图 6.5　测试获取 URL 动态参数

6.1.3　托管静态资源

6.1.2 节使用 Express 框架实现了简单的 Web 请求处理，实际上，Express 也可以只作为 Web 服务器托管编写好的静态 HTML 网页资源。

在 express 目录下新建 html 目录，并准备一个简单的 HTML 文件用于测试 Express 托管静态资源。HTML 文件很简单，其内容如下。

代码 6.6　托管静态页面：index.html

```
<!DOCTYPE html>
<html lang="en">
<head>
```

```
        <meta charset="UTF-8">
        <meta http-equiv="X-UA-Compatible" content="IE=edge">
        <meta name="viewport" content="width=device-width, initial-scale=1.0">
        <title>静态网页</title>
    </head>
    <body>
        这是一个静态网页
    </body>
</html>
```

此时运行示例 6.6 的 app.js 文件，在浏览器中访问地址 http://127.0.0.1:8080/或 http://127.0.0.1:8080/html/index.html 发现无法访问。如果希望能正常访问 index.html，则需要通过 express.static 方法来托管静态的 HTML 页面。修改 app.js 文件如下。

代码 6.7　托管静态资源：app.js

```
//使用 Express 创建基本的服务器
//导入 Express
const express = require('express');
//创建 Web 服务器
const app = express();
//托管静态资源
app.use(express.static('html'))
//监听 get 请求
app.get('/index', (req, res) => {
    res.send('index page');                    //响应内容给客户端
})
//监听 post 请求
app.post('/author', (req, res) => {
    res.send({
        name: '潘成均',
        age: 18,
        gender: '男',
        nick: '黑马腾云'
    })
})
//启动服务器
app.listen(8080, () => {
    console.log('express 服务器启动 http://127.0.0.1:8080');
})
```

此时重新执行 node app 命令，再次访问 http://127.0.0.1:8080 就可以正常打开 index.html 文件了，如图 6.6 所示。

图 6.6　静态资源托管

如果希望改变访问地址，如希望访问 http://127.0.0.1:8080/html，则需要在托管静态资源时指定访问前缀，命令如下：

```
app.use('/html',express.static('html'))
```

如果要托管多个目录下的静态资源，则多次调用 express.static 方法即可。当访问静态资源文件时，会根据目录的添加顺序查找所需的文件。

> **注意**：通过 Node.js 运行程序时，在修改程序后，需要手动停止 Node.js 程序，然后重新启动，修改才会生效。为了减少麻烦，可以安装 nodemon 插件，每当代码修改后该插件会自动重启程序。通过 npm i -g nodemon 命令可以进行全局安装，使用 nodemon 命令可以代替 node 命令。例如，执行 nodemon app 命令，在代码修改后，无须再手动重启程序即可生效。

6.2 Express 路由

前面讲解了 Express 响应 post 或 get 请求的方法，访问不同的接口需要得到不同的数据，这就需要指定客户端的请求与服务器处理函数之间的映射关系，这个映射关系称为路由。本节先讲解路由的基本概念，然后演示如何在 Express 中使用路由模块。

6.2.1 路由简介

路由从广义上讲就是映射关系。例如，在现实生活中拨打客服电话，按键与服务之间的映射关系就是一种路由；在 Express 中，路由指客户端的请求与服务器处理函数之间的映射关系。如代码 6.2 中的 get 请求就是一种路由，它包含 3 个组成部分，即请求类型、请求的 URL 地址和处理函数，格式如下：

```
app.METHOD(PATH,HANDLER)
```

其中，METHOD 指各种 HTTP 方法，如 get、post 等；PATH 指请求路径；HANDLER 指事件处理函数。这里在前面的示例基础上继续完善 app.js 文件，添加一个 /login 路由。

代码 6.8　继续添加路由：app.js

```
//使用 Express 创建基本的服务器
//导入 Express
const express = require('express');
//创建 Web 服务器
const app = express();
//托管静态资源
app.use(express.static('html'));
//添加登录路由
app.get('/login', (req, res) => {
   res.send('登录成功！');
})
//监听 get 请求
app.get('/index', (req, res) => {
```

```
        res.send('index page');                    //响应内容给客户端
    })
    //监听 post 请求
    app.post('/author', (req, res) => {
        res.send({
            name: '潘成均',
            age: 18,
            gender: '男',
            nick: '黑马腾云'
        })
    })
    //启动服务器
    app.listen(8080, () => {
        console.log('express 服务器启动 http://127.0.0.1:8080');
    })
```

通过 nodemon app 命令运行程序后,在浏览器中通过"/login"和"/index"可以访问不同的页面,这就是路由,如图 6.7 所示。

图 6.7 路由的使用

在浏览器中访问不同的路径时,如何做到自动匹配不同的处理函数呢?每当一个请求到达服务器时,需要先经过路由匹配,只有匹配成功才会调用对应的处理函数。在进行匹配时,会按照路由的顺序来匹配,如果请求类型和请求的 URL 同时匹配成功,则 Express 会将这次请求转交给对应的 function 函数进行处理,如图 6.8 所示。

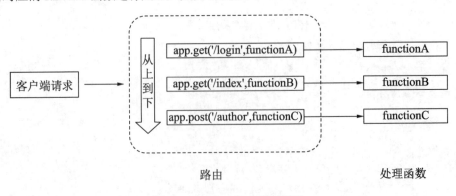

图 6.8 Express 路由匹配原理

6.2.2 路由的用法

前面介绍了路由的基本使用,为了简化说明,本节新建一个文件 routerdemo.js 进行演示,分别演示路由的简单用法和模块化路由。

1. 简单用法

在 Express 中使用路由最简单的方式就是像之前的示例一样,通过 app.get 或 post 等形式将路由挂载到 App 上,示例如下。

代码 6.9 简单路由:routerdemo.js

```
const express = require('express');
const app = express();
//直接挂载路由
app.get('/', (req, res) => {
    res.send('get 请求');
})
app.post('/', (req, res) => {
    res.send('post 请求')
})
app.listen(8080,()=>{
    console.log('server running at http://127.0.0.1:8080');
})
```

在上面的示例代码中,直接通过 App 挂载路由。运行程序后,在 postman 工具中分别通过 get 方式和 post 方式请求 http://127.0.0.1:8080 会得到不同的结果,如图 6.9 所示。

图 6.9 路由的基本使用

上面这种方法有个弊端,现代软件系统的业务复杂,对外提供了非常多的接口,这种情况下如果将全部接口直接挂载到 App 上,将会导致代码非常臃肿,难以维护。正如第 2 章讲解 Node.js 模块化一样,也可以将路由进行模块化。

2. 模块化路由

为了方便对路由进行模块化管理,Express 不建议将路由直接挂载到 App 上,而是推荐将路由抽离为单独的模块。将路由模块化需要两步:

(1) 创建单独的 JS 文件,通过 express.Router 函数创建路由对象,并在该路由对象上挂载具体的路由,最后通过 module.exports 将路由对象暴露出来供外部共享使用。

(2) 在主程序中通过 app.use 函数注册路由模块。

接下来通过模块化的方法改造代码 6.9,先创建单独的路由模块文件 router.js,其代码如下。

代码 6.10　路由模块：router.js

```javascript
const express = require('express');
const router = express.Router();                    //创建路由对象
router.get('/', (req, res) => {                     //挂载路由
    res.send('get 请求')
})
router.post('/', (req, res) => {                    //挂载路由
    res.send('post 请求')
})
module.exports = router;
```

在以上代码中先导入 Express 框架，然后调用其 Router 函数创建路由对象，通过路由对象挂载路由后将路由对象导出。接下来使用路由模块创建 routerapp.js 文件，其代码如下。

代码 6.11　使用路由模块：routerapp.js

```javascript
const express = require('express');
const app = express();
//1. 导入路由模块
const router = require('./router.js');              //后缀可以不写，但路径要正确
//2. 注册路由模块
app.use(router);
//支持添加前缀，访问地址为 http://127.0.0.1:8080/api
// app.use('/api',router);
app.listen('8080', () => {
    console.log("server running at http://127.0.0.1:8080");
})
```

上述代码先通过 reuire 导入自定义的路由模块，接着通过 app.use 函数注册路由模块，通过 nodemon routerapp 命令启动应用后，测试效果与代码 6.9 一样。由于将路由封装到了路由模块，使得主程序代码更加简洁、明了，便于维护。

> **注意**：app.use 函数还支持添加前缀，如 app.use('/api',router) 访问接口的地址为 http://127.0.0.1:8080/api。

6.3　Express 中间件

在 6.1.3 节的示例中，其实我们已经使用了 express.static 中间件，那么究竟什么是中间件？中间件有哪些分类？如何自定义实现中间件？本节主要阐述 Express 框架中的中间件概念及中间件的使用。

6.3.1　中间件简介

中间件（Middleware）特指业务流程的中间处理环节。中间件是一种功能封装方式，简单理解就是封装在程序中处理 HTTP 请求的功能，其表现形式就是函数，只不过此函数需要一个 next 函数作为参数。

1. 理解中间件

举一个现实生活中的例子。城市处理污水系统一般有多个处理环节，经过多次处理以确保最终的废水达到排放标准，如图 6.10 所示。

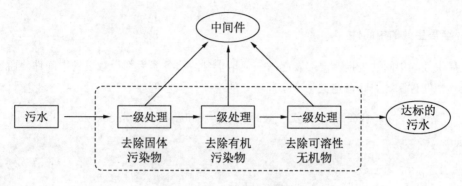

图 6.10　Express 中间件的原理

在图 6.10 中，处理污水的这 3 个中间处理环节就叫作中间件。对于中间件来说，输入是污水，经过一系列处理后输出为达到排放标准的污水，可以看到，每一步得到的污水都是上一个环节处理过的，也就是保存或者延续了上一个环节处理的结果和特性。

Express 中的中间件与此类似，当一个请求达到 Express 的服务器后，可以连续调用多个中间件，从而对这次请求进行预处理。Express 中间件的调用流程如图 6.11 所示。

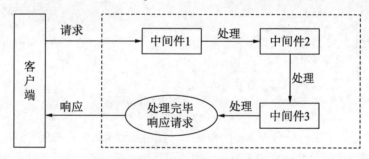

图 6.11　Express 中间件的调用流程

当请求依次经过多个中间件处理后，将最终结果响应给客户端。当一个中间件处理完业务时，怎么通知下一个中间件执行任务呢？这就需要一个机制用于在中间件之间传递通知消息，这就是 next 函数。

Express 的中间件本质上就是一个 function 处理函数，只不过此函数与普通的 JavaScript 函数有一些区别，中间件函数的形参列表中必须包含 next 参数，形如：

```
function(parm1,parm2,…,next){ 函数体 }
```

在 6.2 节中讲解路由时曾提到，路由本质上就是客户端请求路径与服务器端处理函数的映射关系，但是代码 6.9 中的路由处理函数不能称为中间件，只能称为路由处理函数，因为在该处理函数中未包含 next 参数。只需要在代码 6.9 基础上在处理函数中添加 next 参数并调用，即可改造为中间件。

⚠️ **注意**：中间件函数的形参列表中必须包含 next 参数，而路由处理函数中只包含 req 和 res。

next 函数的作用是什么呢？它是实现多个中间件连续调用的关键，表示把流转关系交给下一个中间件或路由。正是因为这样，图 6.11 中的中间件才能依次执行并将最终数据响应给客户端。

2. 全局生效的中间件

全局生效的中间件是指客户端发起的任何请求到达服务器后都会触发的中间件。通过调用 app.use（中间件函数）即可定义一个全局生效的中间件，示例如下。

代码 6.12　全局生效的中间件：global-middleware.js

```javascript
const express = require('express');
const app = express();
//1. 定义中间件函数
const mw = function (req, res, next) {
    console.log('这是一个简单的中间件函数');
    next();                                    //把流转关系转交给下一个中间件或路由
};
//2. 注册全局生效的中间件
app.use(mw);
//3. 定义路由
app.get('/', (req, res) => {
    console.log('调用了/路由');
    res.send('首页');
})
app.get('/login', (req, res) => {
    console.log('调用了/login 路由');
    res.send('登录页面');
})
app.listen('8080', () => {
    console.log("server running at http://127.0.0.1:8080");
})
```

上述代码中先定义了一个名为 mw 的中间件，在中间件函数中在控制台打印调用信息，接着调用 next 函数将流转关系转交给下一个中间件或路由，然后定了 2 个路由。程序运行后，在浏览器中分别访问 http://127.0.0.1:8080 和 http://127.0.0.1:8080/login，从控制台输出的信息中可以看到，无论访问哪个路由都会先执行中间件函数，接着才执行对应的路由处理函数，这就是全局生效的中间件。程序运行结果如下：

```
这是一个简单的中间件函数
调用了/路由
这是一个简单的中间件函数
调用了/login 路由
```

在定义全局中间件函数时，也可以一步完成，直接将匿名中间件函数作为参数传给 app.use 函数，代码如下：

```javascript
//全局中间件的简化写法
app.use((req, res, next) => {
    console.log('这是一个简单的中间件函数');
    next();                                    //把流转关系转交给下一个中间件或路由
})
```

当定义多个全局中间件时,执行顺序是怎样的呢?可以使用 app.use 函数连续定义多个全局中间件,客户端请求到达服务器之后,会按照中间件定义的先后顺序依次调用,读者可以自行尝试。

掌握如何定义全局中间件后,再来研究中间件究竟有什么作用。实际上,网络请求和响应可以看作一个管道,当用户通过管道发送请求时,根据业务需要,管道中可以有多个中间件对数据依次进行处理,处理完成后再响应给客户端。当多个中间件处理各自的业务时,就需要数据共享。实际上,请求对象和响应对象在同一个请求和响应之间是共享的,这样就可以在前面的流程中为这些对象设置属性,在后续的流程中取出属性值,达到数据共享的目的。

在日常开发中,我们需要知道服务器的响应时间,接下来通过例子演示如何通过中间件来记录每个请求到达服务器的时间。

代码6.13 记录服务器的响应时间:get-receivetime.js

```
const express = require('express');
const app = express();
app.use((req, res, next) => {
    const time = Date.now();        //获取请求到达服务器的时间
    req.startTime = time;           //将请求到达时间作为自定义属性 startTime 挂载到
                                    //  req 对象中,从而把时间共享给后面的所有路由
    next();                         //转交给下一个流程
})
app.get('/', (req, res) => {
    //获取中间件函数中设置的时间
    res.send('首页,服务器接收到的时间为: ' + req.startTime);
})
app.listen('8080', () => {
    console.log('server running at http://127.0.0.1:8080');
})
```

在上述代码中,通过 app.use 函数注册了一个全局中间件,在该中间件函数中记录了当前请求到达服务器的时间并将其作为 req 对象的自定义属性 startTime 记录下来,这样在后续的路由中,就可以直接通过 req 对象获取到该值,从而实现数据的共享。当在浏览器中访问路径时,就可以看到每次服务器接收到该请求的时间戳。

3. 局部生效的中间件

不使用 app.use 函数注册的中间件,叫作局部生效的中间件,使用时直接在需要的地方作为参数传入即可,示例如下。

代码6.14 局部中间件:local-middleware.js

```
const express = require('express');
const app = express();
//1. 定义局部中间件函数
const mw = function (req, res, next) {
    console.log('这是中间件函数');
    next();
}
//2. 使用中间件
//mw 这个中间件只在当前路由中生效,这就是局部生效的中间件
app.get('/', mw, (req, res) => {
    res.send('首页')
```

```
})
app.get('/login', (req, res) => {              //mw 这个中间件不会影响此路由
    res.send('登录页')
})
app.listen('8080', () => {
    console.log('server running at http://127.0.0.1:8080');
})
```

上述代码中定义了一个 mw 中间件并在首页的访问路由中注册使用，在登录页的路由中未注册使用，因此访问首页时可以看到执行了中间件，而访问登录页时并未执行中间件。

4．注意事项

在使用 Express 中间件时，需要注意以下几点：
- 一定要在路由之前注册中间件；
- 客户端发送过来的请求可以连续调用多个中间件进行处理；
- 执行完中间件的业务代码之后，不要忘记调用 next 函数；
- 当连续调用多个中间件时，多个中间件之间共享 req 和 res 对象；
- 为了防止代码逻辑混乱，在调用 next 函数之后不要再写其他代码。

6.3.2 中间件的分类

【本节示例参考：\源代码\C6\express\分类】

为了方便读者理解和记忆中间件的使用，Express 官方把常见的中间件分成了 5 类，接下来依次进行讲解。

1．应用级别的中间件

通过 app.use、app.get 或 app.post 函数绑定到 App 实例上的中间件叫作应用级别的中间件，示例如下。

代码 6.15　应用级别的中间件：app-mw.js

```
const express = require('express');
const app = express();
//1. 应用级别的中间件（全局中间件）
app.use((req, res, next) => {
    console.log('应用级别的全局中间件');
    next();
})
//2. 应用级别的中间件（局部中间件）
const mw = function (req, res, next) {
    console.log('中间件');
    next()
}
app.get('/', mw, (req, res) => {                          //局部中间件
    res.send('首页')
})
app.listen('8080', () => {
    console.log('server running at http://127.0.0.1:8080');
})
```

在上述代码中通过 app.use 和 app.get 注册使用了两个中间件，当程序运行时，在浏览器中访问地址，发现控制台执行了两个中间件。

2．路由级别的中间件

绑定到 express.Router 函数路由实例上的中间件叫作路由级别的中间件。它的用法和应用级别的中间件没有任何区别，只不过应用级别的中间件是绑定到 App 实例上，而路由级别中间件是绑定到 router 实例上，示例如下。

代码 6.16　路由级别的中间件：router-mw.js

```javascript
const express = require('express');
const app = express();
const router = express.Router();
//定义路由级别的中间件
//1. 全局路由生效
router.use((req, res, next) => {
    console.log('路由中间件');
    next();
})
router.get('/', (req, res) => {                     //会执行中间件
    res.send('首页')
})
router.get('/login', (req, res) => {                //会执行中间件
    res.send('登录页')
})
//2. 局部路由
// const mw = (req, res, next) => {
//     console.log('路由中间件');
//     next();
// }
// router.get('/', mw, (req, res) => {              //mw 中间件生效
//     res.send('首页')
// })
// router.get('/login',(req,res)=>{                 //mw 中间件不生效
//     res.send('登录页')
// })
app.use(router);
app.listen('8080', () => {
    console.log('server running at http://127.0.0.1:8080');
})
```

在上面的代码中,将中间件绑定到 router 实例上,则为路由级别的中间件。如果绑定到 router 对象上则所有的路由生效，如果绑定到 router 对象的具体方法上，则只有指定的路由才生效。例如上述代码中的注释部分，只有首页的路由绑定了 mw 中间件才会生效，登录路由不会执行中间件。

3．错误级别的中间件

错误级别的中间件是专门用来捕获整个项目中发生的异常错误，从而防止项目发生异常崩溃。错误级别的中间件要遵守固定格式，在其 function 处理函数中，必须包含 4 个形参，顺序从前到后分别为 err、req、res 和 next，示例代码如 6-17 所示。

代码6.17 错误级别中间件：err-mw.js

```javascript
const express = require('express');
const app = express();
//1. 定义路由
app.get('/', (req, res) => {
    throw new Error('模拟服务器内部发生了错误');
    res.send('首页');
})
//2. 定义错误级别的中间件
app.use((err, req, res, next) => {
    console.log(`捕获到程序发生了错误，错误信息为：${err.message}`);
    res.send(`发生错误:${err.message}`);
})
app.listen('8080', () => {
    console.log('server running at http://127.0.0.1:8080');
})
```

上述代码在路由中模拟抛出了一个异常错误，接着定义一个错误级别的中间件用于捕捉程序运行错误，在错误中间件中，当程序崩溃时进行一些必要的处理。运行程序后访问服务，可以看到控制台捕获到了错误信息。

> 注意：错误级别的中间件必须注册在所有路由之后。

4. Express内置的中间件

在 Express 4.0 之前的版本中捆绑了 Connet，它包含大部分常用的中间件，如 body-parser，这些中间件就像 Express 的一部分，使用起来非常简单，通过 app.use(express.bodyParser)就可以直接使用 body-parser 中间件。虽然这些插件使用简单，但是维护却相当麻烦，因为要维护这些插件的依赖项，所以在 Express 4.0 之后的版本中这些中间件被抽离出来成为单独的项目，甚至可以独立于 Express 框架进行发展。

自 Express 4.16.0 版本开始，Express 只有 3 个常用的内置中间件，这极大地提高了 Express 项目的开发效率和体验，它们分别是：

- express.static：用于快速托管静态资源（HTML 文件、图片、CSS 样式等），所有版本可用；
- express.json：用于解析 JSON 格式的请求体数据，仅在 Express 4.16.0 及之后的版本中可用；
- express.urlencoded：用于解析 URL-encoded 格式的请求体数据，仅在 Express 4.16.0 及之后的版本中可用。

在代码 6.7 中，我们使用了 express.static 方法来托管静态的页面，这些内置中间件的使用非常简单，直接通过 app.use 使用即可。接下来演示内置的 express.json 中间件的使用。

代码6.18 内置中间件json：json-mw.js

```javascript
const express = require('express');
const app = express();
//通过配置express.json中间件解析表单中的JSON格式数据
app.use(express.json())
app.post('/login', (req, res) => {
```

```
    //在服务器上可以使用req.body接收客户端发送的请求数据
    //默认情况下，如果不配置解析表单数据的中间件，则req.body默认等于undefined
    console.log(`接收到客户端数据：${req.body}`);
    console.log(req.body.name);          //打印接收到的对象的属性值
    res.send(req.body);                  //将接收到的数据返回至客户端
})
app.listen('8080', () => {
    console.log('server running at http://127.0.0.1:8080');
})
```

代码中通过app.use(express.json)来全局注册内置的JSON中间件，接着定义一个login路由，在路由处理函数中通过req.body接收客户端发送过来的JSON数据并解析。运行程序后，在postman工具中请求该路由并发送JSON格式的数据，如图6.12所示。

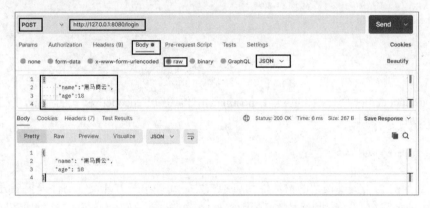

图6.12　Express内置中间件express.json的使用

此时观察控制台可以看到其接收到了postman发送过来的数据并成功解析。这里不难分析出express.json中间件的作用，该中间件用于将客户端发来的数据解析后挂载到req对象的body属性上，后续的路由或中间件就可以取出该值进行处理。这就是中间件存在的价值。

注意：如果未注册该中间件，则req.body为undefined。

从上面的示例中可以看到，通过中间件处理后，req.body可以接收JSON格式的数据，如果是url-encoded格式的数据呢？直接运行上述代码，然后在postman工具中传递url-encode格式的数据，如图6.13所示，运行后可以看到后端req.body无法接收。

图6.13　url-encoded格式数据无法使用express.json中间件接收数据

对于 url-encoded 格式的数据，这时候就需要内置的 express.urlencoded 中间件了，只需要通过 app.use(express.urlencoded({extended:false}))引入即可，示例如下。

代码 6.19　内置的中间件urlencoded：urlencoded-mw.js

```
const express = require('express');
const app = express();
//用于解析表单中 JSON 格式的数据
app.use(express.json());
//用于解析表单中 url-encoded 格式的数据
app.use(express.urlencoded({ extended: false }))
app.post('/login', (req, res) => {
    console.log(req.body);//req.body 可以接收 JSON 格式和 url-encoded 格式的数据
    console.log(req.body.name);
    res.send(req.body)
})
app.listen('8080', () => {
    console.log('server running at http://127.0.0.1:8080');
})
```

引入 urlencoded 中间件后，再次在 postman 中传递 url-encoded 格式的数据，就可以通过 req.body 接收了。

5．第三方中间件

Express 官方为了提高框架的灵活性和可维护性，允许第三方开发中间件来扩展程序功能，满足自身的业务需要。这些非官方内置的中间件叫作第三方中间件。在实际项目开发中，可以按需下载并配置第三方中间件，从而提高项目的开发效率。

前面提到，express.urlencoded 中间件是在 Expess 4.16.0 之后才添加的，因此在此之前的版本中要解析 url-encoded 格式的数据，可以使用第三方中间件 body-parser。接下来就使用该中间件来实现代码 6.17 的功能，示例如下。

> 注意：如果采用的是 Express 4.16.0 之后的版本，建议使用内置的 url-encoded 中间件，此例仅是演示第三方中间件的使用方法。

body-parser 中间件的使用流程如下（其他第三方中间件亦是如此）：

（1）通过 npm install body-parser 命令安装中间件。
（2）使用 require 导入中间件。
（3）通过 app.use 函数注册并使用中间件。

代码 6.20　第三方中间件body-parser：body-parser.js

```
const express = require('express');
const app = express();
//1. 导入 body-parser 解析表单数据
//用此中间件代替前面示例中内置的中间件 url-encoded
const parser=require('body-parser');
//2. 注册中间件
app.use(parser.urlencoded({extended:false}));
app.post('/login', (req, res) => {
    console.log(req.body);//req.body 可以接收 json 格式和 url-encoded 格式的数据
```

```
        console.log(req.body.name);
        res.send(req.body)
    })
    app.listen('8080', () => {
        console.log('server running at http://127.0.0.1:8080');
    })
```

代码 6.17 与代码 6.18 实现了相同的功能，可以看出，如果要使用第三方中间件则需要先安装。实际上 express.Urlencoded 中间件就是基于 body-parser 这个第三方中间件进一步封装的。

6.3.3 自定义中间件

Express 框架通过中间件来实现灵活的扩展功能，当内置的中间件或第三方的中间件不能满足需求时，需要自定义中间件。不同的中间件完成的功能不同，但定义步骤大致相同。前面的例子分别演示了 express.json 和 express.urlencode 中间件，本节通过自定义中间件实现解析 post 提交到服务器的表单数据的功能，步骤如下：

（1）定义中间件。
（2）监听 req 对象的 data 事件。
（3）监听 req 对象的 end 事件。
（4）使用 Node.js 的原生 querystring 模块解析请求体数据。
（5）将解析出来的数据对象挂载为 req.body。
（6）将自定义中间件封装为模块。

定义中间件，完成数据的接收，示例代码如下：

```
const express = require('express');
const app = express();
//定义中间件
app.use((req, res, next) => {
    let str = '';
    //监听 data 事件接收数据
    req.on('data', (block) => {
        str += block;
    });
    //监听 end 事件，数据接收完毕
    req.on('end', () => {
        console.log(str);            //查询字符串，形如 name=heimatengyun&age=18
        req.body=str;
        next();
    })
})
//定义路由
app.post('/login', (req, res) => {
    res.send(req.body)
})
app.listen('8080', () => {
    console.log('server running at http://127.0.0.1:8080');
})
```

在上述代码中，通过监听 req 对象的 data 事件来获取客户端发送到服务器的数据。如果数据量比较大，无法一次性发送完毕，则客户端会把数据切割后，分批发送给服务器。因此 data 事件可能会触发多次，每次触发 data 事件时，获取到的数据只是完整数据的一部分，需要手动对接收到的数据进行拼接。在请求体数据接收完毕之后，会自动触发 req 对象的 end 事件，因此可以在 end 事件中获得完整的请求体数据并进行处理。

此时使用 postman 工具向 login 路由发送 post 数据时，str 将得到一个查询字符串，形如 name=111&age=18。接下来为了将查询字符串解析为对象，就需要用到 Node.js 内置的 querystring 模块，该模块专门用于处理查询字符串，通过该模块提供的 parse 方法，可以轻松把查询字符串解析成对象格式。该模块的使用方法如下：

```javascript
//导入Node.js内置的querystring模块
const qs=require('querystring');
//利用querystring模块的parse方法，将查询字符串转化为对象
const body=qs.parse(str);
```

上游的中间件和下游的中间件及路由之间共享同一份 req 和 res，因此，发送的数据解析为对象后，还需要挂载为 req 对象的自定义属性并命名为 req.body 供下游使用。完整的代码如下。

代码6.21　自定义中间件：custom-mw.js

```javascript
const express = require('express');
const app = express();
//导入Node.js内置的querystring模块
const qs=require('querystring');
//定义中间件
app.use((req, res, next) => {
    let str = '';
    //监听data事件接收数据
    req.on('data', (block) => {
        str += block;
    });
    //监听end事件，数据接收完毕
    req.on('end', () => {
        console.log(str);    //查询字符串，形如 name=heimatengyun&age=18
        //利用querystring模块的parse方法将查询字符串转化为对象
        const body=qs.parse(str);
        req.body=body;
        next();
    })
})
//定义路由
app.post('/login', (req, res) => {
    res.send(req.body);
})
app.listen('8080', () => {
    console.log('server running at http://127.0.0.1:8080');
})
```

此时经过 postman 工具测试，可以得到解析后的对象值，如图 6.14 所示。

第 6 章　Express 框架

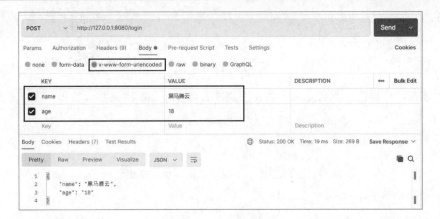

图 6.14　自定义中间件

至此，自定义中间件的函数功能就编写完成了。

为了优化代码结构，还可以把自定义中间件函数封装为独立的模块，通过 module.exports 暴露出去，自定义中间件模块代码如下。

代码 6.22　自定义中间件模块：custom-parser.js

```
//导入 Node.js 内置的 querystring 模块
const qs = require('querystring');
//定义中间件
function myParser(req, res, next) {
    let str = '';
    //监听 data 事件接收数据
    req.on('data', (block) => {
        str += block;
    });
    //监听 end 事件，数据接收完毕
    req.on('end', () => {
        console.log(str);          //查询字符串，形如 name=heimatengyun&age=18
        //利用 querystring 模块的 parse 方法将查询字符串转化为对象
        const body = qs.parse(str);
        req.body = body;
        next();
    })
}
module.exports = myParser;         //对外暴露自定义模块
```

在以上代码中，通过函数 myParser 封装功能并通过 module.exports 对外暴露，模块定义好后将在下面使用。

代码 6.23　使用自定义中间件模块：use-customparser.js

```
const express = require('express');
const app = express();
//1. 导入自定义中间件模块
//自定义模块名称，注意路径要准确，否则提示找不到模块。文件名可以不指定后缀
const myParser = require('./custom-parser');
//2. 使用自定义中间件模块
app.use(myParser);
//定义路由
app.post('/login', (req, res) => {
```

· 177 ·

```
    res.send(req.body)
})
app.listen('8080', () => {
    console.log('server running at http://127.0.0.1:8080');
})
```

在上述代码中直接引入自定义中间件模块并通过 app.use 定义全局使用，使得主文件代码更加简洁。

6.4 使用 Express 编写接口

本节先介绍目前主流的两种 Web 开发模式，以及 Express 如何在这两种模式中应用；接着演示如何通过 Express 框架编写 RESTfull API，这在目前主流的前后端分离的开发模式中应用非常广泛。编写 API 接口，必然会遇到跨域问题，本节也会讲解如何解决跨域问题以及不同开发模式下的身份认证问题，这些都是编写 API 接口必须要考虑的因素。

6.4.1 Web 开发模式

【本节示例参考：\源代码\C6\express\interface】

目前主流的 Web 开发模式分为两种：基于服务器端渲染（SSR）的 Web 开发模式和前后端分离的 Web 开发模式，它们各有优缺点，下面就对二者进行分析和比较。

1. 服务器端渲染

服务器端渲染是指服务器发送给客户端的 HTML 页面，是在服务器端通过字符串拼接动态生成的，因此不需要客户端使用 AJAX 这样的技术额外请求页面数据。服务器端渲染生成静态页面的示例如下。

代码 6.24　服务器端渲染：ssr.js

```
const express = require('express');
const app = express();
app.get('/', (req, res) => {
    //1. 要渲染的数据（一般从数据库中读取）
    const user = { name: '黑马腾云', age: 18 };
    //2. 在服务器端通过字符串拼接动态生成 HTML 内容
    const html = `<div>姓名:<span style="color:blue">${user.name}</span>,
年龄: <span style="color:green">${user.age}</span></div>`;
    //3. 把动态生成的页面响应给客户端
    res.send(html);
})
app.listen('8080', () => {
    console.log('server running at http://127.0.0.1:8080');
})
```

运行程序后，在浏览器中输入地址，可以看到直接显示出了页面。这种方法通常先根据业务逻辑得到页面需要展示的数据，然后直接组装拼接为静态页面返回给客户端。

基于服务器端渲染的开发模式有如下优点：

- 有利于 SEO。因为服务器端响应的是完整的 HTML 页面内容，所以使用爬虫更容易获取信息。
- 前端耗时少。因为服务器动态生成 HTML 的内容，浏览器只需要直接渲染页面即可。

基于服务端渲染的开发模式同样也存在缺点。

- 占用服务器端的资源。由于页面内容的拼接在服务器端完成，如果访问量大，则会对服务器造成访问压力。
- 开发效率低。这种方法不利于前后端分离，无法进行分工合作，尤其是针对前端复杂度高的项目，不利于项目高效、协同地开发。

2. 前后端分离

前后端分离的开发模式依赖于 AJAX 技术的广泛使用，在这种开发模式下，后端只负责提供 API 接口，前端使用 AJAX 调用接口获取数据并展示。目前这种开发模式是主流，前后端分离存在如下优点：

- 减轻服务器端的渲染压力。页面最终是在每个用户的浏览器中生成的，降低了服务器的压力。
- 用户体验好。AJAX 技术的使用极大提升了用户的体验，无须等待页面加载完成才显示页面，通过异步技术可以轻松实现页面的局部刷新。
- 开发体验好。前后端分离使得前端人员专注于 UI 页面的开发，后端人员专注于 API 功能的开发。

前后端分离模式的缺点是不利于 SEO。完整的 HTML 页面需要在客户端动态拼接完成，因此爬虫无法爬取页面的有效数据信息。当然市面上也存在一些对应的解决方案，如 Vue、React 等前端框架的 SSR 技术就是用于解决这个问题的。

3. 如何选择

既然服务器端渲染和前后端分离都各有优缺点，那么在实际项目开发时如何选择呢？任何事务都具有两面性，只有根据具体项目的业务场景进行选择。例如，管理后台的项目，交互性比较强且无须考虑 SEO，则推荐使用前后端分离的开发模式；如果是企业宣传网站，需要有良好的 SEO 并且网页的主要功能用于展示，没有复杂的交互，则推荐使用服务器端渲染的开发模式。

这两种开发模式并非二选一，有时候为了同时兼顾首页的渲染速度和前后端分离的开发效率，有的网站采用了首屏服务器端渲染+其他页面前后端分离的开发模式。

6.4.2 编写 RESTfull API

【本节示例参考：\源代码\C6\express\api】

通过前面的学习，读者或许已经掌握了 Express 框架的基本使用。本节编写一个简单的登录和获取用户信息的接口来巩固所学的基础知识，同时引申出在真实项目开发中必然会遇到的跨域问题，为后面的学习进行铺垫。

1. 编写基本的服务器

第一步：创建基本的服务器文件 app.js，代码如下：

```
const express = require('express');
const app = express();
//todo:引入路由模块
app.listen('8080', () => {
    console.log('sever running at http://127.0.0.1:8080');
})
```

2. 创建路由模块并使用

第二步：创建路由模块文件 router.js，并在路由对象上编写登录和获取用户信息的接口，代码如下：

```
const express = require('express');
//创建路由对象
const router = express.Router();
//挂载路由
//登录接口，接收 URL 路径参数
router.get('/login', (req, res) => {
    //获取用户输入
    const query = req.query;              //约定客户端通过查询字符串的方式传递值
    //响应数据给客户端
    //在实际项目中应获取前端传递的信息并查询数据库，此处简化
    let result = {
        status: 0,                        //状态
        msg: '服务器收到请求',             //消息
        data: query                       //数据
    }
    res.send(result);
});
//获取用户信息接口，接收 urlencoded 数据
router.post('/userinfo', (req, res) => {
    //获取用户输入
    const body = req.body;                //约定客户端通过 url-encoded 方式传输值，需要配
                                          //置 urlencoded 中间件，否则 body 为空对象
    //响应数据给客户端
    res.send({
        status: 0,
        msg: '收到数据',
        data: body         //如果 body 为空对象，则发送的对象不会包含 data 字段
    })
});
module.exports = router;
```

在上述代码中为了演示更多的知识点，约定 login 登录接口通过查询字符串的方式传值，userinfo 接口通过 urlencoded 方式传值。服务器端接收到用户端的数据后进行处理并响应。

> 注意：在实际项目开发中还需要对获取到的用户端数据进行校验，然后和数据库进行交互，最终将结果反馈给调用者。

路由模块创建好后，将其导入挂载到 App 上；由于 userinfo 接口采用了 urlencoded 方式传

值，所以还需要在 App 上绑定中间件用于解析数据，在 app.js 中添加如下代码：

```
//配置 urlencoded 中间件，用于解析 urlencoded 格式的数据
app.use(express.urlencoded({extended:false}))
//导入路由模块
const router = require('./router');
app.use('/api', router)
```

完整的 app.js 和 router.js 代码如下。

代码 6.25　服务器主文件：app.js

```
const express = require('express');
const app = express();
//配置 urlencoded 中间件，用于解析 urlencoded 格式的数据
app.use(express.urlencoded({extended:false}))
//导入路由模块
const router = require('./router');
app.use('/api', router)
app.listen('8080', () => {
    console.log('sever running at http://127.0.0.1:8080');
})
```

代码 6.26　路由模块：router.js

```
const express = require('express');
//创建路由对象
const router = express.Router();
//挂载路由
//登录接口，接收 URL 路径参数
router.get('/login', (req, res) => {
    //获取用户输入
    console.log(req.query);
    const query = req.query;         //约定客户端通过查询字符串的方式传递值
    //响应数据给客户端
    //在实际项目中应获取前端传递的信息并查询数据库，此处简化
    let result = {
        status: 0,                   //状态
        msg: '服务器收到请求',         //消息
        data: query                  //数据
    }
    res.send('1');
});
//获取用户信息接口，接收 urlencoded 数据
router.post('/userinfo', (req, res) => {
    console.log(req.body);
    //获取用户输入
    const body = req.body;           //约定客户端通过 url-encoded 方式传输值，需要配
                                     //置 urlencoded 中间件，否则 body 为空对象
    //响应数据给客户端
    res.send({
        status: 0,
        msg: '收到数据',
        data: body                   //如果 body 为空对象，则发送的对象不会包含 data 字段
    })

});
module.exports = router;
```

3. 使用工具调试接口

调试登录接口，由于 login 接口是通过 req.query 接收参数的，所以通过查询字符串的方式传入参数，在 postman 工具中测试的反馈结果表示数据获取成功，如图 6.15 所示。

图 6.15　接口调试

调试获取用户信息的接口，由于 userinfo 接口是通过 req.body 接收参数的，所以通过 urlencoded 方式传入参数，在 postman 工具中测试的反馈结果表示数据获取成功，如图 6.16 所示。

图 6.16　接口调试

6.4.3　跨域问题

前面已经完成了接口编写并在 postman 工具中测试通过。但在实际的项目开发过程中，需要前端页面通过代码的形式去访问以上接口，如果直接在代码中通过 AJAX 访问上述接口，则会出现跨域问题。

在解释什么是跨域之前,先来看一个例子。在当前目录下新建一个 HTML 页面,代码如下。

代码 6.27　访问接口页面:test-api.html

```html
<!DOCTYPE html>
<html lang="en">
<head>
    <meta charset="UTF-8">
    <meta http-equiv="X-UA-Compatible" content="IE=edge">
    <meta name="viewport" content="width=device-width, initial-scale=1.0">
    <title>测试接口</title>
    <!-- 引入jquery -->
    <script src="http://libs.baidu.com/jquery/2.0.0/jquery.min.js"></script>
</head>
<body>
    <input type="button" value="登录" onclick="login()">
    <input type="button" value="获取信息" onclick="getUserinfo()">
    <script>
        //登录
        function login() {
            $.ajax({
                url: 'http://127.0.0.1:8080/api/login',
                type: 'get',
                data: {
                    name: 'heimatengyun'
                },
                success: function (data) {
                    console.log(data);
                },
                error: function (jqXHR, textStatus, err) {
                    console.log(err);
                }
            })
        }
        //注册
        function getUserinfo() {
            $.ajax({
                url: 'http://127.0.0.1:8080/api/userinfo',
                type: 'post',
                data: {
                    name: 'panda'
                },
                success: function (data) {
                    console.log(data);
                },
                error: function (jqXHR, textStatus, err) {
                    console.log(err);
                }
            })
        }
    </script>
</body>
</html>
```

上述代码非常简单,在 HTML 页面中放置两个按钮,分别用于调用后台接口。本例中引入了 jQuery 框架,并通过 AJAX 方法完成与后端接口的数据交互。直接在浏览器中打开 HTML 文件,分别单击两个按钮,可以看到如下报错信息,如图 6.17 所示。

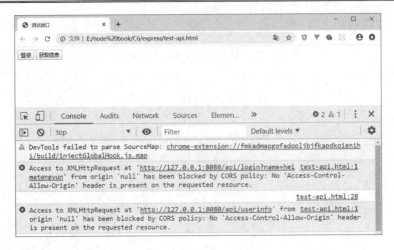

图 6.17　跨域报错信息

图 6.17 所示的就是跨域错误，说明刚才编写的登录注册的接口存在跨域请求问题。在分析具体的解决方案之前，先来看看跨域的概念。

1. 什么是跨域

上面的报错信息说明编写的接口存在问题：当使用 postman 工具进行测试时一切正常，当通过网页地址的形式进行访问时就会出现错误。二者的区别就在于是否使用浏览器，而网页是运行在浏览器中的，那么说明是浏览器的某种机制导致跨域报错。

这个机制就是浏览器的同源安全策略，它默认会阻止网页跨域获取资源，这就是问题的本质。那么浏览器如何判断请求资源是否跨域呢？自然是根据访问资源的协议，登录接口就是一个网络资源，访问方式为 http://127.0.0.1:8080/api/login，在这个访问方式中，http 表示协议，127.0.0.1 表示域名或地址，8080 表示端口，一个网络资源由这三部分进行定位，当以一个网络地址去访问另一个网络资源时，只要这两个网络资源中对应的这三部分中有任何一部分不同，那么都会存在跨域问题。

在上面的报错例子中，在浏览器中直接打开网页，其协议是 file 协议，而接口协议是 HTTP，因此属于跨域资源访问，示意如图 6.18 所示。

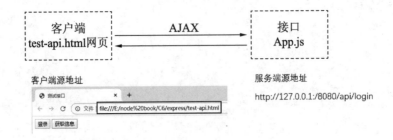

图 6.18　跨域资源访问示意

从报错信息中可以看到 CORS 字样，CORS（Cross-Origin Resource Sharing）表示跨域资源共享，它由一系列的 HTTP 响应头组成，这些 HTTP 响应头决定浏览器是否阻止前端代码跨域获取资源。

2. 如何解决跨域

从前面的示例中读者可能已经知道，跨域问题是由于浏览器的策略导致的，那么就有了解决问题的大方向：要么通过一些策略告知浏览器是可以跨域访问的；要么就不通过 AJAX 进行访问。按照这个思路，解决跨域问题主要有两种方案：CORS 和 JSONP。其中，CORS 是主流的解决方案，JSONP 的使用有局限性，只支持 get 请求。

方案一：CORS

由于浏览器默认的同源安全策略会阻止跨域获取资源，如果接口服务器配置了 CORS 相关的 HTTP 响应头，则可以解除浏览器端的跨域访问限制，示意如图 6.19 所示。

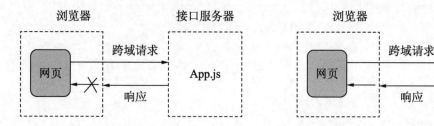

图 6.19　跨域产生的原理

使用 CORS 跨域资源共享时需要注意以下事项：

- CORS 主要在服务器端进行配置，客户端浏览器无须进行任何额外的配置即可请求开启 CORS 的接口。
- CORS 在浏览器中存在兼容性，只有支持 XMLHttpRequest Level 2 的浏览器，才能正常访问开启了 CORS 的服务器端接口，如 IE 10+、Chrome 4+、FireFox 3.5+。

注意：目前常用的主流浏览器几乎都支持 CORS。

了解了跨域的原理后，接下来就使用 CORS 来解决跨域问题。在 Express 框架中可以通过第三方中间件 CORS 来解决这个问题，无须编写额外的代码，执行如下步骤即可：

（1）安装中间件，命令为 npm install cors。
（2）导入中间件，命令为 const cors=require('cors')。
（3）配置中间件，在路由之前调用 app.use(cors())。

CORS 安装完成后，在 App.js 中添加如下代码即可：

```
//通过CORS中间件解决跨域问题
const cors=require('cors');
app.use(cors());
```

使用 CORS 中间件后，再次单击页面按钮，此时就可以成功获取接口服务器数据了，如图 6.20 所示。

可能有的读者又有疑问，CORS 是通过设置 HTTP 响应头来告知浏览器解除限制的，但我们并没有设置响应头，为什么就没有问题了呢？我们带着这个疑问来看下接口返回的响应头信息，如图 6.21 所示。

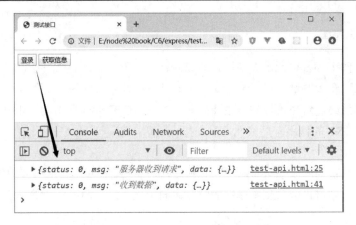

图 6.20　使用 CORS 中间件解决跨域

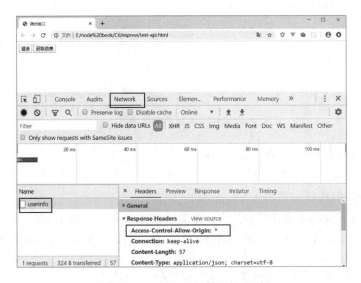

图 6.21　使用 CORS 插件后的响应头

可以看到，响应头中多了一个属性 Access-Control-Allow-Origin。其实就是刚才安装并使用的中间件 CORS 帮我们设置了 res 对象的响应头，告知浏览器解除限制。如果理解了这个原理，即使不用 CORS 中间件，直接在 userinfo 的接口中为 res 对象设置响应头也可以实现跨域，代码如下：

```
//设置响应头允许跨域
res.setHeader('Access-Control-Allow-Origin','*')
```

只是这样就需要为每个路由的 res 对象都设置响应头，而用 CORS 中间件是默认全局设置，无须自己再通过代码进行设置。

解决跨域问题后，再列出几个 CORS（跨域资源共享）相关的 HTTP 响应头，在实际项目中按需设置即可，常用的响应头如下。

1）Access-Control-Allow-Orign

语法：Access-Control-Allow-Orign：<origin> | *，origin 参数指定允许该资源的外域 URL，*表示所有外域都可以访问。例如，只允许百度网址访问接口，设置如下：

```
//设置响应头允许跨域
res.setHeader('Access-Control-Allow-Origin','http://www.baidu.com')
```

2) Access-Control-Allow-Headers

语法：Access-Control-Allow-Headers：<headers>，默认情况下 CORS 仅支持客户端向服务器发送 9 个请求头，分别是 Accept、Accept-Language、Content-Language、DPR、Downlink、Save-Data、Viewport-Width、Width、Content-Type（值仅限于 application/x-www-form-urlencoded、text/plain、multipart/form-data 三者之一），如果客户端向服务器发送了额外的请求头，则需要在服务器端通过 Access-Control-Allow-Headers 对额外的请求头进行声明，否则将导致本次请求失败。

下面的示例设置允许客户端额外发送 Content-Type 请求头和 X-Custom-Header 请求头，多个请求头之间使用英文逗号进行分隔。

```
//设置自定义请求头
res.setHeader('Access-Control-Allow-Headers','Content-Type,X-Custom-Header')
```

📞 思考：这种方式是在服务器端的 res 对象中设置允许客户端发送的请求头，那么客户端应该和服务器端交互几次呢？

3) Access-Control-Allow-Methods

语法：Access-Control-Allow-Methods：<methods>|*，默认情况下 CORS 仅支持客户端发起 get、post、head 请求。如果客户端希望通过 put、delete 等方式请求服务器的资源，则通过请求头来指明实际请求允许使用的 HTTP 方法。示例如下：

```
//允许所有的 HTTP 请求方法
res.setHeader('Access-Control-Allow-Methods','*')
//只允许 post、get、delete、head 请求方法
res.setHeader('Access-Control-Allow-Methods','post,get,delete,head')
```

至此，关于 CORS 的知识就介绍完了，细心的读者可能会有疑问：在第 2) 和第 3) 种情况下，为什么客户端和服务器端发生了二次请求？HTTP 请求是由客户端发起、服务端响应，针对以上默认的 HTTP 响应头来说很容易理解，但是针对上述第 2) 和 3) 中的特殊情况，如响应头包含自定义请求头或以 put 等其他方式请求服务器端资源，在这种情况下实际上客户端和服务器端需要进行二次交互，这就是预检请求。也就是说客户端在请求 CORS 接口时，根据请求方式和请求头的不同，可以分为简单请求和预检请求。只不过这些都是由浏览器发起，用户无须关心，如果有兴趣想深入了解的读者，可以和笔者进行探讨，在此不予更多介绍。

方案二：JSONP

什么是 JSONP？浏览器通过<script>标签的 src 属性，请求服务器上的数据，同时服务器返回一个函数调用，这种请求数据的方式就叫作 JSNOP。在使用 JSONP 方式时需要了解它的如下特性：

❑ JSONP 不属于真正的 AJAX 请求，因为它没有使用 XMLHttpRequest 这个对象。
❑ JSONP 仅支持 get 请求，不支持 post、put、delete 等请求。

实现 JSONP 接口大概可以分为以下 4 个步骤：

（1）获取客户端发送的回调函数的名称。
（2）根据业务逻辑得到将要通过 JSONP 形式发送给客户端的数据。

（3）根据第（1）步得到的函数名称和第（2）步得到的需要返回的数据拼接出一个函数调用的字符串。

（4）将拼接的字符串响应给客户端的<script>标签进行解析执行。

接下来在 Express 中按上述 4 个步骤实现 JSONP 跨域接口，创建 jsonp.js 文件，代码如下。

代码 6.28　JSONP跨域接口：jsonp.js

```javascript
const express = require('express');
const app = express();
//通过 JSONP 解决跨域问题
app.get('/api/jsonp', (req, res) => {
    //获取客户端发送的回调函数的名称
    const fun = req.query.callback;
    //得到需要返回给客户端的数据
    const data = {
        name: 'panda',
        age: 18
    }
    //组装函数调用的字符串
    const scriptStr = `${fun}(${JSON.stringify(data)})`;
    console.log(scriptStr);
    //将函数调用的字符串发送给客户端
    res.send(scriptStr);
});
app.listen('8080', () => {
    console.log('server running at http://127.0.0.1:8080');
})
```

在上述代码中通过 req.query.callback 获取客户端通过查询字符串发送给服务器的回调函数名称，并通过业务逻辑获取需要响应给客户端的数据，最终组装成函数调用字符串响应给客户端，这样客户端拿到的不是业务数据，而是客户端的回调函数调用的字符串。

/api/jsonp 接口返回给客户端的函数调用的实参就是后台组装的数据，这样在客户端回调函数中就能取得服务器端的数据了。接下来编写客户端代码进行测试，创建 test-jsonp.html 文件，代码如下。

代码 6.29　测试JSONP跨域：test-jsonp.html

```html
<!DOCTYPE html>
<html lang="en">
<head>
    <meta charset="UTF-8">
    <meta http-equiv="X-UA-Compatible" content="IE=edge">
    <meta name="viewport" content="width=device-width, initial-scale=1.0">
    <title>测试 JSONP 实现跨域</title>
</head>
<body>
    <script>
        function getData(data) {
            console.log(data);
        }
    </script>
    <!-- 方法 1　需要确保调用在 getData 函数声明之后 -->
    <script src="http://127.0.0.1:8080/api/jsonp?callback=getData"></script>
    <!-- 请求完成后等于直接调用函数，此时的函数是后端组装的参数，因此能直接取得数据 -->
```

```
    <!-- 等同于调用 getData({name:'panda',age:18}) -->
</body>
</html>
```

在上述测试代码中先定义本地客户端回调函数 getData，在此函数中将得到的数据在控制台打印；接着通过 Script 标签的 src 属性调用服务器端的 JSONP 跨域接口，并通过查询字符串的形式将本地回调函数传递给参数 callback。这样接口就可以通过 callback 接收到客户端的回调函数名称，然后组装数据并将函数调用转化为字符串响应给客户端，客户端浏览器可以直接执行回调函数，从而得到数据。

运行 jsonp.js，然后在浏览器中直接打开 test-jsonp.html 文件，可以在浏览器控制台看到得到了服务器端接口返回的函数，这样就实现了跨域资源访问。JSONP 简单理解就是利用<script>标签的 src 不受浏览器同源策略约束来实现跨域数据的获取。

以上就是 JSONP 的底层原理，上述代码在原生 JavaScipt 中手动在路径后添加了 callback 回调函数，而在 jQuery 中对很多原生的方法进行了封装，在其封装的$.ajax 方法中指定 dataType 属性的值为 JSONP 即可实现跨域。jQuery 封装了很多底层细节，使用起来非常简单，如果要理解底层原理，则需要深入阅读源码。

接下来演示通过 jQuery 的 AJAX 方法指定以跨域方式获取跨域资源，改造代码 test-api.html，在页面中添加获取 JSONP 的按钮，代码如下：

```
<input type="button" value="jsonp 获取信息" onclick="getUserinfoByJsonp()">
```

接下来定义函数，通过 AJAX 方法获取后端接口，代码如下：

```
//3. 通过 JSONP 实现跨域
        function getUserinfoByJsonp() {
            $.ajax({
                url: 'http://127.0.0.1:8080/api/jsonp',
                type: 'get',
                dataType: 'jsonp',            //指定跨域类型
                success: function (data) {
                    console.log(data);
                }
            })
        }
```

完整的 test-api.html 文件如下。

代码 6.30　测试跨域接口：test-api.html

```
<!DOCTYPE html>
<html lang="en">
<head>
    <meta charset="UTF-8">
    <meta http-equiv="X-UA-Compatible" content="IE=edge">
    <meta name="viewport" content="width=device-width, initial-scale=1.0">
    <title>测试接口</title>
    <!-- 引入 jQuery -->
    <script src="http://libs.baidu.com/jquery/2.0.0/jquery.min.js"></script>
</head>
<body>
    <input type="button" value="登录" onclick="login()">
    <input type="button" value="获取信息" onclick="getUserinfo()">
    <input type="button" value="jsonp 获取信息" onclick=
"getUserinfoByJsonp()">
```

```html
<script>
    //1. 登录 get 请求
    function login() {
        $.ajax({
            url: 'http://127.0.0.1:8080/api/login',
            type: 'get',
            data: {
                name: 'heimatengyun'
            },
            success: function (data) {
                console.log(data);
            },
            error: function (jqXHR, textStatus, err) {
                console.log(err);
            }
        })
    }
    //2. 注册 post 请求
    function getUserinfo() {
        $.ajax({
            url: 'http://127.0.0.1:8080/api/userinfo',
            type: 'post',
            data: {
                name: 'panda'
            },
            success: function (data) {
                console.log(data);
            },
            error: function (jqXHR, textStatus, err) {
                console.log(err);
            }
        })
    }
    //3. 通过 JSONP 实现跨域
    function getUserinfoByJsonp() {
        $.ajax({
            url: 'http://127.0.0.1:8080/api/jsonp',
            type: 'get',
            dataType: 'jsonp',                        //指定跨域类型
            success: function (data) {
                console.log(data);
            }
        })
    }
</script>
</body>
</html>
```

上述代码通过在 AJAX 方法中设置 dataType: 'jsonp'，实现跨域访问后端数据的接口。在浏览器中打开 test-api.html 页面，单击"jsonp 获取信息"按钮之后，可以看到在发送的网络请求中默认添加了 callback 属性，并且 jQuery 默认生成了一个回调函数名称，这样后端接口就可以接收到客户端的回调函数并把数据组装后返回，从而使客户端可以获得后端数据，如图 6.22 所示。

> **注意**：要实现跨域，本质上需要服务器端支持，如果后端不支持，即使请求时设置为 JSONP 方式也无法实现跨域。

至此，实现跨域的两种方案介绍完毕。需要注意的是，如果项目中已经配置了 CORS，为了防止冲突，必须在配置 CORS 中间件之前声明 JSONP 接口，否则 JSONP 接口会被处理为开启了 CORS 的接口。

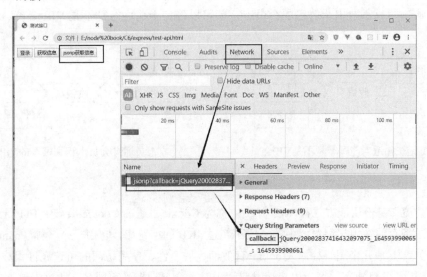

图 6.22　使用 JSONP 解决跨域问题

6.4.4　身份认证

前面编写的接口只要知道接口 URL 地址的人都可以调用，但在实际项目中，有的接口只能有权限的账号才能调用，这就是所谓的需要身份认证。

那么什么是身份认证呢？身份认证（Authentication）又称身份验证、鉴权，是指通过一定的手段，完成对用户身份的确认。在日常生活中，如手机密码解锁、银行卡支付密码、动车验票乘车等都是身份认证的例子；在软件系统中，各个网站的手机验证码登录、二维码扫码登录、账号密码登录等都涉及用户身份的认证。

为什么需要身份认证呢？身份认证的目的就是为了确认当前用户的真实性。例如去取快递时，要通过取件码才能取到属于自己的包裹。同样，在互联网项目开发中，如何对用户的身份进行认证，也是一个值得深入思考的问题。例如银行系统要通过身份认证确保某人的存款金额不会错误地显示到其他人的账户上。

前文提到目前流行的两种 Web 开发模式，不同的开发模式采用的身份认证方式有所不同，对于服务器端渲染的开发模式推荐使用 Session 认证机制；对于前后端分离的开发模式推荐使用 JWT 认证机制。

1. Session认证机制

HTTP 与 TCP 不同，它是无状态的，客户端的每次 HTTP 请求都是独立的，连续多个请求之间没有直接的关系，服务器不会主动保留每次 HTTP 请求的状态。理解 HTTP 的无状态性是学习 Session 认证机制的前提。

类似的例子在生活中很常见，假如你是一家大型超市的收银员，如何知道当前结账的顾客是不是VIP会员呢？或许你脑海里第一时间想到的是"会员卡"。是的，对于超市来说，为了方便收银员在进行结算时给VIP顾客打折，超市可以为每个VIP顾客办理会员卡，这样顾客每次购物时只需要出示自己的会员卡，就可以确定当前顾客是不是VIP会员，如图6.23所示。

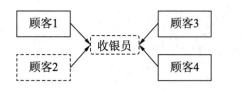 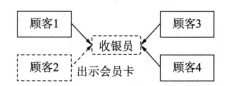

收银员无法知道当前顾客是不是VIP会员　　　收银员通过会员卡识别顾客的VIP身份

图 6.23　会员卡认证机制

以上会员卡身份认证方式在 Web 开发中称为 Cookie，通过 Cookie 突破 HTTP 无状态的限制。Cookie 是存储在用户浏览器中的一段不超过 4KB 的字符串，它由一个名称（name）、一个值（value）和其他几个用于控制 Cookie 有效期、安全性、使用访问的可选属性组成。不同域名下的 Cookie 各自独立，每当用户端发起请求时，会自动把当前域名下所有未过期的 Cookie 一同发送给服务器。

Cookie 具有自动发送、域名独立、过期时限、4KB 限制的特性。在谷歌浏览器中访问百度，可以看到百度服务器发送了相应 Cookie 信息给浏览器，浏览器将其存储到本地，如图 6.24所示。

图 6.24　浏览器发送 Cookie 信息

Cookie 信息存储到本地后，下次请求时浏览器会自动将这些信息发送给百度服务器，以便用于服务器端识别用户身份，如图 6.25 所示。

从这个例子中可以看出 Cookie 在身份认证中的作用，当客户端第一次向服务器发送请求时，服务器通过响应头的形式向客户端发送一个身份认证的 Cookie，客户端会自动将 Cookie 保存到浏览器中。之后，当客户端浏览器每次向服务器发送请求时，浏览器会自动将身份认证相关的 Cookie 通过请求头的形式发送给服务器，服务器即可验证客户端的身份。常规的用户登录流程如图 6.26 所示。

图 6.25　浏览器请求携带 Cookie 信息

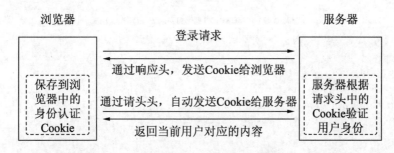

图 6.26　用户登录时 Cookie 在认证中的作用

在这种认证方式中，Cookie 的作用等同于会员卡，但是 Cookie 是存储在本地浏览器中，而且浏览器也提供了读写 Cookie 的 API，因此不具备安全性，很容易被伪造。因此不建议服务器将重要的隐私数据通过 Cookie 形式发送给浏览器。

为了提高身份认证的安全性，当客户端亮明身份，还需要在服务器端进行验证，这种"会员卡+刷卡认证"的设计理念就是 Session 的认证机制原理，如图 6.27 所示。

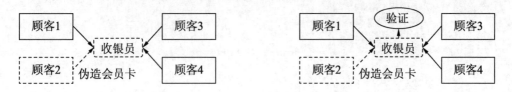

图 6.27　会员卡的 Session 机制

Session 还是依赖于 Cookie 实现的，只不过在服务器端多了认证流程，其原理如图 6.28 所示。

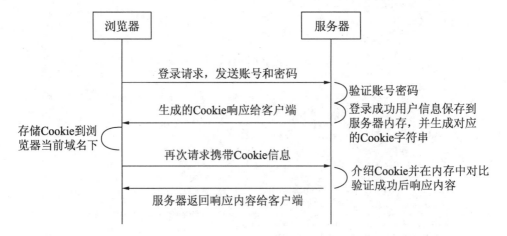

图 6.28　Session 认证机制

在明白 Session 的认证机制后，就可以通过代码进行实现了。在 Express 框架中，可以使用 experss-session 中间件来简化开发。新建 session 目录并创建 session.js 文件，在该文件中创建服务器并实现登录、注册和注销 3 个接口，示例如下。

代码 6.31　Session 身份认证：session.js

```
const express = require('express');
const app = express();
//托管静态资源
app.use(express.static('pages'));    //需要托管 pages 下的页面保证在同一个域中
//解析 urlencoded 数据
app.use(express.urlencoded({ extended: false }));
//跨域
const cors = require('cors');
app.use(cors());
//1. 导入 Session 中间件
const session = require('express-session');
//2. 配置中间件
app.use(session({
    secret: 'heimatengyun',              //密钥，可以是任意字符串
    resave: false,                       //固定写法
    saveUninitialized: true              //固定写法
}));
//登录接口，用于将用户信息存储到 Session 中
app.post('/login', (req, res) => {
    console.log(req.body);
    if (req.body.username == 'admin' && req.body.pwd == '123456') {
        console.log(req.body);
        //登录成功，用户信息存在服务器端 Session 中
        req.session.user = req.body;         //用户信息
        req.session.isLogin = true;          //登录状态
        res.send({ status: 1, msg: '登录成功' })
    } else {
        return res.send({ status: 0, msg: '账号密码错误,登录失败' })
```

```
    }
})
//获取用户信息接口,用户从Session中读取数据
app.get('/userinfo', (req, res) => {
    if (!req.session.isLogin) {           //判断用户是否登录
        return res.send({ status: 0, msg: '未登录' })
    }
    res.send({ status: 1, msg: '获取成功', username: req.session.user.username })
})
//退出接口,用于清除Session数据
app.post('/logout', (req, res) => {
    req.session.destroy();                //清空当前客户端对应的Session信息
    res.send({
        status: 1,
        msg: '退出成功'
    })
})

app.listen('8080', () => {
    console.log('server running at http://127.0.0.1:8080');
})
```

在上述代码中,使用 express-session 中间件通过 npm install express-session 命令安装并使用此插件后,会自动在 req 对象上挂载一个 Session 属性,通过此属性可以将用户数据存储在服务器端,从而实现 Session 身份认证。定义 login 登录接口,接收用户通过 urlencoded 方式发送的数据并将其保存到 Session 中;getuserinfo 接口用于从 Session 中获取用户信息并响应给客户端;logout 接口用于清除 Session 数据。

接口编写完成后就可以对接口进行测试,检验 Session 的认证功能了。接下来使用两种方法进行测试。

先通过 postman 工具进行测试。当未调用登录接口时,直接调用获取用户信息的接口,由于此时 Session 中无内容,所以会看到无法获取信息,如图 6.29 所示。

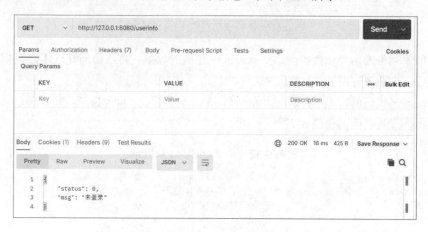

图 6.29　未登录无法获取信息

调用登录接口并输入正确的用户名和密码,可以得到登录成功的信息,此时在服务器端已经将用户信息存储在 Session 中,如图 6.30 所示。

图 6.30　登录成功

登录成功后，再测试获取用户接口，可以看到从 Session 中成功读取出用户信息，如图 6.31 所示。

图 6.31　登录成功获取 Session 信息

此时如果调用退出登录接口清除 Session 中存储的数据，再次访问获取用户数据接口会发现获取失败，这充分证明了 Session 的认证机制。

接下来通过代码的形式进行验证。在 session 目录下新建 pages 目录，并新建登录页面和首页两个页面，登录页面的代码如下。

代码 6.32　登录页面：login.html

```html
<!DOCTYPE html>
<html lang="en">
<head>
    <meta charset="UTF-8">
    <meta http-equiv="X-UA-Compatible" content="IE=edge">
    <meta name="viewport" content="width=device-width, initial-scale=1.0">
    <title>登录</title>
    <!-- 引入 jQuery -->
    <script src="http://libs.baidu.com/jquery/2.0.0/jquery.min.js"></script>
</head>
```

```html
<body>
    <div>
        用户名：<input type="text" id="username">
        密码：<input type="password" id="pwd">
        <button onclick="login()">登录</button>
    </div>
    <script>
        function login() {
            let username = $('#username').val();
            let pwd = $('#pwd').val();
            $.ajax({
                url: 'http://127.0.0.1:8080/login',
                type: 'post',
                data: {
                    username: username,
                    pwd: pwd
                },
                success: function (data) {
                    console.log(data);
                    if (data.status === 1) {              //登录成功调整页面
                        window.location.href = 'index.html'
                    } else {
                        alert(data.msg)
                    }
                },
                error: function (jqXHR, textStatus, err) {
                    console.log(err);
                }
            })
        }
    </script>
</body>
</html>
```

在登录页面中，通过 jQuery 的 AJAX 调用刚才定义好的登录界面，如果登录成功则跳转到 index.html 页面，否则给出提示信息。接下来在首页中调用获取用户信息的接口，代码如下。

代码 6.33　首页：index.html

```html
<!DOCTYPE html>
<html lang="en">
<head>
    <meta charset="UTF-8">
    <meta http-equiv="X-UA-Compatible" content="IE=edge">
    <meta name="viewport" content="width=device-width, initial-scale=1.0">
    <title>首页</title>
    <!-- 引入 jQuery -->
    <script src="http://libs.baidu.com/jquery/2.0.0/jquery.min.js"></script>
</head>
<body>
    <p>这是首页</p>
    <button onclick="logout()">退出</button>
    <script>
        //退出登录
        function logout() {
            $.ajax({
                url: 'http://127.0.0.1:8080/logout',
                type: 'post',
                success: function (data) {
                    console.log(data);
```

```
            },
            error: function (jqXHR, textStatus, err) {
                console.log(err);
            }
        })
    }
    //获取用户信息
    function getUserinfo() {
        $.ajax({
            url: 'http://127.0.0.1:8080/userinfo',
            type: 'get',
            success: function (data) {
                console.log(data);
                if (data.status === 0) {                    //未登录
                    let msg = data.msg;
                    confirm(msg);                           //弹出提示框
                    window.location.href = 'login.html';    //跳转到登录页面
                } else {
                    alert(`${data.msg},用户名：${data.username}`)
                }
            },
            error: function (jqXHR, textStatus, err) {
                console.log(err);
            }
        })
    }
    window.onload = getUserinfo;
</script>
</body>
</html>
```

在首页的页面中，页面加载完成时调用服务器端获取用户信息的接口获得用户名，如果未获得信息则跳转到登录页面。同时页面通过调用退出接口实现退出登录功能。

页面写好后，需要在 session.js 中将静态资源托管出去，以便于接口和页面的访问地址在同一个域内。首次访问首页会提示未登录，如图 6.32 所示。

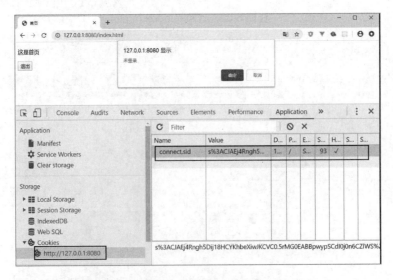

图 6.32　服务器端生成会话 ID 发送给客户端

当客户端浏览器首次访问服务器资源时，服务器端会自动生成一个会话 ID 并发送给客户端，客户端将其存储在浏览器的 Cookies 中，服务器端以此来标识客户端。单击"确定"按钮，进入登录页面，如图 6.33 所示。

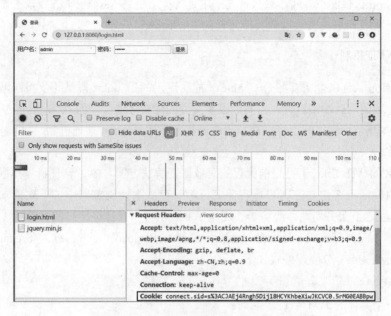

图 6.33　在浏览器请求头中添加会话 ID

可以看到，在请求登录页面时，浏览器默认在请求头中加上了第一次访问时的会话 ID。在登录页面输入正确的账号、密码并登录成功后，跳转到首页。在浏览器中新开一个选项卡直接访问首页地址，可以看到能成功获取到用户信息，说明服务器端成功认证了当前用户的身份，如图 6.34 所示。

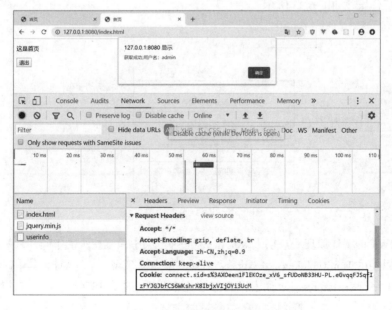

图 6.34　Session 认证成功

此处的 Cookie 就相当于会员卡，而服务器端的 Session 就相当于刷卡认证。通过会员卡+

刷卡认证的机制来确认客户端用户的身份。

> **注意**：Session 认证有个弊端，默认情况下不能跨域名进行 Session 共享。读者可以通过不设置托管页面而是直接打开页面的形式进行验证。

2. JWT认证机制

由于 Session 认证机制需要配合 Cookie 才能实现，并且 Cookie 默认不支持跨域访问，所以，当涉及前端跨域请求后端接口时，需要做很多额外的配置才能实现跨域 Session 认证。在选择认证方案时，如果前后端交互不存在跨域问题则推荐使用 Session 认证机制，否则建议使用 JWT 认证机制。

JWT（JSON Web Token）是目前流行的跨域认证解决方案。JWT 认证机制是服务器端生成 Token 字符串发送给客户端，客户端将该字符串保存到本地浏览器中，下次请求时将其通过 HTTP 请求头发送给服务器端，服务器端还原 Token 字符串来认证用户的身份。

JWT 通常由三部分组成，分别是 Header（头部）、Payload（有效荷载）、Signature（签名），三者之间使用英文点号分隔，格式如下：

```
Header.Payload.Signature
```

以下是一个具体的 JWT 字符串示例：

```
//服务器端生成的 Token 字符串
eyJhbGciOiJIUzI1NiIsInR5cCI6IkpXVCJ9.eyJ1c2VybmFtZSI6ImhlaW1hdGVuZ3l1bi
IsImlhdCI6MTY0NjMxNTg3NywiZXhwIjoxNjQ2MzE1OTA3fQ.z3zLbUBY14FwzeTVtooz0l
GjnLlZm2_7UOAlfD2IgRQ
```

在 JWT 的三个组成部分中，Payload 部分才是真正的用户信息，它是用户信息经过加密之后生成的字符串，Header 和 Signature 是安全性相关的部分，只是为了保证 Token 的安全性。

JWT 的工作原理如图 6.35 所示。

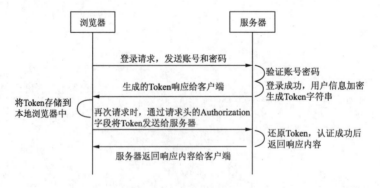

图 6.35 JWT 的工作原理

理解了 JWT 的工作原理后，接下来就在 Express 框架中通过相关的中间件来实现 JWT。在 Express 中可以使用 Jsonwebtoken 和 Express-jwt 两个中间件实现 JWT 认证，其中，Jsonwebtoken 用于生成 JWT 字符串，Express-jwt 用于将 JWT 字符串解析还原为 JSON 对象。通过以下命令安装：

```
npm install jsonwebtoken express-jwt
```

和使用其它第三方中间件一样，安装之后在文件中导入对应的包就可以使用相关功能了。新建 jwt 目录并新建文件 jwt.js，代码如下。

代码6.34　JWT认证：jwt.js

```javascript
const express = require('express');
const app = express();
//配置中间件用于接收urlencoded表单数据
app.use(express.urlencoded({ extended: false }));
//1. 导入用于生成JWT字符串的包
const jwt = require('jsonwebtoken');
//2. 导入用于将客户端发送过来的JWT字符串，解析还原成JSON对象的包
const expressJWT = require('express-jwt');
//3. 定义密钥.
const secretKey = 'heimatengyun';
//4. 注册中间件
app.use(expressJWT({
    secret: secretKey,
    //Express-jwt 6.0.0及其之后的版本需要配置此属性，设置算法
    algorithms: ['HS256'],
    credentialsRequired: true    //设置为false就不进行校验了，游客也可以访问
}).unless({
    //不需要验证的接口，即设置JWT认证白名单
    path: [
        '/login'                 //可以设置多个
    ]
}));
//登录接口
app.post('/login', (req, res) => {
    const userinfo = req.body;  //接收通过url-encoded发送的表单数据
    //生成JWT
    const token = jwt.sign({ username: userinfo.username }, secretKey,
{ expiresIn: '30s' });
    res.send({
        status: 200,
        msg: '登录成功',
        token: token
    })
})
//获取用户信息，需要权限
app.get('/getUserInfo', (req, res) => {
    console.log(req);
    res.send({
        status: 200,
        msg: '获取成功',
        data: req.user
    })
});
//全局错误处理中间件
app.use((err,req,res,next)=>{
    if(err.name==='UnauthorizedError'){
        return res.send({
            status:401,
            msg:'无效的Token'
        })
    }
    return res.send({
        status:500,
        msg:'未知错误'
    })
})
```

```
app.listen('8080', () => {
    console.log('server running at http://127.0.0.1:8080');
})
```

> 注意：笔者使用的 Express-jwt 版本为 6.1.1，不同版本的语法稍有不同。

在代码中定义了 login 登录接口和 getUserInfo 获取用户信息接口，在登录接口中获取用户端发送的登录信息并通过 Jsonwebtoken 中间件的 sign 方法生成 JWT 字符串，登录成功后将该字符串发送给客户端。这样下次客户端请求 getUserInfo 接口时，就需要在请求头中带上该 JWT 字符串，服务器端接收到请求后就会使用 Express-jwt 插件解析，解析成功后会自动挂载到 req 对象的 user 属性上，因此可以直接通过 req.user 获取用户信息并响应给客户端。如果该插件解析失败则可以通过错误中间件进行处理，未携带 JWT 字符串或 JWT 字符串过期，会得到 UnauthorizedError 错误。

运行上述代码后，在 postman 工具中进行测试，当直接访问获取用户信息接口时，由于未得到 Token 值，因此得不到用户数据，如图 6.36 所示。

图 6.36　未登录无 Token 信息

接下来调用登录接口，输入账号信息，可以看到服务器端生成了 Token 值并返回给客户端，如图 6.37 所示。

图 6.37　获取 Token 信息

接下来再用此 Token 值作为请求头再次请求获取用户信息接口，可以看到服务器端返回了用户信息，因此服务器端解析 Token 成功，成功认证了用户，如图 6.38 所示。

图 6.38　通过 Token 获取用户信息

需要注意的是，在 HTTP 请求头 Authorization 字段中，传输 Token 时需要加上 Bearer 字符串，并用空格与 Token 值隔开。在响应信息中可以看到自动添加了 iat 和 exp 字段，用于记录 Token 的过期时间。

工具测试通过后，我们在代码里进行测试，本次测试在跨域的情况下进行，因此改造上述 jwt.js，引入 CORS 中间件解决跨域问题，代码如下：

```
//跨域支持
const cors = require('cors');
app.use(cors());
```

接下来，在页面中放置两个按钮，分别用于登录和获取用户信息，代码如下。

代码 6.35　JWT认证验证：jwt.html

```
const express = require('express');
<!DOCTYPE html>
<html lang="en">
<head>
    <meta charset="UTF-8">
    <meta http-equiv="X-UA-Compatible" content="IE=edge">
    <meta name="viewport" content="width=device-width, initial-scale=1.0">
    <title>测试 JWT</title>
    <!-- 引入 jQuery -->
    <script src="http://libs.baidu.com/jquery/2.0.0/jquery.min.js"></script>
</head>
<body>
    <button onclick="getUserinfo()">获取用户信息</button>
    <button onclick="login()">登录</button>
    <script>
        //获取用户信息
        function getUserinfo() {
            let token = localStorage.getItem('token');
            if (token == null) {
                alert('请先登录')
                return;
            }
            let tokenStr = `Bearer ${token}`;//需要在 Token 前添加 Bearer 标识
            $.ajax({
```

```
            url: 'http://127.0.0.1:8080/getUserInfo',
            type: 'get',
            beforeSend: function (xhr) {  //添加 Authorization 请求头
                xhr.setRequestHeader('Authorization', tokenStr)
            },
            success: function (data) {
                console.log(data);
            }
        })
    }
    //登录
    function login() {
        $.ajax({
            url: 'http://127.0.0.1:8080/login',
            type: 'post',
            data: {
                username: 'heimatengyun',
                password: '000000'
            },
            success: function (data) {
                if (data.status === 200) {
                    console.log(data.token);
                    //将 token 存储在 localhost 中
                    localStorage.setItem('token', data.token)
                }
            }
        })
    }
</script>
</body>
</html>
```

在登录方法中调用服务器端登录接口，将获取的 JWT 字符串保存到本地 localStorage 对象中；在获取用户信息接口中获取 localStorage 中的 Token 值，接着将其携带到 HTTP 请求头的 **Authorization** 字段中发送给服务器端，服务器接口验证成功后返回用户信息给客户端。当使用与服务器不同的端口访问页面时，如果可以正常使用，则说明 JWT 可以跨域使用。先单击"登录"按钮，再单击"获取用户信息"按钮，可以看到将 Token 值以请求头形式发送给了服务器端，如图 6.39 所示。

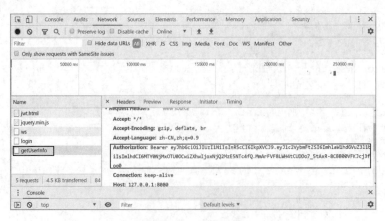

图 6.39　JWT 跨域使用

同时，在浏览器本地也可以看到存储的 Token 值，如图 6.40 所示。

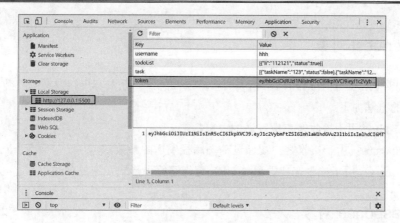

图 6.40 JWT 认证

至此，JWT 认证的使用方法就介绍完毕。

6.5 常用的 API

正如官网定义的 Express 是基于 Node.js 平台的快速、开放、极简的 Web 开发框架一样，Express 非常简约，仅封装了 Web 核心功能，但开发者可以通过中间件的形式扩展功能，因此其使用非常灵活，能满足各种复杂的业务场景。本节介绍 Express 框架内置的对象和常用的 API。

6.5.1 模块方法

Express 模块提供了一系列方法，这些方法本质上是中间件函数，调用方法这些可以完成很多基本功能，安装 Express 框架并导入包后就可以直接调用这些方法了，具体包括：
- express 方法：用于创建 Express 应用程序。
- express.json 方法：基于 body-parser 中间件，用于解析用户数据为 JSON 对象。
- express.Router 方法：用于创建路由对象，通过路由对象可以更好地对系统按模块进行管理。
- express.static 方法：用于托管静态资源，包括 HTML 网页文件、样式文件及图片资源等。
- express.urlencoded 方法：基于 body-parser 中间件，用于接收用户表单数据。

6.5.2 Application 对象

Application 对象表示 Express 框架的实例对象，通过 express 方法创建，该对象包含一系列属性、事件和方法，常用的方法（或函数）如下：
- app.get：用于定义 HTTP 的 get 方法，匹配到路径后执行制定的回调函数。
- app.listen：用于启动服务器。
- app.post：用于定义 HTTP 的 post 方法。
- app.use：用于将中间件挂载到 App 实例上。

6.5.3 Request 对象

Request 对象封装了 HTTP 请求相关的客户端信息，如获取客户端发送的参数和请求头信息等，常用的方法如下：
- req.body：用于接收客户端发送的表单数据。
- req.params：用于接收客户端通过动态路径发送的参数。
- req.query：用于接收客户端通过 URL 查询字符串形式发送的参数。

6.5.4 Response 对象

Response 对象封装了 HTTP 响应客户端的方法，如向客户端发送响应数据和重定向等，常用的方法如下：
- req.send：向客户端响应数据信息。
- req.end：结束与客户端的响应。
- req.render：渲染视图并将对应的 HTML 字符串响应发送给客户端。

6.5.5 Router 对象

路由中间件创建的路由实例封装了 HTTP 相关的路由方法，常用的方法如下：
- router.METHOD：METHOD 包含 post、get、put 等，用于处理对应的 HTTP 请求。
- router.use：路由对象使用指定的中间件。

6.6 本章小结

本章详细介绍了 Express 框架相关的基本概念。Express 框架本质上是一个基于 Node.js 的插件，封装了 HTTP 相关的方法，因此可以快速、高效地创建 Web 程序。它除了内置的对象和 API 以外，还可以通过中间件的形式扩展功能，这种方式既保证了框架本身的灵活性，又能方便地根据业务需要使用中间件扩展功能。

本章首先通过简单的示例演示了如何通过 Express 框架快速创建 HTTP 接口，以及如何处理常见的 post 和 get 请求及参数获取等问题，除了接口开发，还可以通过内置的中间件 express.static 托管静态资源；接着介绍了 Express 中的 Router 路由中间件，通过路由中间件，可以将复杂的业务系统按功能和路由进行模块化，然后又介绍了 Express 中常见的中间件分类以及如何实现自定义中间件，通过这些中间件可以快速扩展框架功能。

在 6.4 节中讲解了如何通过 Express 编写 RESTfull 风格的 API，并仔细分析了项目开发中一定会遇到的跨域问题和身份认证问题，这是开发商业项目必须掌握的技能，因此需要读者多加练习。本章的最后介绍了框架内置的几个对象和常用的 API，这些也是需要读者了解的。

本章通过大量的实例对 Express 框架相关的知识点进行了演示，希望读者能在实际项目开发中灵活运用。

第 7 章 Koa 框架

第 6 章详细讲解了 Express 框架及其中间件的使用，作为老牌的基于 Node.js 的 Web 应用开发框架，其一度占据市场主流份额。但随着 JavaScript 新版本的发布，尤其是 ES 6 以后的版本引入了非常多的新特性（Async 和 Await 等异步方案），Express 官方团队发现继续在 Express 框架上改造变得困难，因此推出了新一代基于 Node.js 的 Web 开发框架 Koa。

Koa 由 Express 原班人马打造，致力于成为 Web 应用和 API 开发领域中一个更小、更富有表现力、更健壮的 Web 开发框架。Koa 没有捆绑任何中间件，而是提供了一套优雅的方法来快速编写服务器端应用程序，本章主要讲解 Koa 与 Express 框架的异同以及 Koa 2 框架的具体使用。

本章涉及的主要知识点如下：

- Koa 的发展：了解 Koa 诞生的原因、发展过程及其与 Express 的异同；
- Context 对象：掌握 Koa 核心上下文对象及其属性和 API；
- 路由使用：学会使用路由中间件解决路由匹配及传值方法；
- 中间件：通过示例演示如何使用中间件，并深入分析 Koa 中间件的洋葱模型与 Express 中间件模型的区别；接着介绍 koa-static 等常见第三方中间件的使用。

注意：本章主要使用 Koa 2 框架，它支持 Async 和 await，因此 Node.js 版本至少在 7.6 以上。

7.1 Koa 简介

本节首先介绍 Koa 的基本概念及其发展过程，理解这些概念是学习使用 Koa 的基础。了解 Koa 的概念后，通过示例代码演示如何创建第一个 Hello World 程序，分析 Koa 与 Express 的区别，为后续更好地学习 Koa 打下基础。

7.1.1 Koa 框架的发展

Web 开发一直是 Node.js 的主流方向，无论新人必学的 Express 和 Koa 框架，还是社区流行的企业级框架 Egg 和 Nest，各类框架层出不穷。现代的 Web 开发不管使用何种语言都离不开 Web 框架，Web 框架通常具有 RESTfull API、数据库 CRUD 操作、页面渲染、身份校验等功能，提供了高效开发 Web 程序的方式。与此同时，Web 框架也存在适用场景和规则约束问题，因此随着技术更新和需求变化，框架也会不断地推陈出新。

在具体介绍 Koa 框架的发展之前，先回顾整个 Node.js 框架的发展阶段，可以分为 3 个阶段：框架起步期、企业架构期和面向前端期。

1. 框架起步期

2009 年 Node.js 发布以来，2010 年 Express 框架发布，2013 年 Koa 框架发布，这个时期的前端工程师主要是对框架进行尝鲜和验证 Node.js Web 应用场景的可行性，还不敢在业务上做太多的尝试和落地。因此，起步阶段的框架主打轻量和简洁。

经过多年的发展，现在回头去看，这一阶段框架的优点是简单、易学，易于集成，Express 框架非常容易集成到 Nest 和 Webpack 框架中，Koa 框架容易集成到 Egg 和 Midway 框架中，生态比较繁荣；但缺点也比较明显，即缺乏规范和应用场景，不利于团队协作和大规模开发。

2. 企业架构期

2014 年到 2017 年，Node.js 规模化落地，主打企业级框架和架构。与此同时，专业的 Node.js 工程师岗位出现，开发讲究规模化和团队协作化。这个阶段主要出现的框架有 Nest、Egg、Midway，但大多数以 Express 和 Koa 框架作为基础框架进行封装。这些框架的优点是大而全，功能完善，易于团队协作，社区生态也非常活跃；缺点是由于大而全导致上手成本高，限制多，难扩展。

3. 面向前端期

自 2016 年之后，Node.js 逐渐发展成熟、完善，前端工程师人数急速增加。这个阶段主打面向前端框架的设计，简洁和轻量，主要框架是 Next.js 和 Nuxt.js。这些框架主要来自前端全栈开发，支持 Serverless 部署，容易学习；但后端功能较弱。

与此同时，Midway 作为企业级开发框架，在技术选型上采用了 TypeScript+IoC+Egg，经过架构的演进，使用云原生给前端赋能，使得前端开发降本增效。云+端的开发模式将成为主流研发模式。

从上文可以看出，Express 和 Koa 诞生于 Node.js 框架的起步期，但是经过多年的发展 Express 生态已经非常完善，而 Koa 作为新一代的 Web 框架使用量也稳步上升。截至本书完稿时，Express 周安装量 2 200 万次，Koa 的周安装量大概 120 万次，虽然 Express 安装量依然领先于 Koa，但 Koa 作为新一代的 Web 框架，采用了 ES 6+新语法，在异步处理方面具有明显的优势。

Koa 自发布以来，一直紧随 JavaScript 新版本的步伐，当前的最新版本为 2.13.4。Koa 的内部原理和 Express 很像，但是 Koa 的语法和内部结构进行了升级，Koa 使用 ES 6 编写，主要特点是通过 Async 函数解决回调地狱问题。Koa 1 是基于 ES 2015（即 ES 6）的 generator 函数结合 co 模块，而 Koa 2 则完全抛弃了 generator 和 co 模块，升级为 ES 2017（ES 8）中的 Async/await 函数。

正是由于 Koa 内部基于最新的异步处理方式，所以使用 Koa 处理异常更加简单。Koa 没有捆绑任何中间件，而是提供了一套优雅的方法，帮助开发者快速地编写服务器端的应用程序。很多框架和开发工具都是基于 Koa 的，如 Egg 和 Vite 等。

7.1.2 创建 Hello World 程序

【本节示例参考：\源代码\C6\koa】

由于 Koa 是一个第三方的 NPM 包，因此在使用前需要先创建项目并进行安装。接下来演示 Koa 的安装及其基本使用。

1. 安装 Koa

由于 Koa 是基于 Node.js 的，所以需要先安装 Node.js 环境，建议不要使用过早的版本，由于前面已经安装过 Node.js 了，因此这里只需要创建项目，然后直接安装 Koa 即可。

在 C7 目录下创建 koa 目录并在 Visual Studio Code 中打开，在终端执行初始化项目命令 npm init -y，生成 package.json 文件，后续安装的模块会自动配置到该文件中。

接下来安装 Koa，在终端中执行如下命令：

```
npm i koa
```

默认安装最新版本的 Koa，安装成功后会自动将依赖添加到 package.json 文件中。

> **注意**：安装时一定要注意版本问题，这里安装的版本是 Koa 2。

2. 创建基本服务器

完成 Koa 框架的安装后，在根目录下创建 helloworld.js 文件，使用 Koa 框架提供的 API 创建应用，首先创建基本的服务器，示例如下。

代码 7.1　基本服务器：helloworld.js

```javascript
//使用 Koa 创建 Hello World 程序
//1. 引入 Koa 框架
const Koa = require('koa');
//2. 创建 Koa 实例
const app = new Koa();
//3. 使用中间件
app.use(async (ctx, next) => {
    ctx.body = "hello world";
})
//4. 启动监听
app.listen(8080, () => {
    console.log('server running at http://127.0.0.1:8080');
})
```

以上代码首先通过 require 导入 Koa 框架，然后通过 Koa 方法创建 Web 服务器，通过 app.use 定义一个能响应内容的中间件，该中间件通过设置 Context 对象的 body 属性响应客户端内容，最后通过 listen 方法在 8080 端口启动 Web 服务器。在终端执行 node helloworld 命令即可启动服务器，此时在浏览器中输入地址 http://127.0.0.1:8080 访问该服务器，可以在浏览器中看到 Hello World 的输出。

对比第 6 章的代码 6.1 可以发现，Express 和 Koa 这两个框架在编写代码时存在一些差异，下面将进行简单对比。

7.1.3　Koa 与 Express 的区别

虽然 Express 和 Koa 都出自同一个团队，但是二者在语法上存在一些差异。Express 框架历史更久，文档完整，生态更加丰富；Koa 框架相对较新，采用了 ES 6+的新语法，生态还在逐渐完善，目前总体使用量不及 Express，但其是未来的发展趋势。

总体来说 Koa 与 Express 框架有以下区别：
- 采用的 JavaScript 版本不同，Express 的语法较老，Koa 采用 ES 6+版本的新语法。
- 启动方式不同，在 Express 中采用函数形式创建应用，而在 Koa 中通过 new Koa 方式创建应用。
- 中间件机制不同，Express 中间件采用"流水线式"从上一个中间件到下一个中间件依次调用，Koa 则采用洋葱模型，中间件从外到内，再从内到外进行调用。
- Koa 没有回调，Express 有回调。Express 和 Koa 最明显的差别就是 Handler 的处理方法，一个是普通的回调函数，一个是利用生成器函数（Generator Function）来作为响应器。换句话说就是 Express 是在同一个线程上完成当前进程的所有 HTTP 请求，而 Koa 利用 co 模块作为底层运行框架，利用 Generator 的特性，实现"协程响应"。

虽然 Koa 与 Express 框架在语法上存在一些差异，但是二者的整体思路还是大同小异的，在后续内容中将会对 Koa 框架的知识进行具体介绍。

7.2 Context 上下文对象

7.1 节通过 Koa 框架创建了一个最简单的 Web 程序并向浏览器输出信息，与 Express 框架不同，Koa 通过设置 Context 对象的 body 属性来指定返回的内容。Context 对象是框架的核心，封装了很多相关的属性和 API，本节将介绍 Context 上下文对象常见的属性和 API。

7.2.1 Context 上下文

Context 是 Koa 封装的上下文对象，将原生 Node.js 的 Request 和 Response 对象封装到单独的对象中，并为编写 Web 应用和 API 提供了许多方法。每个请求都将创建一个 Context，并在中间件中作为接收器引用，示例如下：

```
app.use(async ctx => {
    ctx;                 //这是Context
    ctx.request;         //这是Koa Request
    ctx.response;        //这是Koa Response
});
```

Context 上下文对象常见的 API 如表 7.1 所示。

表 7.1 Context上下文对象常见的API

API	功 能 说 明
ctx.req	Node.js的Request对象
ctx.res	Node.js的Response对象，绕过Koa的Response是不被支持的
ctx.request	Koa的Request对象
ctx.response	Koa的Response对象
ctx.app	应用程序实例引用

续表

API	功 能 说 明
ctx.cookies.get	获取Cookie
ctx.cookies.set	设置Cookie
ctx.throw	用来抛出一个包含.status属性错误的帮助方法，其默认值为500，这样Koa就可以适当地给予响应

为方便起见，许多上下文的访问器和方法直接委托给 ctx.request 或 ctx.response。例如，ctx.type 和 ctx.length 委托给 Response 对象，ctx.path 和 ctx.method 委托给 Request 对象。也就是说 ctx.path 等于 ctx.request.path，详见 Koa 官网。

7.2.2 Request 对象

Koa Request 对象是在 Node.js 的原生请求对象之上的抽象，提供了诸多对 HTTP 服务器开发有用的功能，常见的 API 如表 7.2 所示。

表 7.2　Koa Request对象常见的API

API	功 能 说 明
request.header	请求头对象，这与node http.IncomingMessage上的headers字段相同
request.header=	设置请求头对象
request.headers	请求头对象，别名为requst.header
request.headers=	设置请求头对象，别名为request.header=
request.method	请求方法
request.method=	设置请求方法，对于实现诸如methodOverride方法的中间件是有用的
request.length	返回请求内容的长度，如果值存在则为数字，否则为undefined
request.url	获取请求的URL
request.url=	设置请求URL，对URL重写有用
request.originalUrl	获取请求的原始URL
request.origin	获取URL的来源，包括protocol和host
request.path	获取请求路径名
request.path=	设置请求路径名，并在存在时保留查询字符串
request.querystring	根据"?"获取原始查询字符串
request.querystring=	设置原始查询字符串
request.search	使用"?"获取原始查询字符串
request.search=	设置原始查询字符串
request.host	当request.host对象存在时获取主机hostname:port，当app.proxy为true时支持X-Forwarded-Host，否则使用host
request.hostname	当request.hostname存在时获取主机名，当app.proxy是true时支持X-Forwarded-Host，否则使用host。如果主机是IPv6，Koa解析到WHATWG URL API，注意这可能会影响程序性能
request.URL	获取WHATWG解析的URL对象

续表

API	功能说明
request.type	获取请求Content-Type，不含charset等参数
request.charset	当request.charset对象存在时获取请求字符集，或者undefined
request.query	获取解析的查询字符串，当没有查询字符串时，返回一个空对象。请注意，此getter不支持嵌套解析，如color=red&size=big解析为{color:"red", size:"big"}
request.query=	将查询字符串设置为给定对象，注意不支持嵌套对象。例如ctx.query={next:"/login"}
request.fresh	检查请求缓存是否"新鲜"，也就是内容没有改变。此方法用于If-None-Match / ETag、If-Modified-Since和Last-Modified之间的缓存协商。在设置一个或多个这些响应头时应该引用它
request.stale	与request.fresh相反
request.protocol	返回请求协议，HTTPS或HTTP，当app.proxy为true时支持X-Forwarded-Proto
request.secure	通过ctx.protocol=="https"来检查请求是否通过TLS发出
request.ip	请求远程地址，当app.proxy是true时支持X-Forwarded-Proto
request.is(types)	检查传入请求是否包含Content-Type消息头字段，并且包含任意的mime type。如果没有请求主体，则返回null。如果没有内容类型或者匹配失败，则返回false，反之则返回匹配的Content-Type
request.socket	返回请求套接字
request.get(field)	返回请求头，field不区分大小写

7.2.3 Response 对象

Koa Response 对象是在 Node.js 的原生响应对象之上的抽象，提供了诸多对 HTTP 服务器开发有用的功能，常见的 API 如表 7.3 所示。

表 7.3 Koa Response对象常见的API

API	功能说明
response.header	响应头对象
response.headers	响应头对象，别名是response.header
response.socket	响应套接字，作为request.socket指向net.Socket实例
response.status	获取响应状态，默认情况下，response.status设置为404而不是像Node.js的res.statusCode那样默认为200
response.status=	通过数字代码设置响应状态，如404对应not found，具体的响应代码查看Koa官网
response.message	获取响应的状态消息，默认情况下response.message与response.status关联
response.message=	将响应的状态消息设置为给定值
response.length=	将响应的Content-Length设置为给定值
response.length	如果存在，则以数字形式返回响应内容的长度
response.body	获取响应主体
response.body=	设置响应体，如果response.status未被设置，Koa将会自动设置状态为200或204

续表

API	功 能 说 明
response.get(field)	不区分大小写获取响应头字段值field
response.has(field)	如果当前在响应头中设置了由名称标识的消息头，则返回true。消息头名称匹配不区分大小写
response.set(field,value)	设置响应头field到value
response.append(field,value)	用值val附加额外的消息头field
response.set(fields)	用一个对象设置多个响应头fields
response.remove(field)	删除标头field
response.type	获取响应Content-Type，不含Charset等参数
response.type=	通过mime字符串或文件扩展名设置响应Content-Type
response.redirect()	执行302重定向到URL
response.attachment	将Content-Disposition设置为附件以提示客户端下载
response.headerSent	检查是否已经发送了一个响应头，用于查看客户端是否会收到错误通知
response.lastModified	如果response.lastModified存在，则Last-Modified消息头返回为Date
response.flushHeaders()	刷新任何设置的消息头，然后是主体body

注意：详细参数请参考Koa官网。

7.3 Koa路由

第6章详细讲解了Express框架中的路由，在Koa框架中，路由的使用方法大致相同，但也存在一些差异。Express框架内部提供了路由支持，而在Koa框架中需要使用第三方路由插件。本节就介绍Koa框架中的路由使用。

7.3.1 路由的基本用法

Koa是轻量级框架，没有绑定任何中间件。因此要实现路由功能，需要通过Context对象的path实现，示例如下。

代码7.2　自定义实现路由：customRouter.js

```
//自定义路由
const Koa = require('koa');
const app = new Koa();
app.use(async ctx => {
    const path = ctx.path;                    //获取请求路径
    if (path === "/") {
        ctx.body = "首页"
    } else if (path === "/login") {
        ctx.body = "登录页"
    } else {
        ctx.body = "404 not found"
    }
```

```
})
app.listen(8080, () => {
    console.log("server running at http://127.0.0.1:8080");
})
```

在上面的代码中通过 ctx.path 获取请求路径,根据请求地址进行不同内容的响应来实现路由功能。通过 node 命令运行上述代码后,在浏览器中访问不同路径可以得到不同的结果。

但在实际开发过程中,这种实现方式比较烦琐,因此 Koa 官方提供了 koa router 中间件,官方地址为 https://github.com/koajs/router,按照说明安装后即可使用。

首先通过 npm i @koa/router 命令安装路由组件,其次在文件中引入该中间件并创建路由对象,最后配置路由,示例如下。

代码 7.3 使用 koa router 组件实现路由:koaRouter.js

```
//koa router 路由中间件
const Koa = require('koa')
const Router = require('@koa/router');                  //引入路由组件
const app = new Koa();
const router = new Router();                            //创建路由组件
router.get('/', ctx => {                                //配置 get 路由
    ctx.body = 'get 请求'
})
router.post('/', ctx => {                               //配置 post 路由
    ctx.body = 'post 请求'
})
router.get('/users', ctx => {
    ctx.body = '用户列表'
})
app
    .use(router.routes())                               //将路由挂载到路由实例
    .use(router.allowedMethods())
app.listen(8080, () => {
    console.log('server running at http://127.0.0.1:8080');
})
```

在上述代码中引入了 koa router 路由中间件,通过 new Router 创建路由实例 router,并在 router 对象上绑定 get 和 post 方法,最终通过 app.use(router.routes())将路由挂载到 App 实例上。启动程序后,在浏览器或 postman 工具中通过不同方法请求不同接口可以得到对应的响应结果。

7.3.2 接收请求数据

掌握路由的基本使用后,在日常项目开发中经常还需要通过 get 或 post 方式向接口传递值,接下来演示在 Koa 中如何接收 get 请求参数,示例如下。

代码 7.4 在 Koa 中获取 get 请求参数:getGetValue.js

```
//获取 get 请求参数
const Koa = require('koa')
const Router = require('@koa/router');                  //引入路由组件
const app = new Koa();
const router = new Router();                            //创建路由组件
router.get('/', ctx => {
    console.log(ctx.query);                             //获取通过 URL 参数传递的值
```

```
    ctx.body = ctx.query;
})
router.get('/user/:id', ctx => {
    console.log(ctx.params);            //通过 ctx.params 获取动态路径参数
    ctx.body = '获取到用户 id=' + ctx.params.id;
})
app
    .use(router.routes())               //将路由挂载到路由实例上
    .use(router.allowedMethods())
app.listen(8080, () => {
    console.log('server running at http://127.0.0.1:8080');
})
```

在上述示例代码中，通过 ctx.query 获取 get 请求中通过 URL 参数传递的值，运行代码后，在 postman 工具中测试参数的传递和接收，如图 7.1 所示。

图 7.1　获取 get 请求中 URL 传递的值

在上述示例代码中，通过 ctx.params 获取 get 请求中通过动态参数传递的值，在 postman 工具中测试参数的传递和接收，如图 7.2 所示。

图 7.2　获取 get 请求中 URL 动态参数传递的值

接下来演示在 Koa 中如何接收 post 请求参数，要接收 post 参数前需要通过命令 npm i koa-bodyparser 安装 koa-bodyparser 中间件，然后将其挂载到 App 实例上，示例如下。

代码 7.5　在Koa中获取post请求参数：getPostValue.js

```
//获取 post 请求参数
const Koa = require('koa')
const Router = require('@koa/router');              //引入路由组件
```

```
//引入 koa-bodyparser 接收 post 参数
const BodyParser = require('koa-bodyparser');
const app = new Koa();
const router = new Router();              //创建路由组件
router.post('/', ctx => {                 //配置 post 路由
    //需要安装并挂载 Koa-bodyparser 中间件，否则获取不到
    console.log(ctx.request.body);
    ctx.body = 'post 请求'
})
app.use(BodyParser());                    //将 Koa-bodyparser 中间件挂载到 App 实例上
app
    .use(router.routes())                 //将路由挂载到路由实例上
    .use(router.allowedMethods())
app.listen(8080, () => {
    console.log('server running at http://127.0.0.1:8080');
})
```

在上述代码中，安装 koa-bodyparser 中间件后通过 require 导入，通过 app.use(BodyParser()) 将其挂载到 App 实例上，运行代码后就可以通过 ctx.request.body 来接收以 urlencoded 方式传递的 post 数据，如图 7.3 所示。

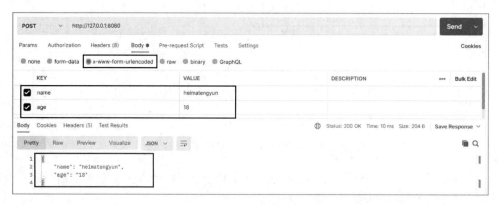

图 7.3　获取 post 请求中以 urlencoded 格式传递的数据

上述代码也可以接收通过 JSON 格式传递的数据，如图 7.4 所示。

图 7.4　获取 post 请求中以 JSON 格式传递的数据

虽然上述代码可以接收 post 方式传递的 urlencoded 格式的数据和 raw 数据，但是无法接收 from-data 数据，如图 7.5 所示。

那么如何接收 form-data 数据呢？这就需要其他中间件，其中，koa-body 中间件的使用比

较灵活，既可以接收 post 数据中的 urlencoded 数据，又可以接收 form-data 数据，其官网为 https://www.npmjs.com/package/koa-body。

图 7.5 koa-bodyparser 无法获取 post 请求中的 form-data 数据

将代码 7.4 和代码 7.5 进行改造，通过 koa-body 中间件使得接口同时支持 urlencoded 和 form-data 格式的数据。先通过 npm i koa-body 命令安装中间件，示例如下。

代码 7.6 使用 koa-body 获取 post 请求参数：getMultipartValue.js

```
//获取 form-data 数据
const Koa = require('koa')
const Router = require('@koa/router');
const KoaBody = require('koa-body');       //引入 koa-body 中间件
const app = new Koa();
const router = new Router();
router.get('/', ctx => {
    console.log(ctx.query);                //获取通过 URL 传递的值
    ctx.body = ctx.query;
})
router.get('/user/:id', ctx => {
    console.log(ctx.params);               //通过 ctx.params 获取动态路径参数
    ctx.body = '获取到用户 id=' + ctx.params.id;
})
router.post('/', ctx => {                  //配置 post 路由
    console.log(ctx.request.body);//需要安装并挂载 Koa-body 中间件,否则获取不到
    ctx.body = ctx.request.body;
})
app.use(KoaBody({ multipart: true }));  //需要设置,否则无法接收 from-data 数据
app
    .use(router.routes())                  //将路由挂载到路由实例上
    .use(router.allowedMethods())
app.listen(8080, () => {
    console.log('server running at http://127.0.0.1:8080');
})
```

在上述代码中，安装 koa-body 中间件后，通过 app.use(KoaBody({ multipart: true }));挂载到 App 实例上，同时需要配置 multipart 为 true，这样接口就可以通过 ctx.request.body 接收 urlencoded 和 form-data 数据了。运行代码后进行测试，可以成功接收 from-data 数据了，如图 7.6 所示。

koa-body 中间件也可以接收 urlencoded 格式数据，如图 7.7 所示。

> 注意：可以看出，安装 koa-body 中间件后无须再安装 koa-bodyparser 中间件了，同时，koa-body 中间件支持 urlencoded 格式和 form-data 格式，都通过 ctx.request.body 对象进行接收。

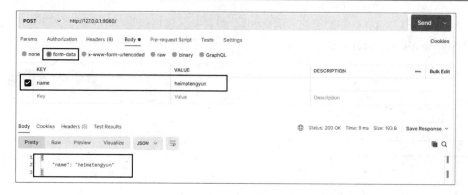

图 7.6　使用 koa-body 中间件获取 post 请求中的 form-data 数据

图 7.7　使用 koa-body 中间件获取 post 请求中的 urlencoded 数据

总结：无须使用任何中间件，可以直接通过 ctx.query 接收 URL 请求参数，通过 ctx.params 接收动态路径参数；如果要接收 post 数据，则需要安装第三方中间件如 koa-bodyparser，但 koa-bodyparser 不能接收 form-data 表单数据；如果需要接收 from-data 表单数据，则需要安装其他中间件如 koa-body，koa-body 中间件可以同时接收 post 请求数据和 form-data 数据，推荐使用。

7.3.3　路由重定向

在 Koa 框架中，可以通过 ctx.redirect 方法实现路由跳转，示例如下。

代码 7.7　路由重定向：routerRedirect.js

```js
//路由重定向
const Koa = require('koa');
const Router = require('@koa/router')
const app = new Koa();
const router = new Router();
router.get('/index', ctx => {
   ctx.body = 'index'
})
router.get('/login', ctx => {
   ctx.body = 'login'
})
router.get('/my', ctx => {
```

```
        ctx.redirect('/login')                            //路由重定向
    })
app
    .use(router.routes())
    .use(router.allowedMethods())
app.listen(8080, () => {
    console.log('server running at http://127.0.0.1:8080');
})
```

在示例代码中，通过 ctx.redirect('/login')实现了路由重定向，当在浏览器中访问/my 路径时会自动跳转到/login 页面，如图 7.8 所示。

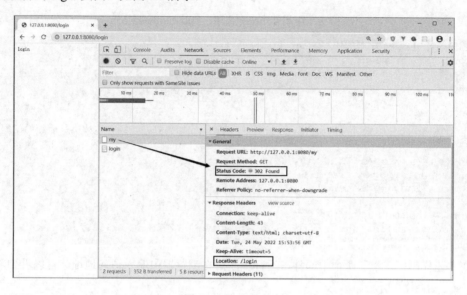

图 7.8 路由重定向

🔔注意：HTTP 状态码为 200 时表示成功，为 302 时表示重定向。上例在浏览器控制台上可以看出路径进行了跳转。

7.4 Koa 中间件

Koa 是一个极简的 Web 开发框架，本身没有捆绑任何中间件，只提供了 Application、Context、Request、Response 这 4 个模块。相比 Express，Koa 能让使用者更大程度地构建个性化应用，它本身支持的功能并不多，但可以通过中间件扩展实现很多功能。通过添加不同的中间件，实现不同的需求，从而构建一个 Koa 应用。本节就来学习中间件相关的概念及其使用方法。

7.4.1 中间件的概念

通俗地讲，中间件（Middleware）就是匹配路由之前或匹配路由完成所做的一系列操作，在 Express 中，中间件是一个函数，它可以访问请求对象 Request、响应对象 Response 和一个 Next 对象。这个 Next 对象是 Web 应用中处理请求和响应循环流程的中间件。例如 7.1.2 节中的 Hello World 程序就使用了中间件。

```
app.use(async (ctx, next) => {
    ctx.body = "Hello World";
})
```

中间件本质上是一个函数,其接收两个参数,ctx 上下文对象包含 Reqeust 和 Response 对象,而 next 则是中间件的标志,用于处理请求和响应循环流程。中间件既然是一个函数,其功能主要包括执行任何代码、修改请求和响应对象、终结请求和响应循环、调用堆栈中的下一个中间件。

如果在 get 或 post 请求处理的回调函数中没有 next 参数,那么匹配第一个路由后就不会继续向下匹配了;如果希望继续向下匹配,就需要添加 next 函数,示例如下。

代码 7.8　中间件中next作用:appMiddleware.js

```
//中间件中 next 函数的作用
const Koa = require('koa');
const app = new Koa();
app.use(async (ctx, next) => {              //中间件 1
    console.log('first');
    ctx.body = "first";
    // await next();                         //如果打开,则会继续执行后续的中间件
})
app.use(async (ctx, next) => {              //中间件 2
    console.log('second');
    ctx.body = "second";
})
app.listen(8080, () => {
    console.log('server running at http://127.0.0.1:8080');
})
```

在上述代码中定义了两个中间件,运行程序后在浏览器中输入访问地址,可以看到输出信息为 fist,如图 7.9 所示。

图 7.9　Koa 中间件

如果将上述代码中的 await next 函数调用的注释去掉,再次在浏览器访问,可以看到输出信息为 second。这充分说明了调用 next 函数后,请求会继续向下执行。

1. 中间件的分类

与 Express 中间件类似,Koa 中间件可以分为应用级中间件、路由级中间件、错误处理中间件和第三方中间件几类。

代码 7.8 中的中间件是通过 app.use 形式直接挂载到 App 应用实例上的,这类中间件就称为全局中间件或应用级中间件。接下来通过实例演示这几种中间件的用法。

代码 7.9　Koa中间件的分类:koaMiddleware.js

```
//Koa 中的错误处理中间件、应用级中间件、路由中间件
const Koa = require('koa');
```

```javascript
const Router = require('@koa/router');
const app = new Koa();
const router = new Router();
app.use(async (ctx, next) => {
//1. 异常处理中间件应放在第一个中间件的位置，否则捕获不到
    try {
        await next();
    }
    catch (error) {                              //捕获错误异常，但捕获不到404
        console.log(ctx.status);
        ctx.body = {
            code: '101',
            message: '服务器内部抛出异常'
        }
    }
    if (parseInt(ctx.status) === 404) {          //捕获404错误
        console.log('404');
        ctx.status = 404
        ctx.body = {
            code: '404',
            msg: '404 页面未找到'
        }
    }
})
app.use(async (ctx, next) => {                   //2. 应用级中间件
    console.log('应用级中间件');
    await next();     //如果不加 next 函数调用，则后续路由无法访问，不会继续向后匹配
})
router.get('/error', (ctx, next) => {            //3. 路由中间件
    throw Error('error');                        //人为抛出错误异常，以便在错误处理中间件中捕获
    ctx.body = '/';
})
router.get('/index', (ctx, next) => {            //路由中间件
    ctx.body = 'index';
})
app.use(router.routes());
app.use(router.allowedMethods());
app.listen(8080, () => {
    console.log('server running at http://127.0.0.1:8080');
})
```

上面的示例演示了错误处理中间件、应用级中间件和路由中间件的用法。此处重点说明错误处理中间件应该放在所有中间件之前，否则无法捕获到异常信息。在错误处理中间件中通过 try…catch 语句捕获错误信息，通过 ctx.status 是否等于 404 判断是否找不到网页。在 error 路由中间件中，通过 throw Error 手动抛出一个异常，可以看到，在错误处理中间件中捕获到了该错误。在浏览器中访问 error 路由，如图 7.10 所示。

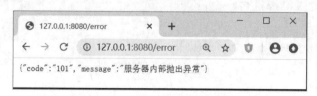

图 7.10 捕获错误

在错误处理中间件中通过比较 ctx.status 是否为 404 捕获网页不存在的异常，在该异常中可

以根据需要跳转到自定义 404 页面。在浏览器中输入不存在的地址进行访问，可以看到捕获到了异常，如图 7.11 所示。

图 7.11　捕获 404 异常

> 注意：404 通过 try…catch 语句无法捕获到，需要通过状态码进行判断。

2．中间件洋葱模型

Koa 的中间件执行顺序与 Express 截然不同，Koa 使用的是洋葱模型。所谓洋葱模型，就是执行顺序从外到内，再从内到外，如图 7.12 所示。

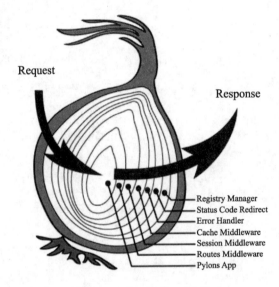

图 7.12　Koa 中间件洋葱模型

接下来通过示例来演示洋葱模型。

代码 7.10　Koa中间件洋葱模型：onionModel.js

```
//Koa 中间件洋葱模型
const Koa = require('koa');
const app = new Koa();
app.use(async (ctx, next) => {
    console.log('1. 第一个中间件开始');
    await next();
    console.log('1. 第一个中间件结束');
})
app.use(async (ctx, next) => {
    console.log('2. 第二个中间件开始');
    await next();
    console.log('2. 第二个中间件结束');
```

```
})
app.use(async (ctx, next) => {
    console.log('3. 第三个中间件');
})
app.listen(8080, () => {
    console.log('server running at http://127.0.0.1:8080');
})
```

在示例代码中定义了 3 个中间件，前两个中间件都通过 next 函数调用下一个中间件。运行代码后，在浏览器中访问地址，可以看到 Visual Studio Code 控制台输出的信息如下：

1. 第一个中间件开始
2. 第二个中间件开始
3. 第三个中间件
2. 第二个中间件结束
1. 第一个中间件结束

从结果很容易看出，当程序进入第一个中间件时先打印信息，随后遇到 next 函数后立即进入第二个中间件，当第二个中间件打印出信息遇到 next 函数时立即进入第三个中间件，之后返回第二个中间件，最后返回第一个中间件。这个过程就是图 7.12 所示的洋葱模型。请求处理由外到内，再由内到外。

7.4.2 静态资源托管

7.4.1 节演示了错误处理中间件、应用级中间件和路由中间件的使用，本节介绍第三方中间件的使用。在 Koa 项目中，大部分功能都是通过第三方中间件来实现的，虽然每个中间件实现的功能不同，但这些中间件的使用步骤大同小异，都是先安装再导入，然后根据第三方中间件的使用说明进行应用即可。

与 Express 不同，要在 Koa 中托管静态资源，需要使用 Koa 官方提供的 koa-static 中间件。该中间件的下载地址为 https://www.npmjs.com/package/koa-static。根据官网说明，先通过如下命令进行安装：

```
npm install koa-static
```

安装成功后，在当前目录下新建 html 目录，在该目录下创建 index.html 页面用于测试托管静态资源，index.html 文件如下。

代码 7.11 待托管静态页面：index.html

```
<!DOCTYPE html>
<html lang="en">
<head>
    <meta charset="UTF-8">
    <meta http-equiv="X-UA-Compatible" content="IE=edge">
    <meta name="viewport" content="width=device-width, initial-scale=1.0">
    <title>测试静态资源托管网页</title>
</head>
<body>
    <h1>这是一个静态页面，被托管到 Koa 里</h1>
</body>
</html>
```

上面的代码很简单，没有任何逻辑，只是简单输出文字信息。接着创建 koaStatic.js 文件，在其中启动服务器并将 index.html 页面进行托管，这样静态资源就无须部署到其他 Web 服务器如 Apache、IIS、Nginx 上了。koaStatic.js 文件如下。

代码 7.12　托管静态资源：koaStatic.js

```
//koa-static托管静态资源
const Koa = require('koa');
const static = require('koa-static');   //导入koa-static中间件
const app = new Koa();
//使用 koa-static 中间件，访问地址为 http://127.0.0.1:8080/index.html
app.use(static('./html'));
//也可以使用绝对路径，这样更通用，不会受启动路径影响
// app.use(static(__dirname+'/html'));
app.listen(8080, () => {
    console.log('server running at http://127.0.0.1:8080');
})
```

上述代码先通过 require 导入 koa-static 中间件，接着通过 app.use 将其挂载到应用程序上。koa-static 接收两个参数，第一个参数为根目录，第二个参数为配置信息。本例只设置了根目录，将刚才创建的用于存放 index.html 网页的目录 html 作为根目录，程序启动后，在浏览器中输入 http://127.0.0.1:8080/index.html 即可访问到刚才创建的页面，如图 7.13 所示。

图 7.13　托管静态资源

 注意：如果不使用 koa-static 将静态资源进行托管，则无法访问到资源。

通过上述语句 app.use(static('./html'))托管静态资源后，在浏览器中就可以通过根域名+文件名（http://127.0.0.1:8080/index.html）的形式访问了。但有时候希望隐藏或改变真实文件的路径，例如希望通过 http://127.0.0.1:8080/other/index.html 这个地址进行访问，也就是需要添加虚拟路径。

与 Express 不同，在 Koa 中需要使用 koa-mout 中间件。先通过如下命令进行安装：

```
npm i koa-mount
```

官网地址为 https://www.npmjs.com/package/koa-mount。安装完成后应导入并按说明使用，在上述代码基础上进行改造，代码如下。

代码 7.13　静态资源添加虚拟路径：koaStaticVirtualPath.js

```
//koa-mount 添加虚拟路径
const Koa = require('koa');
const static = require('koa-static');
const mount = require('koa-mount');   //导入中间件
const app = new Koa();
//访问地址为 http://127.0.0.1:8080/other/index.html
app.use(mount('/other', static('./html')));
app.listen(8080, () => {
```

```
        console.log('server running at http://127.0.0.1:8080');
    })
```

在上述代码中通过 koa-mount 中间件成功添加虚拟路径，在浏览器中的访问结果如图 7.14 所示。

图 7.14　托管静态资源指定虚拟路径

7.4.3　常用的中间件

前面使用了 koa-static、koa-mount、koa-router、koa-bodyparser 和 koa-body 等中间件，除此之外还有很多中间件在项目中比较常用，下面进行简单介绍，当项目需要时自行查阅官方文档即可。

1. koa-views

koa-views 对需要进行视图模板渲染的应用是一个不可缺少的中间件，支持 EJS 和 Nunjucks 等众多模板引擎。

2. kos-session

HTTP 是无状态协议，为了保持用户状态，一般使用 Session 会话，koa-session 提供了这样的功能，既支持将会话信息存储在本地 Cookie 中，也支持存储在如 Redis 和 MongoDB 这样的外部存储设备上。

3. koa-jwt

随着网站前后端分离方案的流行，越来越多的网站从 Session Base 转为使用 Token Base，JWT 作为一个开放的标准被很多网站采用，koa-jwt 这个中间件使用 JWT 认证 HTTP 请求。

4. koa-helmet

网络安全得到越来越多的重视，helmet 通过增加如 Strict-Transport-Security, X-Frame-Options 等 HTTP 响应头来提高 Express 应用程序的安全性，koa-helmet 为 Koa 程序提供了类似的功能，参考 Node.js 安全清单。

5. koa-compress

当响应体比较大时，一般会启用类似 gzip 的压缩技术来减少传输内容，koa-compress 提供了这样的功能，可根据需要进行灵活配置。

6. koa-logger

koa-logger 提供了输出请求日志的功能，包括请求的 URL、状态码、响应时间和响应体大小等信息，对于调试和跟踪应用程序特别有帮助，koa-bunyan-logger 提供了更丰富的功能。

7. koa-convert

对于比较老的使用 Generate 函数的 Koa 中间件（Koa 2 以前的版本），官方提供了一个灵活的工具可以将它们转为基于 Promise 的中间件供 Koa 2 使用，同样也可以将新的基于 Promise 的中间件转为老的 Generate 中间件。

8. koa-compose

当有多个中间件时，一个个使用 app.use 进行挂载比较麻烦，可以通过 koa-compose 中间件一次性完成挂载。

由于篇幅所限，其他中间件在此不再一一列举，可参考 Koa 官方推荐的中间件列表，网址为 https://github.com/koajs/koa/wiki。

7.4.4 异常处理

为了提高程序的健壮性，异常处理是必不可少的。在 7.4.1 节中介绍了异常处理中间件，本节继续对 Koa 中的异常处理进行介绍，在 Koa 中进行异常处理主要分两类：中间件处理异常、error 事件处理异常。

1. 中间件处理异常

异常通常可以分为操作错误和程序错误两类。程序错误是指 bug 导致的错误，只要修改代码就可以避免，如语法错误；操作错误指不是程序导致的运行时错误，如数据库连接失败、接口请求超时和内存不足等。

我们真正需要处理的是操作错误，程序错误比较容易发现应该立即处理。中间件处理异常实际上是通过 try…catch 语句进行捕获，接下来演示在将数据转化为 JSON 对象时的错误处理，示例如下。

代码 7.14　逻辑错误异常捕获：jsonException.js

```
//在 Koa 中捕获业务异常
const Koa = require('koa');
const app = new Koa();
app.use((ctx) => {
    try {
        //主动制造异常，将非 JSON 字符串进行转化必然会报错
        JSON.parse('heimatengyun');
        ctx.body = 'hello'
    } catch (err) {
        //1. 获取 err 对象的异常信息
        //自定义异常错误，err.status 未设置为 undefined，如果需要可以自行设置
        console.log(err.status, err.message);
```

```
        err.status = 500;              //可根据业务需求定义编码,该编码可以任意设置
        console.log(err.status, err.message);
        //2. 设置响应信息
        ctx.status = 500;               //此处如果不设置,则status为404
        //设置的值需要与状态码对应否则会报错,状态码中无1588,因此会报错
        // ctx.status = 1588;
        ctx.body = {
            code: ctx.status,
            msg: 'json转化出错'
        }
    }
})
app.listen(8080, () => {
    console.log('server running at http://127.0.0.1:8080');
})
```

在示例代码中通过 JSON.parse 方法将非 JSON 字符串转化为 JSON 对象时,将触发异常错误。通过 try…catch 语句捕获异常,捕获的异常信息存储在 err 对象中,status 属性为异常编码,message 为异常信息,当发生异常时底层会为该对象写入具体的错误信息,需要时读取即可;本例的转换异常底层未对 status 编码赋值,我们可以设置该错误对象的信息,然后通过 throw 抛向上层。在实际项目中,应根据 err 对象的错误信息结合实际业务需要设置响应信息,然后调用方根据此信息进行具体的业务处理。运行程序后,在浏览器中访问该地址,会发现浏览器输出了自定义的异常响应信息。

⚠ 注意:ctx.status 状态编码需按规定的状态码设置(如 404 表示 not found,500 表示服务器内部错误等),否则会报错。

上例中需要手动设置 err 对象的 status 编码,Koa 框架已内置了一些场景的错误处理,会根据异常状态码自动填充相应的错误信息,示例如下。

代码 7.15 Koa封装的异常捕获:httpException.js

```
//Koa 框架提供的异常处理
const Koa = require('koa');
const app = new Koa();
app.use((ctx) => {
    try {
        //1. 抛出正确的错误状态码,框架底层自动填充status和message,如400、401等
        ctx.throw(400); //400 Bad Request
        // ctx.throw(401); //400 Unauthorized

        //2. 无效错误码,默认会直接替换为500
        // ctx.throw(1500);
        ctx.body = 'hello'
    } catch (err) {
        //接收框架底层自动填充status和message
        console.log(err.status, err.message);
        // err.message='自定义错误信息';   //err是可写的,可以自行定义错误信息
        // console.log(err.status,err.message);
        ctx.body = {                        //根据错误信息设置响应信息
            code: err.status || 500,
            msg: err.message || '服务器发生错误了'
        }
    }
```

```
})
app.listen(8080, () => {
    console.log('server running at http://127.0.0.1:8080');
})
```

在上述代码中，直接通过 ctx.throw 抛出 400 错误，然后在 catch 语句中进行捕获。在 catch 语句中可以看到 err 对象的 status 和 message 属性自动会填充响应的信息，然后将错误信息响应给调用方。运行代码后，在浏览器中可以看到错误信息。

注意：如果 throw 语句抛出的异常编码无效，则会直接被自动设置为 500 错误。

在 Express 框架中先在每个中间件中单独处理异常，然后使用异常中间件进行处理。但是在 Koa 中，由于采用洋葱模型，异常处理应该放在最外层。

代码 7.16　Koa异常捕获机制：catchException.js

```
//Koa 捕获异常
const Koa = require('koa');
const app = new Koa();
//外层中间件
app.use(async (ctx, next) => {
    try {
        await next();                    //如果不加 Async 和 await 则无法捕获到异常
    } catch (err) {
        console.log(err.status, err.message);
        ctx.body = {
            code: 500,
            msg: 'json 转换出错'
        }
    }
})
//内层中间件
app.use(async ctx => {
    JSON.parse('heimatengyun');//主动制造异常，无须在此处捕获异常，而是在外层捕获
    ctx.body = '测试捕获异常信息';
})
app.listen(8080, () => {
    console.log('server running at http://127.0.0.1:8080');
})
```

在上面的示例中，在内层中间件中发生异常，在外层中间件中进行捕获，这与 Express 是不同的。另外，外层中间件必须是异步的，否则无法捕获到内层中间件的异常。

上述示例中只有两个中间件，接下来介绍有多个中间件的情况，示例如下。

代码 7.17　Koa多中间件的异常捕获：catchMutiException.js

```
//Koa 捕获多中间件异常
const Koa = require('koa');
const app = new Koa();
//外层中间件
app.use(async (ctx, next) => {
    try {
        await next();                    //如果不加 async 和 await 无法捕获到异常
    } catch (err) {
        console.log(err.status, err.message);
        ctx.body = {
            code: 500,
```

```
            msg: 'json转换出错'
        }
    }
})
//内 1 层中间件
app.use(async (ctx, next) => {
    // next();                   //无法捕获到下一个中间件的异常
    // return next();            //方法 1：即使不加 Async 声明异步中间件，通过直接
                                     return 可以捕获到下一个中间件异常
    await next();                //方法 2：可以捕获到下一个中间件异常
})
//内 2 层中间件
app.use(async ctx => {
    //主动制造异常，无须在此处捕获异常，而是在外层去捕获
    JSON.parse('heimatengyun');
    ctx.body = '测试捕获异常信息';
})
app.listen(8080, () => {
    console.log('server running at http://127.0.0.1:8080');
})
```

在上面的示例中创建了 3 个中间件，在最内层中间件抛出异常，在最外层中间件进行捕获。异常能否在最外层被捕获到，取决于第二个中间件。通过实验可以发现，如果第二个中间件是同步中间件则无法捕获，第二个中间件把只有为异步中间件或者通过 return next 方法调用下一个中间件时才能成功捕获到。运行代码后，在浏览器可以看到捕获到异常信息。

注意：为了方便处理异常，建议把中间件声明为异步。

2．error事件处理异常

除了在中间件中通过 try…catch 语句捕获异常，还可以通过 error 进行实际捕获，原理和异常中间件一样，也需要注意异步异常的捕获，示例如下。

代码 7.18　Koa多中间件的异常捕获：catchMutiException.js

```
//利用 error 事件捕获异常
const Koa = require('koa');
const app = new Koa();
app.use(async (ctx, next) => {
    JSON.parse('heimatengyun');              //主动抛出异常
})
app.on('error', (err) => {                    //利用 error 事件捕获异常
    console.log('捕获到异常' + err);          //控制台打印异常信息
})
app.listen(8080, () => {
    console.log('server running at http://127.0.0.1:8080');
})
```

在上述代码中通过 app.on 监听 error 事件，但在中间件中发生异常后，底层会自动触发 error 事件，运行程序后在浏览器中访问地址，可以看到在 Visual Studio Code 终端控制台打印出了异常信息。

接下来介绍中间件捕获异常和 error 事件同时存在的情况，示例如下。

代码7.19 异常中间件和error事件同时存在：mutiException.js

```js
//多种异常捕获同时存在的情况
const Koa = require('koa');
const app = new Koa();
//1. 利用中间件捕获异常
app.use(async (ctx, next) => {
    try {
        await next();
    } catch (err) {
        ctx.body = {
            code: '500',
            msg: err.message
        }
        //如果中间件异常捕获和error事件捕获同时存在，则需要手动触发error事件
        // ctx.app.emit('error', err, ctx);
    }
})
app.use(async (ctx, next) => {
    JSON.parse('heimatengyun');              //主动抛出异常
})
//2. 利用error事件捕获异常
app.on('error', (err) => {
    console.log('捕获到异常' + err);          //在控制台打印异常信息
})
app.listen(8080, () => {
    console.log('server running at http://127.0.0.1:8080');
})
```

上述代码在中间件中捕获异常，同时也在 error 事件捕获异常，运行代码后发现只有中间件中的异常能捕获到。如果希望在中间件中捕获的异常也能传递给 error 事件，则需要通过 ctx.app.emit 方法触发 error 事件，把错误信息传递过去。

注意：在捕获异常时一般二选一，一般情况下直接用中间件处理异常，然后在顶层捕获。

7.5 本章小结

本章详细介绍了 Koa 框架的相关内容。Koa 与 Express 一样，本质上是一个基于 Node.js 的插件，封装了 HTTP 的相关方法，提供了灵活的中间件机制，因此可以快速、高效地创建 Web 程序。

本章的 7.1 节先从整体上分析了 Node.js 的发展阶段及 Koa 框架的演进，接着通过最简单的 Hello World 程序带领读者直观地体验 Koa 框架的使用，最后对比了 Koa 和 Express 的区别。7.2 节讲解 Koa 框架中最核心的 Context 上下文对象及该对象常用的 API，尤其是 Request 对象和 Response 对象的使用。7.3 节重点剖析了 koa-router 路由中间件的使用，通过大量实例演示了如何在 Koa 中接收 get 和 post 数据，使读者在真实的项目开发中能直接上手。在前几节对中间件有基本了解后，7.4 节重点剖析了中间件的原理及洋葱模型，并介绍了常用的第三方中间件。

本章通过大量的示例对 Koa 框架的使用进行了演示，希望读者能在实际开发中灵活应用。

第 8 章 Egg 框架

第 7 章详细介绍了 Koa 框架，作为"下一代的 Web 框架"，其致力于成为 Web 应用和 API 开发领域中一个更小、更富有表现力、更健壮的 Web 开发框架。Koa 没有绑定任何中间件，使得该框架比较灵活，可以由第三方根据业务需求自行扩展其功能。

Koa 没有绑定中间件的这种设计比较灵活，但是应用到现代企业级项目开发中依然会做很多重复性的工作。为了帮助开发团队降低开发和维护成本，基于 Koa 的企业级框架 Egg.js（通常缩写为 Egg）诞生了。Egg 框架专注于提供 Web 开发的核心功能和一套灵活、可扩展的插件机制，并奉行"约定优于配置"的原则进行开发。

本章涉及的主要知识点如下：
- Egg 框架概念：了解 Egg 框架的基本概念及其与其他框架的对比；
- Egg 路由：掌握路由的定义方法，以及如何通过路由传递参数；
- Egg 控制器：掌握控制器的定义方法，以及如何通过控制器传递参数；
- Egg 服务：掌握服务定义的方法、在服务里获取用户请求的链路；
- Egg 中间件：了解 Egg 中间件与 Express 的区别、如何在 Egg 中编写中间件；了解常见的框架默认的中间件；
- Egg 插件：熟悉常用的第三方插件，了解插件的定义和使用方法。

> 注意：Egg 框架提供了插件机制和框架的定制等高级内容，由于篇幅所限，这里不再介绍，可参看 Egg 官网。

8.1 Egg 简介

【本章示例参考：\源代码\C8\egg-demo】

本节首先介绍 Egg 框架的基本概念及其设计原则，理解这些概念可以为更好地使用 Egg 框架开发应用打下基础；接着介绍 Egg 框架与其他框架的区别；最后通过脚手架创建第一个 Egg 程序，在读者对 Egg 程序有了基本了解后，后续章节再详细介绍其他内容。

8.1.1 Egg 是什么

Egg 为企业级框架和应用而生，创建者希望由 Egg 孕育出更多的上层框架，帮助开发团队和开发人员降低开发和维护成本。

1. 框架设计原则

Egg 框架采用灵活、可扩展的插件机制和"约定优于配置"设计的原则。

企业级应用在追求规范和共建的同时,还需要考虑如何平衡不同团队之间的差异,求同存异。因此 Egg 框架没有选择社区常见框架的大集市模式(集成如数据库、模板引擎、前端框架等功能),而是专注于提供 Web 开发的核心功能和一套灵活、可扩展的插件机制。为了保障框架的灵活性,更好地满足各种定制需求,Egg 框架不会做出技术选型。通过 Egg,团队的架构师和技术负责人可以非常容易地基于自身的技术架构在 Egg 框架基础上扩展出适合自身业务场景的框架。

Egg 的插件机制有很高的扩展性,一个插件只做一件事(如 MySQL 数据库封装成了 egg-mysql)。Egg 通过框架聚合这些插件,并根据自己的业务场景定制配置,这样应用的开发成本就变得很低。

Egg 奉行"约定优于配置"的设计原则,按照一套统一的约定进行应用开发,团队内部采用这种方式可以减少开发人员的学习成本。没有约定的团队,沟通成本是非常高的。例如,有人会按目录分栈而其他人按目录分功能,开发者认知不一致很容易犯错。但约定不等于扩展性差,相反,Egg 有很高的扩展性,可以按照团队的约定定制框架。使用 Loader 加载器可以让框架根据不同环境定义默认配置,还可以覆盖 Egg 的默认约定。

2. 框架特性

- 提供基于 Egg 定制上层框架的能力;
- 高度可扩展的插件机制;
- 内置多进程管理;
- 基于 Koa 开发,性能优越;
- 框架稳定,测试覆盖率高。

3. 与其他框架的差异

- Express:是 Node.js 社区广泛使用的框架,简单且扩展性强,非常适合用于个人项目开发。但 Express 框架本身缺少约定,标准的 MVC 模型会有各种五花八门的写法。Egg 按照约定进行开发,奉行"约定优于配置"的原则,团队协作成本低。
- Sails:是和 Egg 一样奉行"约定优于配置"的框架,扩展性也非常好。但是相比 Egg,Sails 支持 Blueprint REST API、WaterLine 这样可扩展的 ORM、前端集成和 WebSocket 等,这些功能都是由 Sails 提供的。而 Egg 不直接提供功能,只是集成各种功能插件,如实现 egg-blueprint 和 egg-waterline 等这样的插件,再使用 sails-egg 框架整合这些插件就可以替代 Sails 了。
- Koa:是一个非常优秀的框架,然而对于企业级应用来说,它还比较基础。而 Egg 选择 Koa 作为其基础框架,在 Koa 的模型基础上进一步进行了一些增强。增强主要体现在扩展和插件上。在基于 Egg 的框架或者应用中,我们可以通过定义 app/extend/{application,context,request,response}.js 来扩展 Koa 中对应的 4 个对象的原型,通过这个功能,可以快速地增加更多的辅助方法。在 Express 和 Koa 中,经常会引入许多中间件来提供各种各样的功能,而 Egg 提供了一个更加强大的插件机制,让这些独立领域的功能模块可以更容易编写。

> 注意:Egg 和 Koa 的版本关系是 Egg 1.x 基于 Koa 1.x,异步方案基于 generator function;Egg 2.x 基于 Koa 2.x,异步方案基于 async function。

8.1.2 第一个 Egg 程序

Egg 底层基于 Koa,通过前面章节的学习,读者已经掌握了 Koa 的相关知识。本节直接通过 Egg 脚手架创建一个 Egg 项目,演示整个项目的创建过程。

1. 创建项目

通过 Egg 脚手架,不需要编写一行代码即可快速创建一个 Egg 项目。创建 egg-demo 目录,在终端切换到该目录,运行命令 npm init egg --type=simple 进行项目创建,根据提示输入项目名称、项目描述和作者等信息按 Enter 键即可创建项目(也可以不输入信息直接按 Enter 键,采用默认值创建项目),如图 8.1 所示。

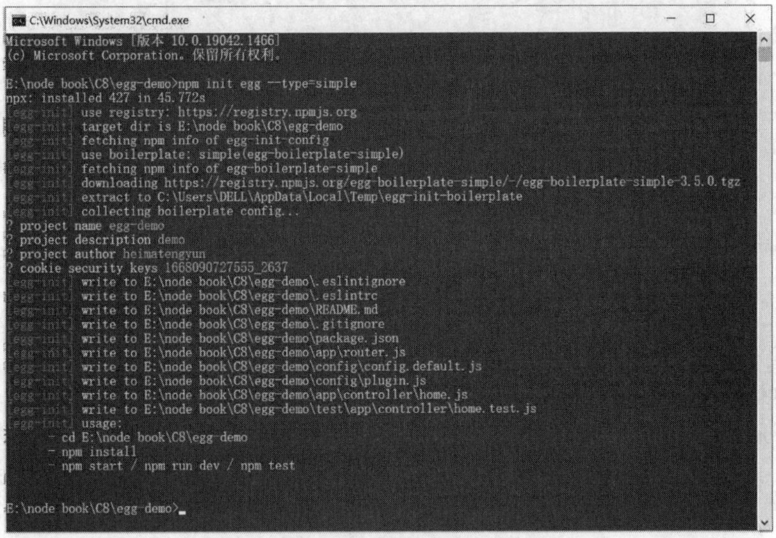

图 8.1 初始化项目

项目创建好后,根据提示执行命令 npm install 安装依赖文件。依赖文件安装完成后,直接通过命令 npm run dev 即可运行项目,如图 8.2 所示。

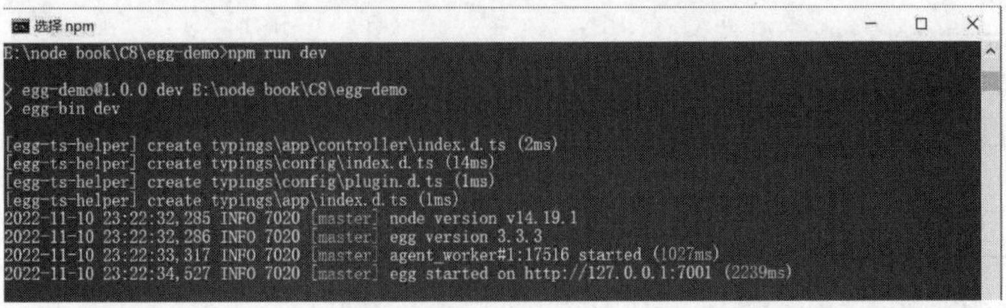

图 8.2 运行项目

项目默认运行在 7001 端口，在浏览器中输入 http://127.0.0.1:7001 在浏览器中看到的输出信息表示项目运行成功，如图 8.3 所示。

图 8.3　运行默认项目

项目运行成功，接下来在 Visual Studio Code 中打开目录，如图 8.4 所示。

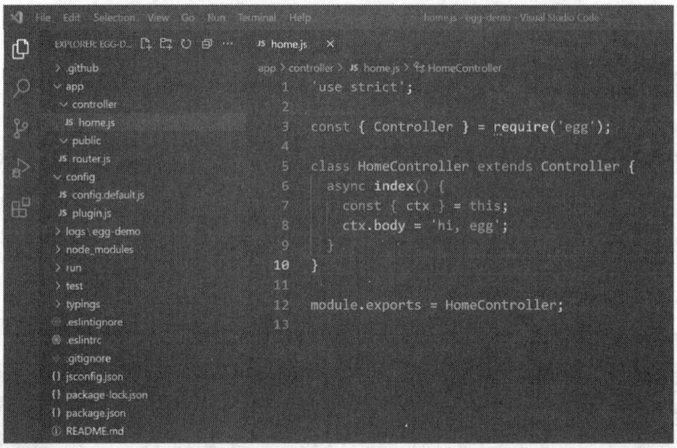

图 8.4　默认的 Egg 项目结构

2．目录结构

前面初步对项目的目录结构有了一定的了解，接下来简单了解目录约定规范。约定的目录结构如下：

```
egg-project
├── package.json
├── app.js （可选）
├── agent.js （可选）
├── app
|   ├── router.js
|   ├── controller
|   |   └── home.js
|   ├── service （可选）
|   |   └── user.js
|   ├── middleware （可选）
|   |   └── response_time.js
|   ├── schedule （可选）
|   |   └── my_task.js
```

```
│       ├── public          （可选）
│       │    └── reset.css
│       ├── view            （可选）
│       │    └── home.tpl
│       ├── extend          （可选）
│       │    ├── helper.js      （可选）
│       │    ├── request.js     （可选）
│       │    ├── response.js    （可选）
│       │    ├── context.js     （可选）
│       │    ├── application.js （可选）
│       │    └── agent.js       （可选）
├── config
│    ├── plugin.js
│    ├── config.default.js
│    ├── config.prod.js
│    ├── config.test.js      （可选）
│    ├── config.local.js     （可选）
│    └── config.unittest.js  （可选）
└── test
     ├── middleware
     │    └── response_time.test.js
     └── controller
          └── home.test.js
```

由框架约定的目录如下：

- app/router.js 用于配置 URL 路由规则。
- app/controller/**用于解析用户的输入，处理后返回相应的结果。
- app/service/**用于编写业务逻辑层，可选，建议使用。
- app/middleware/**用于编写中间件，可选。
- app/public/**用于放置静态资源，可选。
- app/extend/**用于框架的扩展，可选。
- config/config.{env}.js 用于编写配置文件。env 指代开发环境，默认为 default。
- config/plugin.js 用于配置需要加载的插件。
- test/**用于单元测试。
- app.js 和 agent.js 用于自定义启动时的初始化工作，可选。

由内置插件约定的目录如下：

- app/public/**用于放置静态资源，可选。
- app/schedule/**用于定时任务，可选。
- app/view/**用于放置模板文件，可选。
- app/model/**用于放置领域模型，可选。

8.2 Egg 路由

路由（Router）主要用于描述请求 URL 和具体承担执行动作的 Controller 的对应关系，框架约定了 app/router.js 文件用于统一所有的路由规则。通过统一的配置，可以避免路由规则逻辑散落在多个地方，从而出现未知的冲突，集中在一起可以更方便地查看全局的路由规则。

8.2.1 定义路由

使用脚手架创建的项目，默认会在 app 目录下生成 router.js 文件，该文件专门用于定义 URL 路由规则，默认生成的 router.js 文件如下。

代码 8.1　路由文件：router.js

```
'use strict';
/**
 * @param {Egg.Application} app - egg application
 */
module.exports = app => {
  const { router, controller } = app;
  router.get('/', controller.home.index);
};
```

在 router.js 文件中，框架自动传入应用程序实例 app 对象，通过该对象可以获取路由对象 router 和控制器对象 controller。通过 router 对象实现路径与控制器方法的映射，上述代码将域名根目录映射到 home 控制器的 index 方法中。

上述项目默认在 app/controller 目录下生成 home.js 文件，在该文件中定义与路由映射的方法，home.js 文件如下。

代码 8.2　控制器文件：home.js

```
'use strict';
const { Controller } = require('egg');
class HomeController extends Controller {
  async index() {
    const { ctx } = this;
    ctx.body = 'hi, egg';
  }
}
module.exports = HomeController;
```

在 home.js 文件中，先导入 Egg 框架并获取预定义好的 Controller 类，自定义的控制器都需要派生自此类。在自定义控制器中实现具体的方法，此处在 index 方法内通过 this 对象获取上下文对象 ctx，通过 ctx.body 设置响应数据。

这样就完成了路由和对应的处理函数的定义，当启动程序时，在浏览器中访问地址 http://127.0.0.1:7001，就会自动执行上述的 index 函数，在浏览器输出"hi, egg"。

从上面的流程中可以看出，Egg 程序和前面讲解的 Express 和 Koa 框架并没有太大的区别，只不过 Egg 框架通过约定，对目录及一些常用对象进行了封装。只需要了解这些语法就可以快速上手。

接下来看看路由的详细定义。下面是路由的完整定义，参数可以根据场景不同自由选择：

```
router.verb('path-match', app.controller.action);
router.verb('router-name', 'path-match', app.controller.action);
router.verb('path-match', middleware1, ..., middlewareN, app.controller.action);
router.verb('router-name', 'path-match', middleware1, ..., middlewareN, app.controller.action);
```

路由的完整定义主要包括 5 个部分，分别是 verb、router-name、path-match、middleware 和 controller。

- verb：用户触发动作，支持 get 和 post 等所有 HTTP 方法，如 router.get、router.post、router.put、router.delete 等。
- router-name：给路由设定一个别名，可以通过 Helper 提供的辅助函数 pathFor 和 urlFor 来生成 URL，该参数可以省略。
- path-match：路由 URL 路径。
- middleware1：在路由里可以配置多个 Middleware，该参数可以省略。
- controller：指定路由映射到的具体的 Controller 上，Controller 可以有两种写法，即直接指定一个具体的 Controller（如 app.controller.home.index）或简写为字符串形式（如 'home.index'）。

在定义路由时，需要注意以下事项：

- 在路由定义中，可以支持多个 Middleware 串联执行。
- Controller 必须定义在 app/controller 目录下。
- Controller 支持子目录。

8.2.2 RESTfull 风格的路由

除了上面讲的定义路由的方法之外，如果想通过 RESTfull 的方式来定义路由，Egg 框架提供了 app.router.resources('routerName', 'pathMatch', controller)，可以快速在一个路径上生成 CRUD 路由结构。

在 router.js 文件中添加如下路由：

```
// 定义 RESTfull 风格的路由
router.resources('user', '/user', controller.user);
```

这样就在 /user 路径上部署了一组 CRUD 路径结构，对应的 Controller 为 app/controller/user.js。Egg 框架约定访问不同的路径，对应路由的不同方法，约定的映射关系如表 8.1 所示。

表 8.1　RESTfull 风格的路由与方法的映射关系

方法（Method）	路径（Path）	控制器方法（Controller.Action）
GET	/user	app.controllers.user.index
GET	/user/new	app.controllers.user.new
GET	/user/:id	app.controllers.user.show
GET	/user/:id/edit	app.controllers.user.edit

续表

方法（Method）	路径（Path）	控制器方法（Controller.Action）
POST	/user	app.controllers.user.create
PUT	/user/:id	app.controllers.user.update
DELETE	/user/:id	app.controllers.user.destroy

接下来只需要在 user.js 里实现表 8.1 对应的函数就可以了。在 controller 目录下新建 user.js 文件，按照框架约定输入如下内容。

代码 8.3　RESTfull 风格接口：user.js

```
'use strict';
const Controller = require('egg').Controller;
class UserController extends Controller {
  async index() {
    this.ctx.body = 'index';
  }
  async new() {
    this.ctx.body = 'new';
  }
  async show() {
    this.ctx.body = 'show';
  }
  async edit() {
    this.ctx.body = 'edit';
  }
  // 以下的 post、put、delete 请求需要处理 CSRF
  async create() {
    this.ctx.body = 'create';
  }
  async update() {
    this.ctx.body = 'update';
  }
  async destroy() {
    this.ctx.body = 'destroy';
  }
}
module.exports = UserController;
```

在浏览器中访问接口 http://127.0.0.1:7003/user，输出 index，说明路由到了 index 方法。其他接口类似，也可以通过 API 测试工具自行测试。

需要注意的是，Egg 框架默认开启了 CSRF 安全校验，上述接口中的 post、put、delete 方法请求时会报 missing csrf token 错误。测试时可以先关闭 CSRF 校验，但在正式环境中不建议这么做。关闭 CSRF 校验，需要在 config/config.default.js 文件中添加如下代码：

```
// 临时关闭 CSRF 校验
config.security = {
  csrf: false,
};
```

关闭 CSRF 后，再次测试 post 接口就可以成功返回信息了。

8.2.3　获取参数

通过路由传递参数有几种方式，下面具体介绍。

1. Query String方式

通过 Query String 方式获取路由地址中传递的参数值，在 controller 目录下新建 param.js 文件，演示参数的获取。

代码8.4　参数获取：param.js

```
'use strict';
const Controller = require('egg').Controller;
// 通过路由获取参数
class ParamController extends Controller {
  // 通过 Query String 获取参数 /search?name=heimatengyun
  async search() {
    const { ctx } = this;
    ctx.body = `接收到参数：${ctx.query.name}`;
  }
}
module.exports = ParamController;
```

在控制器中定义 search 方法，在方法中通过 ctx 上下文对象的 query 对象获取通过地址传递过来的参数。通过路径"/search?变量名=变量值"传值参数，在控制器内通过"ctx.query.变量名"获取传递的值。

在 router.js 中定义访问路由，代码如下：

```
// 通过 Query String 获取参数 /search?name=heimatengyun
router.get('/search', controller.param.search);
```

在 postman 工具中进行 name 传递值测试，结果表明可以成功接收到参数，如图 8.5 所示。

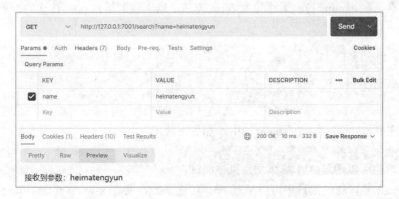

图 8.5　获取查询参数

2. 参数命名方式

通过参数命名方式传递参数，需要在定义路由时指定参数的名称，在 router.js 中定义如下路由：

```
// 通过参数命名方式获取参数 /info/heimatengyun
router.get('/info/:name', controller.param.info);
```

在 Params 控制器中添加路由对应的 info 方法，代码如下：

```
// 通过参数命名方式获取参数 /info/heimatengyun
async info() {
```

```
    const { ctx } = this;
    ctx.body = `接收到的命名参数为：${ctx.params.name}`;
}
```

在工具中访问 http://127.0.0.1:7001/info/heimatengyun 路由时，可以获取到命名参数如图 8.6 所示。

图 8.6　获取命名参数

注意：对于复杂的参数，在定义路由时也支持通过正则表达式进行匹配。

8.2.4　获取表单内容

除了可以通过 "ctx.query.参数名" 和 ctx.params 获取参数外，还可以通过 ctx.request.body 接收表单数据。在 Params 控制器中定义 form 方法，用于获取通过 post 传递的表单数据，代码如下：

```
// 获取表单数据
async form() {
    const { ctx } = this;
    ctx.body = `表单数据为：${JSON.stringify(ctx.request.body)}`;
}
```

接下来定义 form 路由，在 router.js 中添加如下代码：

```
// 获取表单数据
router.post('/form', controller.param.form);
```

在 postman 接口测试工具中可以通过 post 传递参数，通过 x-www-form-urlencoded 方式传递，如图 8.7 所示。

图 8.7　获取表单数据

也可以通过 raw 传递 JSON 字符串，如图 8.8 所示。

图 8.8　通过 JSON 传递参数

⚠️注意：接收 post 数据时，Egg 框架默认会进行 CSRF 校验，为了方便演示，临时将其关闭了。

表单传递的数据通常需要进行校验，关于表单校验，可以使用插件 egg-validate，具体将在 8.3 节进行介绍。

8.2.5　路由重定向

Router 还提供了重定向功能，分为内部重定向和外部重定向。

1．内部重定向

在创建项目时，系统会默认生成根路由（即访问根目录就是访问到 controller.home.index 控制器的路由），现在定义"/index"路由跳转到该控制器。在 router.js 文件中添加如下重定向：

```
router.get('/', controller.home.index);
// 重定向
router.redirect('/index', controller.home.index, 302);
```

当访问"/index"时会自动重定向到"/"，效果如图 8.9 所示。

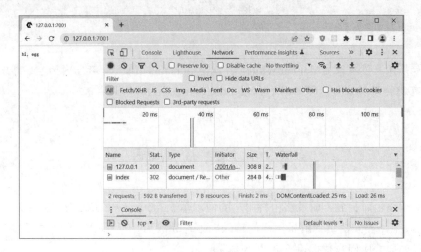

图 8.9　内部重定向

2. 外部重定向

外部重定向可以在控制器中通过 ctx 上下文对象的 redirect 方法进行跳转。Egg 框架通过 security 插件覆盖了 Koa 原生的 ctx.redirect 实现，以提供更加安全的重定向。Egg 框架主要提供以下两个方法进行跳转：

- ctx.redirect(url)：如果不在配置的白名单域名内，则禁止跳转。
- ctx.unsafeRedirect(url)：不判断域名，直接跳转，一般不建议使用，在明确了解其可能带来的风险后再使用。

在 param.js 中添加如下重定向代码：

```
// 外部重定向
async redirect() {
  const type = this.ctx.query.type;
  const q = this.ctx.query.q || 'egg';
  if (type === 'bing') {
    this.ctx.redirect(`http://cn.bing.com/search?q=${q}`);
  } else {
    this.ctx.redirect(`https://www.baidu.com/s?wd=${q}`);
  }
}
```

在 ctx.redirect 方法中通过 ctx.query 接收参数，type 用于表示搜索引擎类型，q 用于表示搜索的内容，根据 type 不同打开不同的搜索引擎进行搜索。接下来在 router.js 中添加路由：

```
// 外部重定向
router.get('/redirect', controller.param.redirect);
```

当在浏览器中访问 http://127.0.0.1:7001/redirect?type=bing 时会跳转到 bing 中进行搜索，当访问 http://127.0.0.1:7001/redirect?type=baidu 会打开百度进行搜索。

在实际项目中，如果使用 ctx.redirect 方法，需要在应用的配置文件 config/config.default.js 中做如下配置：

```
// config/config.default.js
config.security = {
  // 安全白名单，以"."开头，如不配置则默认会对所有跳转请求放行
  domainWhiteList: [ '.domain.com' ],
};
```

> 注意：如果用户没有配置 domainWhiteList 或者 domainWhiteList 数组内为空，则默认会对所有跳转请求放行，即等同于 ctx.unsafeRedirect(url)。

8.3 Egg 控制器

前面讲解路由时提到，通过路由将用户的请求基于 method 和 URL 分发到了对应的控制器（Controller）上，控制器负责解析用户的输入，处理完成后，返回相应的结果。本节对如何编写控制器、如何响应用户数据进行介绍。

8.3.1 编写控制器

编写控制器之前，先了解控制器的作用。Egg 框架推荐在 Controller 层主要对用户的请求参数进行处理（校验、转换），然后调用对应的 Service 方法处理业务，得到业务结果后封装并返回，主要处理步骤如下：

（1）获取用户通过 HTTP 传递的请求参数。

（2）校验、组装参数。

（3）调用 Service 方法进行业务处理，必要时处理转换 Service 的返回结果，让它适应用户的需求。

（4）通过 HTTP 将结果响应发送给用户。

所有的 Controller 文件必须放在 app/controller 目录下。支持多级目录，访问的时候可以通过目录名级联访问。

接下来通过代码演示 Controller 类的编写，由于要验证表单数据，所以需要先安装 egg-validate 插件，可以通过如下命令安装：

```
npm install egg-validate
```

安装完成后，需要在 config/plugin.js 文件中配置插件：

```
validate: {
  enable: true,
  package: 'egg-validate',
},
```

插件配置好后可以在控制器中验证表单数据。在 controller 目录下新建 post.js 文件，代码如下。

代码 8.5　编写控制器：post.js

```
'use strict';
const Controller = require('egg').Controller;
class PostController extends Controller {
  async create() {
    const { ctx, service } = this;
    // 创建校验规则
    const createRule = {
      username: {
        type: 'string',
      },
      email: {
        type: 'email',
      },
      password: {
        type: 'password',
      },
    };
    // 1. 校验参数
    ctx.validate(createRule);
    // 2. 调用 Service 进行业务处理
    const result = await service.post.create(ctx.request.body);
    // 3. 设置响应内容和响应状态码
    ctx.body = result;
```

```
    ctx.status = 201;
  }
}
module.exports = PostController;
```

在上述控制器中，通过 egg-validate 插件的 validate 方法对接收的参数进行校验，其中，要求 username 字段必须是 string（字符串类型）、email 字段为 email（邮箱类型）、password 字段为 password 类型。这些字段只有满足相应类型要求且必须有值的情况下才能通过校验。通过校验后，将数据传递给业务逻辑 Service 层进行处理，最后将数据响应给客户端。

接下来创建 Service，在 app 目录下创建 service 目录，并在其下创建 post.js 文件。

代码 8.6　Service 层：post.js

```
'use strict';
const Service = require('egg').Service;
class PostService extends Service {
  async create(info) {
    // 进行业务处理
    return info;
  }
}
module.exports = PostService;
```

Service 类的编写需要继承自框架的 Service 类，该类用于业务逻辑处理。本例为了简化演示，仅将收到的数据原样返回。更多关于 Service 类的内容将在下一节讲解。

代码编写完成后，在 router.js 中添加路由映射如下：

```
router.post('/createpost', controller.post.create);
```

编写完成后，在 postman 中进行测试，如果输入的参数不符合验证规则，就会得到报错信息。所有参数都符合校验规则后，正确的结果如图 8.10 所示。

图 8.10　参数校验

定义的 Controller 类会在每个请求访问 Server 时实例化一个全新的对象（即 this 对象），而项目中的 Controller 类继承于 egg.Controller，会有下面几个属性挂在 this 对象上。

❑ this.ctx：当前请求的上下文 Context 对象的实例，通过该属性可以得到框架封装好的处理当前请求的各种便捷属性和方法。

❑ this.app：当前应用 Application 对象的实例，通过该属性可以得到框架提供的全局对象和方法。

❑ this.service：应用定义的 Service，通过该属性可以访问抽象的业务层，相当于

this.ctx.service。
- this.config：应用运行时的配置项。
- this.logger：logger 对象，其有 4 个方法（debug、info、warn 和 error），分别代表打印 4 个不同级别的日志，使用方法和效果与 context logger 中介绍的一样，但是通过 logger 对象记录的日志，在日志前面会加上打印该日志的文件路径，以便快速定位日志打印位置。

按照类的方式编写 Controller，不仅可以更好地对 Controller 层的代码进行抽象（如将一些统一的处理抽象成一些私有方法），还可以通过自定义 Controller 基类的方式封装应用中常用的方法。

> 注意：在项目中一般会自定义基类继承自 Egg.Controller，然后让自定义的控制器再继承此基类，在后面的内容中还会进行演示。

8.3.2 获取 HTTP 请求参数

Egg 框架通过在 Controller 上绑定的 Context 实例，提供了许多便捷的方法和属性，用于获取用户通过 HTTP 请求发送的参数。在 8.2 节讲解路由时已经介绍了一些方法，本节进一步进行汇总。

1. query参数

在 URL 中"?"后面的部分是一个 Query String，这一部分经常用于在 get 类型的请求中传递参数。例如，在/search?name=heimatengyun 中，name=heimatengyun 就是用户传递的参数。可以通过 ctx.query 得到解析过后的这个参数体。

当 Query String 中的 key 重复时，ctx.query 只取 key 第一次出现时的值，后面再出现的都会被忽略。例如 /search?name=panda&name=heimatengyun，通过 ctx.query 得到的值是 {name:"panda"}。这样处理是为了保持统一性，Egg 框架保证从 ctx.query 上获取的参数一旦存在，一定是字符串类型。

2. queries参数

有时候系统会设计成让用户传递相同的 key，例如，GET /posts?category=egg&id=1&id=2&id=3。针对此类情况，Egg 框架提供了 ctx.queries 对象，这个对象也解析了 Query String，但是它不会丢弃任何一个重复的数据，而是将它们都放到一个数组中。ctx.queries 上所有的 key 如果有值，那么一定是数组类型。

3. Router params

在 Router 中也可以申明参数，这些参数可以通过 ctx.params 获取到。

4. body参数

通过 URL 传递参数存在限制，即浏览器对 URL 的长度有限制。如果需要传递的参数过多则无法传递。服务端经常会将访问的完整 URL 记录到日志文件中，有一些敏感数据通过 URL

传递会不安全。

在 HTTP 请求报文中，在 Header 之后还有一个 body 部分，我们通常会在这一部分中传递 post、put 和 delete 等方法的参数。一般请求中有 body 的时候，客户端（浏览器）会同时发送 Content-Type 告诉服务端这次请求的 body 是什么格式。在 Web 开发中数据传递最常用的两类格式分别是 JSON 和 Form。

Egg 框架内置了 bodyParser 中间件将这两类格式的请求 body 解析成 object 挂载到 ctx.request.body 上。在 HTTP 中并不建议通过 get、head 方法访问时传递 body，因此我们无法在 get、head 方法中按照此方法获取内容。

Egg 框架对 bodyParser 设置了一些默认参数，可以在 config/config.default.js 中覆盖框架的默认值。

5. 获取上传文件

请求 body 除了可以带参数之外，还可以发送文件。一般来说，在浏览器中都是通过 Multipart/form-data 格式发送文件的，Egg 框架通过内置的 Multipart 插件来支持获取用户上传的文件，其提供了两种方式，即 File 模式和 Stream 模式。

对于 File 模式，可以通过 ctx.request.files 进行接收；如果使用 Stream 模式，在 Controller 中，我们可以通过 ctx.getFileStream 接口获取上传的文件流。

6. Header

除了从 URL 和请求 body 上获取参数之外，还有许多参数是通过请求 Header 传递的。Egg 框架提供了一些辅助属性和方法来获取这些参数。

- ctx.headers、ctx.header、ctx.request.headers 和 ctx.request.header：这几个方法是等价的，都是获取整个 Header 对象。
- ctx.get(name)、ctx.request.get(name)：获取请求 Header 中的一个字段的值，如果这个字段不存在，则返回空字符串。

建议用 ctx.get(name)而不是 ctx.headers['name']，因为前者会自动处理大小写。

7. Cookie

HTTP 请求都是无状态的，但是我们的 Web 应用通常都需要知道发起请求的人是谁。为了解决这个问题，HTTP 设计了一个特殊的请求头：Cookie。服务端可以通过响应头（set-cookie）将少量数据响应发送给客户端，浏览器会遵循协议保存数据，并在下次请求同一个服务的时候带上（浏览器也会遵循协议，只在访问符合 Cookie 指定规则的网站时带上对应的 Cookie 来保证安全性）。

通过 ctx.cookies，可以在 Controller 中便捷、安全地设置和读取 Cookie。通过 ctx.cookies.get ('名称')获取 Cookie，通过 ctx.cookies.set('名称',值)设置 Cookie。虽然 Cookie 在 HTTP 中只是一个头，但是通过 foo=bar;foo1=bar1; 的格式可以设置多个键值对。

8. Session

通过 Cookie，可以给每个用户设置一个 Session，用来存储与用户身份相关的信息，这份信息被加密后存储在 Cookie 中，实现一直保持跨请求的用户身份。

Egg 框架内置了 Session 插件，可以通过 ctx.session 来访问或者修改当前用户的 Session。Session 的使用方法非常直观，直接读取或者修改就可以了，如果要删除 Session，直接将它赋值为 null。

8.3.3 调用 Service 层

项目中不建议在 Controller 中实现太多的业务逻辑，Egg 框架提供了一个 Service 层进行业务逻辑的封装，这样不仅能提高代码的复用性，而且可以让业务逻辑更好地进行测试。

在 Controller 中可以调用任何一个 Service 层上的任何方法，同时 Service 层是懒加载的，只有当访问它的时候 Egg 框架才会实例化它。

如 8.3.1 节例子所示，通过 ctx.service 即可以调用 Service 层定义的方法。Service 层的具体写法和更多细节将在 8.4 节讲解 Service 时进行介绍。

8.3.4 发送 HTTP 响应

当业务逻辑完成之后，Controller 的最后一个职责就是将业务逻辑的处理结果通过 HTTP 响应发送给用户。

1. 设置 status

HTTP 设计了非常多的状态码，每个状态码都代表一个特定的含义，通过设置正确的状态码，可以让响应更符合语义。Egg 框架提供了一个便捷的 Setter 进行状态码的设置，如 this.ctx.status = 201;表示设置状态码为 201。

2. 设置 body

绝大多数的数据都是通过 body 发送给请求方的，和请求中的 body 一样，在响应中发送的 body 也需要有配套的 Content-Type 告知客户端如何对数据进行解析。

作为一个 RESTfull 的 API 接口 controller，通常会返回 Content-Type 为 application/json 格式的 body，内容是一个 JSON 字符串；作为一个 HTML 页面的 Controller，通常会返回 Content-Type 为 text/html 格式的 body，内容是 HTML 代码段。

🛆 注意：ctx.body 是 ctx.response.body 的简写，不要和 ctx.request.body 混淆了。

通常来说，我们不会手写 HTML 页面，而是通过模板引擎来生成。Egg 框架自身没有集成任何一个模板引擎，但是约定了 View 插件的规范，通过接入的模板引擎，可以直接使用 ctx.render(template)来渲染模板生成 HTML。

有时需要给非本域的页面提供接口服务，由于一些历史原因无法通过 CORS 实现，所以可以通过 JSONP 进行响应。如果 JSONP 使用不当会导致非常多的安全问题，因此 Egg 框架提供了便捷的响应 JSONP 格式数据的方法，封装了 JSONP XSS 相关的安全防范，并支持进行 CSRF 校验和 Referrer 校验。

3. 设置Header

我们通过状态码标识请求成功与否、状态如何，在 body 中设置响应的内容。通过响应的 Header，还可以设置一些扩展信息。通过 ctx.set(key, value)方法可以设置一个响应头，通过 ctx.set(headers)可以设置多个 Header。

设置一个标识处理响应时间的响应头示例代码如下：

```javascript
// app/controller/api.js
class ProxyController extends Controller {
  async show() {
    const ctx = this.ctx;
    const start = Date.now();
    ctx.body = await ctx.service.post.get();
    const used = Date.now() - start;
    // 设置一个响应头
    ctx.set('show-response-time', used.toString());
  }
}
```

4. 重定向

Egg 框架通过 security 插件覆盖了 Koa 原生的 ctx.redirect 实现，以提供更加安全的重定向。在 8.2.5 节介绍路由时演示了重定向的方法，在此不再赘述。

8.4 Egg 的 Service

8.3 节介绍了控制器，对于业务比较复杂的系统，需要把业务独立出来而不是直接放在控制器内。本节讲解 Egg 框架服务的概念、使用场景，以及如何定义和使用服务。

8.4.1 Service 的概念

Service 就是在复杂业务场景下用于业务逻辑封装的一个抽象层。这样做的好处比较明显：保持 Controller 中的逻辑更加简洁；保持业务逻辑的独立性，抽象出来的 Service 可以被多个 Controller 重复调用；将逻辑和展现分离，更容易编写测试用例。

1. 使用场景

Service 的使用场景主要分为以下两种。
- 复杂数据的处理，例如，要展现的信息需要从数据库中获取，还要经过一定的规则计算才能返回用户；或者计算完成后更新数据库。
- 第三方服务的调用，如 GitHub 信息获取等。

2. 实例属性

Service 的定义如 8.3.1 节的代码 8.6 所示，只需要定义类继承自 Egg 框架的 Service 类即可。每次用户发送请求时，Egg 框架都会实例化对应的 Service 实例，由于它继承自 egg.Service，所以该 Service 实例对象具有以下属性，以便开发时使用。
- this.ctx：当前请求的上下文 Context 对象的实例，通过它可以获得 Egg 框架封装好的处理当前请求的各种便捷的属性和方法。
- this.app：当前应用 Application 对象的实例，通过它可以获得 Egg 框架提供的全局对象和方法。
- this.service：应用定义的 Service，通过它可以访问到其他业务层，等价于 this.ctx.service。
- this.config：应用运行时的配置项。
- this.logger：logger 对象，其有 4 个方法（debug，info，warn，error），代表打印 4 个级别的日志，使用方法和效果与 context logger 中介绍的一样，但是通过 logger 对象记录的日志，在其前面会加上打印该日志的文件路径，以便快速定位日志打印位置。

为了获取用户请求的链路，在 Service 初始化中注入了请求上下文，用户可以直接通过 this.ctx 来获取上下文的相关信息。有了 this.ctx，可以获得 Egg 框架封装的各种便捷的属性和方法。this.ctx 的以下属性在开发时比较常用：
- this.ctx.curl：发起网络调用。
- his.ctx.service.otherService：调用其他 Service。
- this.ctx.db：发起数据库调用等，db 可能是其他插件提前挂载到 App 上的模块。

3. 注意事项
- Service 文件必须放在 app/service 目录下，该目录可以支持多级目录，访问的时候通过目录名进行级联访问。
- 一个 Service 文件只能包含一个类，这个类需要通过 module.exports 方式返回。
- Service 需要通过 Class 的方式定义，父类必须是 egg.Service。
- Service 不是单例，是请求级别的对象，Egg 框架在每次请求首次访问 ctx.service.xx 时才进行实例化，因此在 Service 中可以通过 this.ctx 获取当前请求的上下文。

8.4.2 使用 Service

接下来通过反转字符串操作来演示 Service 的定义和使用。在 app/service 目录下定义 Service，新建 reverse.js 文件如下。

代码 8.7　Service 层：reverse.js

```
'use strict';
const Service = require('egg').Service;
class ReverseService extends Service {
  async reverse(str) {
    // 反转字符串参数（在真实项目中可能是一些复杂的逻辑或耗时的操作）
    return str.split('').reverse().join('');
  }
}
module.exports = ReverseService;
```

自定义的 ReverseService 类继承自框架的 Service 类，在其中实现字符串反转功能，在真实项目中可能是一些复杂的逻辑或耗时的操作。接下来定义控制器，在 app/controller 目录下新建

reverse.js 文件如下。

代码 8.8　Controller层：reverse.js

```js
'use strict';
const Controller = require('egg').Controller;
class ReverseController extends Controller {
  async reverse() {
    const str = this.ctx.query.msg;
    const result = await this.service.reverse.reverse(str);
    console.log(result);
    this.ctx.body = {
      origin: str,
      reverse: result,
    };
  }
}
module.exports = ReverseController;
```

在控制器中通过上下文对象 ctx 的 query 方法接收用户传递的参数 msg，然后通过 this.service 调用刚才创建的 Service，最后将反转后的数据返回调用者。接下来在路由器中添加路由映射。在 router.js 文件中添加如下映射关系：

```js
// 反转字符串
router.get('/reverse', controller.reverse.reverse);
```

至此，Controller 层和 Sevice 层就创建完成了，通过 postman 进行测试，结果如图 8.11 所示，表明创建成功。

图 8.11　反转字符串

8.5　Egg 中间件

在第 7 章中讲解了 Koa 框架，由于 Egg 是基于 Koa 框架实现的，所以 Egg 中间件的形式和 Koa 的中间件是一样的，都是基于洋葱模型。本节通过中间件的编写来体验 Egg 中间件的使用方法。

8.5.1 编写中间件

由于 Egg 中间件采用的是洋葱模型，所以每编写一个中间件，就相当于在洋葱外面包了一层。本节先编写一个简单的计时中间件 perfomance 来演示中间件的用法。

在 app 目录下新建 middleware 目录，在该目录下创建 perfomance.js 文件。

代码 8.9 中间件：perfomance.js

```javascript
module.exports = (option, app) => {
  // 返回函数的名称可以自定义，不与文件名相同，但在配置文件中只认文件名（文件名即为中间件名）
  return async function perfomance(ctx, next) {
    // 打印传递的配置参数
    console.log(option);
    console.log(app);
    // 中间件具体的业务功能
    const startTime = Date.now();
    await next();
    const countTime = Date.now() - startTime;
    console.log(`本次请求处理共耗时：${countTime}`);
  };
};
```

中间件的名称就是文件名称。Egg 框架约定一个中间件是放置在 app/middleware 目录下的单独文件，它需要使用 exports 导出一个普通的 function 函数，该函数接收两个参数：options 和 app。其中，options 是中间件的配置项，框架会将 app.config[${middlewareName}]传递进来；app 是当前应用 Application 的实例。

上述中间件编写完成后，还需要手动挂载。在 config/config.default.js 文件中添加 middleware 中间件的配置内容如下：

```javascript
// 配置全局中间件
config.middleware = [ 'perfomance' ];
// 给中间件传参
config.perfomance = {
  author: 'heimatengyun',
};
```

配置完成后，访问之前的任何一个接口，都可以在控制台看到此中间件的打印信息。如再次访问 8.4.2 节的 reverse 路由（http://127.0.0.1:7001/reverse?msg=heimatengyun），可以看到控制台打印的信息如图 8.12 所示。

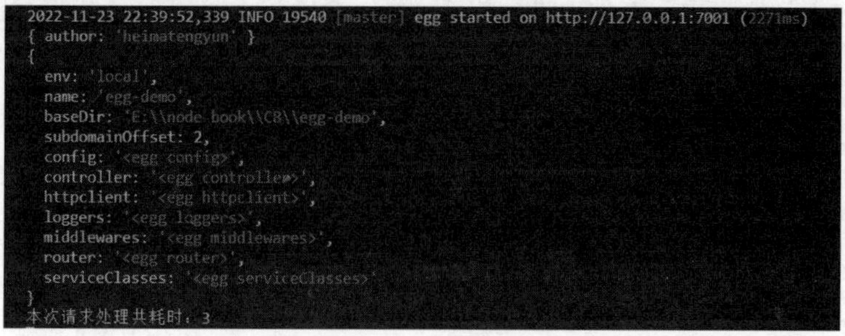

图 8.12 中间件的输出结果

可以看到，通过 option 参数得到了配置信息，通过 app 参数获取到了应用程序的实例对象。访问任何一个路由，middleware 中间件都会被自动调用。

8.5.2　使用中间件

前面的例子演示了中间件的基本用法，遵从先编写再配置的原则，每当访问任何一个路由时都会执行中间件，但在真实项目中有时候访问特定的路由才需要执行中间件。因此 Egg 框架从不同维度对中间件进行了分类。

从作用范围可以将中间件分为全局中间件和局部中间件；从中间件所属关系可以分为应用层中间件和框架默认中间件。8.5.1 节定义的就是应用层全局中间件。

1．在实际应用中使用中间件

在实际应用中，可以通过配置来加载自定义的中间件并决定它们的顺序。例如，8.5.1 节定义的 perfomance 中间件在 config.default.js 中的配置如下：

```
// 配置全局中间件
config.middleware = [ 'perfomance' ];
// 给中间件传参
config.perfomance = {
  author: 'heimatengyun',
};
```

上述配置最终将在启动时合并到 app.config.appMiddleware 中间件中。

2．在框架和插件中使用中间件

框架和插件不支持在 config.default.js 中匹配 middleware，需要进行以下设置：

```
module.exports = (app) => {
  // 在中间件最前面统计请求时间
  app.config.coreMiddleware.unshift('report');
};
```

应用层定义的中间件（app.config.appMiddleware）和框架默认中间件（app.config.coreMiddleware）都会被加载器加载并挂载到 app.middleware 上。

3．在Router中使用中间件

以上两种方式配置的中间件是全局的，会处理每一次请求。如果只想针对单个路由生效，那么不需要在 config.default.js 文件中进行配置，可以直接在 app/router.js 中进行实例化和挂载，代码如下：

```
// 指定路由的中间件
const perfomance = app.middleware.perfomance({ author: 'heimatengyun' },
app);                          // 需要自行传入参数
 router.get('/reverse', perfomance, controller.reverse.reverse);
```

这样只有在访问/reverse 路由时，中间件才会执行。如果通过路由形式配置中间件，则需要自行传入参数。

4. 框架默认的中间件

除了在应用层加载中间件之外，框架自身和其他插件也会加载许多中间件。这些自带中间件的配置项通过在配置中修改中间件的同名配置项进行修改。例如，框架自带的中间件中有一个名称为 bodyParser 的中间件（框架的加载器会将文件名中的各种分隔符都修改成驼峰形式的变量名），如果要修改 bodyParser 的配置，只需要在 config/config.default.js 中进行如下编写：

```js
module.exports = {
  bodyParser: {
    jsonLimit: '10mb',
  },
};
```

> 注意：框架和插件加载的中间件会在应用层配置的中间件之前执行，框架默认的中间件不能被应用层中间件覆盖，如果应用层有自定义的同名中间件，那么在启动时会报错。

5. 使用Koa中间件

在 Egg 框架里可以非常容易地引入 Koa 中间件生态，以 koa-compress 为例，在 Koa 中引入：

```js
const koa = require('koa');
const compress = require('koa-compress');
const app = koa();
const options = { threshold: 2048 };
app.use(compress(options));
```

我们按照框架的规范在应用中加载这个 Koa 中间件，需要在 app/middleware 目录下创建 compress.js 文件，内容如下：

```js
// app/middleware/compress.js
// koa-compress 暴露的接口(`(options) => middleware`)和框架对中间件要求一致
module.exports = require('koa-compress');
```

接着需要在 config/config.default.js 文件中进行配置，内容如下：

```js
// config/config.default.js
module.exports = {
  middleware: ['compress'],
  compress: {
    threshold: 2048,
  },
};
```

6. 中间件的通用配置

无论应用层加载的中间件还是框架自带的中间件，都支持几个通用的配置项，分别是 enable、match 和 ignore。enable 用于控制中间件是否开启；match 用于设置只有符合某些规则的请求才会经过这个中间件；ignore 用于设置符合某些规则的请求不经过这个中间件。下面具体介绍。

1）enable

如果应用并不需要默认的 bodyParser 中间件进行请求体的解析，则可以通过配置 enable 为 false 将其关闭。

```
module.exports = {
  bodyParser: {
    enable: false,
  },
};
```

2）match 和 ignore

match 和 ignore 支持的参数都一样，只是作用完全相反，match 和 ignore 不允许同时配置。如果想让 perfomance 中间件只针对以/static 为前缀的 URL 请求才开启，那么可以配置 match 选项。

```
module.exports = {
  perfomance: {
    match: '/static',
  },
};
```

match 和 ignore 支持多种类型的配置方式：
- 字符串：当参数为字符串类型时，配置的是一个 URL 的路径前缀，所有以配置的字符串作为前缀的 URL 都会匹配上。当然，也可以直接使用字符串数组。
- 正则：当参数为正则时，直接匹配满足正则验证的 URL 的路径。
- 函数：当参数为一个函数时，会将请求上下文传递给这个函数，最终以函数返回的结果（true 或 false）来判断是否匹配。

```
module.exports = {
  gzip: {
    match(ctx) {
      // 只有使用 iOS 的设备才开启
      const reg = /iphone|ipad|ipod/i;
      return reg.test(ctx.get('user-agent'));
    },
  },
};
```

8.6　Egg 插件

8.5 节讲解了 Egg 中间件的使用，虽然中间件可以在拦截用户请求后完成如鉴权、安全检查和访问日志等功能，但是对于一些和请求无关的功能（如定时任务、消息订阅等）需要一套更加强大的机制进行管理。Egg 插件就是为解决这些问题而生的，本节主要对 Egg 插件进行介绍。

8.6.1　插件简介

插件机制是 Egg 框架的一大特色，它不但可以保证框架核心足够精简、稳定、高效，还可以促进业务逻辑的复用和生态圈的形成。

在使用插件之前，首先介绍插件诞生的背景。我们在使用 Koa 中间件的过程中发现了下面一些问题：
- 中间件加载其实是有先后顺序的，但是中间件自身却无法管理这种顺序，只能交给使用者。这样其实非常不友好,一旦顺序不对,结果可能有天壤之别。
- 中间件的定位是拦截用户请求,并在拦截前后做一些事情,如鉴权、安全检查、访问日志等。但实际情况是,有些功能是和请求无关的,如定时任务、消息订阅和后台逻辑等。
- 有些功能包含非常复杂的初始化逻辑,需要在应用启动的时候完成。这显然也不适合放到中间件中去实现。

综上所述,我们需要一套更加强大的机制来管理、编排那些相对独立的业务逻辑。

然后介绍中间件、插件和应用的关系。一个插件其实就是一个"迷你的应用",和应用(App)几乎一样。应用可以直接引入 Koa 中间件;插件本身可以包含中间件;多个插件可以包装为一个上层框架。

8.6.2 常用的插件

本节先介绍 Egg 框架默认内置的企业级应用插件,接着通过 egg-validate 表单验证插件演示插件的使用方法。

1. 常用的内置插件

Egg 框架默认内置的企业级应用的常用插件如表 8.2 所示。

表 8.2　Egg 框架内置的插件

插 件 名 称	功 能 描 述
egg-onerror	统一异常处理
egg-session	Session实现
egg-i18n	多语言
egg-watcher	文件和文件夹监控
egg-multipart	文件流式上传
egg-security	安全
egg-development	开发环境配置
egg-logrotator	日志切分
egg-schedule	定时任务
egg-static	静态服务器
egg-jsonp	JSONP支持
egg-view	模板引擎
egg-validate	表单验证插件
egg-mysql	数据库插件

更多社区的插件可以在 GitHub 上搜索 egg-plugin。

2. 插件的使用

在 8.3.1 节中演示了 egg-validate 对接收到的表单数据的校验。插件的使用一般分为 3 步:首先通过 npm 命令进行安装;其次在应用或框架的 config/plugin.js 中进行配置以开启插件;最后直接通过 App 对象使用插件提供的功能。

在 plugin.js 文件中，插件配置项如下：

- {Boolean} enable：是否开启此插件，默认为 true。
- {String} package：NPM 模块名称，通过 NPM 模块形式引入插件。
- {String} path：插件的绝对路径，跟 package 配置互斥。
- {Array} env：只有在指定运行环境时才能开启，会覆盖插件自身 package.json 中的配置。

在上层框架内部内置的插件，在使用时不用配置 package 或者 path，只需要指定 enable 是否开启此插件：

```
// 对于内置插件，可以用下面的简洁方式开启或关闭
exports.onerror = false;
```

package 和 path 的区别：package 是以 NPM 方式引入的，也是最常见的引入方式；path 是以绝对路径的方式引入，如应用内部抽了一个插件，但还没达到开源发布独立 NPM 的阶段，或者应用自己覆盖了框架的一些插件。

插件一般包含自己的默认配置，应用开发者可以用 config.default.js 覆盖对应的配置。

8.6.3 数据库插件

在 Web 应用方面，MySQL 是常见的关系型数据库之一。很多网站都选择以 MySQL 作为网站数据库。Egg 框架提供了 egg-mysql 插件来访问 MySQL 数据库，这个插件既可以访问普通的 MySQL 数据库，又可以访问基于 MySQL 协议的在线数据库服务。

本节以 egg-mysql 插件为例，演示操作 MySQL 数据库的步骤和方法。

1．数据库环境准备

安装 MySQL 数据库并创建数据库 eggdemo，在该数据库下创建 userinfo 表。由于篇幅所限，MySQL 的安装及数据库的建立过程这里不再介绍。

表的设计如图 8.13 所示。

图 8.13　数据库表的设计

数据库环境安装好后导入并执行脚本文件 eggdemo.sql 即可。数据库建表的 SQL 语句如下：

```
SET NAMES utf8mb4;
SET FOREIGN_KEY_CHECKS = 0;
-- ----------------------------
-- Table structure for userinfo
-- ----------------------------
DROP TABLE IF EXISTS `userinfo`;
CREATE TABLE `userinfo` (
```

```
  `ID` int(11) NOT NULL AUTO_INCREMENT,
  `user_name` varchar(255) CHARACTER SET utf8 COLLATE utf8_unicode_ci NULL DEFAULT NULL COMMENT '用户名',
  `password` varchar(255) CHARACTER SET utf8 COLLATE utf8_unicode_ci NULL DEFAULT NULL COMMENT '密码',
  PRIMARY KEY (`ID`) USING BTREE
) ENGINE = MyISAM AUTO_INCREMENT = 3 CHARACTER SET = utf8 COLLATE = utf8_unicode_ci ROW_FORMAT = Dynamic;
-- ----------------------------
-- Records of userinfo
-- ----------------------------
INSERT INTO `userinfo` VALUES (1, '张三', '123456');
INSERT INTO `userinfo` VALUES (2, '李四', '88888');
SET FOREIGN_KEY_CHECKS = 1;
```

导入成功后，打开表，如图 8.14 所示。

图 8.14　数据表记录

2. egg-mysql 的安装与配置

安装 egg-mysql 插件，在终端执行如下命令：

```
npm i egg-mysql
```

安装完成后，在 config/plugin.js 中配置开启插件：

```
mysql: {
  enable: true,
  package: 'egg-mysql',
},
```

在 config/config.defatult.js 中配置数据库连接信息：

```
config.mysql = {
  // 单数据库信息配置
  client: {
    // host
    host: 'localhost',
    // 端口号
    port: '3306',
    // 用户名
    user: 'root',
    // 密码
    password: 'root',
    // 数据库名
    database: 'eggdemo',
  },
  // 是否加载到 App 上，默认开启
  app: true,
  // 是否加载到 agent 上，默认关闭
  agent: false,
};
```

3. 在Egg项目中使用

由于对 MySQL 数据库的访问操作属于 Web 层中的数据处理层，所以强烈建议将这部分代码放在 Service 层中进行维护。在 service 目录下创建 login.js 文件，代码如下。

代码 8.10　在Service层操作数据库：login.js

```
'use strict';
const Service = require('egg').Service;
class LoginService extends Service {
  async login() {
    const user = await this.app.mysql.get('userinfo', { id: 1 });
    return { user };
  }
}
module.exports = LoginService;
```

由于前面在配置文件中开启并配置了 egg-mysql 插件，所以这里可以直接通过 app.mysql 调用该插件封装的各种数据库操作方法。在本例中通过 get 方法在 userinfo 表中查询 ID 为 1 的记录并将查询结果返回。

接下来在 controller 目录下新建 login.js 控制器文件。

代码 8.11　在Controller层调用Service层：login.js

```
'use strict';
const Controller = require('egg').Controller;
class LoginController extends Controller {
  async login() {
    const user = await this.ctx.service.login.login();
    this.ctx.body = user;
  }
}
module.exports = LoginController;
```

在控制器层直接调用 Service 层，并将结果返回给调用端。接下来配置路由器：

```
// 数据库操作
router.post('/login', controller.login.login);
```

至此，/login 路由就定义好了，当在测试工具中访问接口时，正常返回数据库信息，如图 8.15 所示。

图 8.15　数据库查询结果

最简单的数据库查询操作就完成了。egg-mysql 插件除了封装了 CRUD 相应的方法外，还提供了直接执行 SQL 语句的功能，同时也支持事务处理，由于篇幅有限，这些内容需要读者自行学习，也可以关注相关的文章。

8.7 本章小结

本章详细介绍了 Egg 框架的相关概念和基本用法。Egg 框架是基于 Koa 的企业级框架，目的是帮助开发团队和开发人员降低开发成本和维护成本。

8.1 节介绍了 Egg 的基本概念及诞生背景，通过 Egg 脚手架创建了第一个 Egg 程序。接着分析 Egg 程序的目录结构和基本语法，后续内容围绕各个目录展开介绍，每个目录就是一个大的知识点。8.2 节讲解了路由的定义和使用、如何通过路由定义 RESTfull 风格的路由，以及如何通过路由传递和获取参数，这些知识点是每个项目都会用到的。8.3 节讲解了控制器的编写、控制器实例对象相应的属性和方法，以及如何通过控制器处理 HTTP 请求参数。8.4 节讲解了服务的编写以及 Service 实例对象相应的属性和方法。8.5 节讲解了中间件的概念、Egg 中间件与 Koa 中间件的关系，并通过示例演示了中间件的编写方法。8.6 节讲解了插件的使用，以 egg-mysql 插件为例演示了插件的使用步骤和注意事项。

本章通过大量的示例对 Egg 框架的相关知识点进行了详细介绍，希望读者能在实际开发中灵活应用。由于篇幅原因还有很多内容如 passport 认证中间件、数据库 ORM 框架 Sequelize、Socket.IO 通信框架、插件开发、框架开发等需要读者自行深入学习。

第 3 篇
项目实战

▶▶ 第 9 章　百果园微信商城需求分析

▶▶ 第 10 章　百果园微信商城架构设计

▶▶ 第 11 章　百果园微信商城后端 API 服务

▶▶ 第 12 章　百果园微信商城 Vue 管理后台

▶▶ 第 13 章　百果园微信商城小程序

▶▶ 第 14 章　百果园微信商城项目部署与发布

▶▶ 第 15 章　百果园微信商城性能优化初探

第 9 章 百果园微信商城需求分析

前 8 章详细介绍了 Node.js 的基础知识及常见框架,从本章开始将从完整的前后端分离项目入手,通过项目实战体会 Node.js 在企业级项目中的应用。从软件工程角度分析,完整项目开发流程主要包括需求分析、概要设计、详细设计、编码实现、测试和上线运营。本章先从需求分析入手,对外卖商城系统进行剖析,为后续开发打下基础。

本章涉及的主要知识点如下:
- 软件开发流程:了解软件系统开发从 0 到 1 的过程;
- 需求分析工具:了解常用的原型工具如 Axure 和墨刀等;
- 技术选型:学会根据项目需求选择合适的技术栈;
- 开发环境准备:掌握项目开发相关环境的安装和工具的使用。

> 注意:虽然我们重点讲解的是 Node.js,但是本项目提供了整个全栈项目的代码,读者可以根据自身情况自行选择对应的模块进行学习。

9.1 需求分析

从软件工程角度分析,一款软件的诞生需要经过需求分析、概要设计、详细设计、编码实现、测试和上线运营,项目上线后还会根据用户需求进行迭代开发。根据软件业务复杂程度还可以采用不同的开发模型,如瀑布模型、迭代模型和敏捷开发等。

需求分析是软件开发流程中非常核心的一环,直接决定软件的成败。需求分析的阶段产物可以是"软件需求规格说明书",也可以是"原型图"。此阶段主要由产品经理主导完成,常见的原型图工具有 Axure 和墨刀等。

虽然需求分析非常重要,但是作为技术书籍,本章并不打算详细讲解需求分析的过程。为了降低需求分析的难度,让读者把关注点放到技术实现上,笔者选择了企业级百果园微信商城项目作为案例。

本项目是典型的 B2C 电商系统,系统用户分为消费者用户和平台商家两大类。作为消费者用户,可以使用微信小程序方便地选择商品并进行购买;作为平台商家,可以通过管理后台对小程序展示的商品进行上下架操作等管理,还可以对用户订单进行处理。

百果园微信商城从系统组成可分为用户端小程序和商家管理后台,如图 9.1 所示。

图 9.1 百果园微信商城系统架构

用户要购买商品,需要商家在管理后台上传商品。管理后台的功能模块划分如下:
- 登录:后台管理员通过账号和密码登录系统,根据不同权限显示不同的操作菜单。
- 商品管理:分为分类管理、分类参数管理和商品管理。分类管理包括商品分类的添加、修改和删除操作。分类参数分为动态参数和静态属性,隶属于某个商品分类,除了参数的常规管理外,还可以针对参数添加和删除参数标签。商品管理包括商品基本信息设置、修改商品参数、上传商品图片和商品介绍管理。
- 订单管理:针对微信小程序端用户的订单进行管理。
- 权限管理:分为账号管理、权限管理和角色管理,可以针对不同的用户划分不同的角色,为不同角色划分不同的权限。

商家管理后台的主要功能模块如图 9.2 所示。

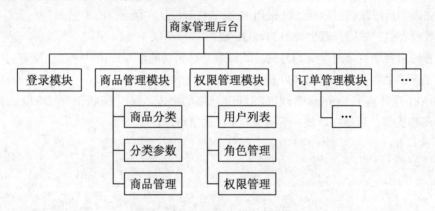

图 9.2　商家管理后台的功能模块

百果园微信商城小程序的主要功能模块包括首页、分类页、购物车页和我的这 4 项。其中:首页主要完成商品展示和推荐商品的展示;在分类页单击不同的分类可以切换到对应的商品;在购物车页面可以将喜欢的商品添加到购物车中进行购买;我的页面主要包括我的订单信息、个人信息管理等。用户端小程序功能模块如图 9.3 所示。

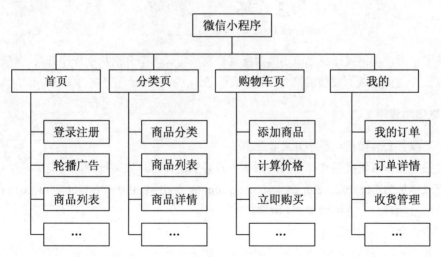

图 9.3　微信小程序功能模块

9.2 技术选型

在进行具体设计和开发之前,需要分析项目使用场景,然后完成技术选型。通过 9.1 节的分析可知,系统分为用户端和管理端,但商品数据、订单数据是共享的,因此可以明确以下几点:

- ❏ 开发架构:采用前后端分离的模式进行开发,后端 API 单独为一个 RESTfull 风格的接口项目。这样前端的展示更加灵活,前后端无须一一对应。
- ❏ 技术选择:小程序采用微信官方原生小程序语法;管理后端采用 Vue+ElementUI+Axios 完成前后端联调;后端 API 采用 Node.js+Express 实现。
- ❏ 数据存储:采用开源免费的 MySQL 数据库。

Vue 管理后台项目采用 Vue 组件的方式提取个性化功能编写成组件,以提高复用率。包括菜单在内的所有数据均通过后端 API 提供的数据进行渲染。

后端 API 项目基于 Express 实现 RESTfull 风格的接口,采用 Node.js 的 ORM 插件完成数据库的访问和操作。后端接口统一返回 JSON 格式字符串:

```
{
    "data": {
        …
    },
    "meta": {
        "msg": "获取成功",
        "status": 200
    }
}
```

根据不同的业务逻辑,将不同接口的数据封装为对象返回 data 字段中。

9.3 环境准备

厘清需求后,在正式开发之前还需要配置开发环境。本节分别从小程序开发、管理平台和后端 API 三个方面完成开发前的准备工作。

1. 微信小程序

(1)下载并安装微信小程序开发者工具。

读者根据操作系统类型选择对应的版本下载并安装即可,安装过程非常简单,在此不进行演示。下载地址为 https://developers.weixin.qq.com/miniprogram/dev/devtools/download.html。安装完成后运行项目,主界面如图 9.4 所示。

(2)申请微信小程序账号。

要正式发布小程序,需要申请小程序账号,如果涉及支付问题,则需要以企业资质申请微信支付商户号并进行关联。在开发阶段可以使用测试号进行开发,待正式发布时按照官网要求提供相应资料进行申请即可。

微信官方提供的小程序注册地址为 https://mp.weixin.qq.com/wxopen/waregister?action=step1，根据页面提示即可申请。

图 9.4　微信小程序主界面

2. 管理平台

后端开发工具可以使用任何文本编辑工具，这里推荐使用 Visual Studio Code，它是微软开发的一款免费、开源的代码编辑器，界面简洁且具有丰富的插件，可以根据需求安装相应的插件来提高开发效率，Visual Studio Code 的界面如图 9.5 所示，官网下载地址为 https://code.visualstudio.com/。

图 9.5　Visual Studio Code 的界面

在创建 Vue 项目时需要使用 Vue-cli 脚手架，因此需要使用 NPM 工具进行安装。由于在前面的章节中已经介绍了安装 Node.js，会自动安装 NPM 工具，所以这里无须再单独安装了。

3. 后端API

管理后端主要使用 Express+MySQL 进行开发，Express 的相关知识已在前面章节中详细介绍过，本节主要演示 MySQL 的安装。

不同的操作系统安装 MySQL 的方法有所不同，由于本书不是专门讲解数据库的书籍，所以为了简化安装，直接安装集成环境 PhpStudy。

PhpStudy 的官网下载地址为 https://www.xp.cn/，安装过程也非常简单，可以查看官网帮助手册。安装完成后，当需要用到 MySQL 数据库时，在面板中开启即可，如图 9.6 所示。

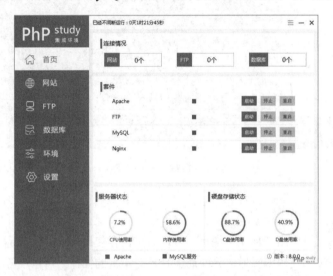

图 9.6　PhpStudy 面板的主界面

9.4　本章小结

本章首先对百果园微信商城系统的需求进行了初步分析。百果园微信商城系统分为微信小程序和商家管理后台两部分。其中，微信小程序供消费者使用，主要功能包括用户登录、商品浏览、购买商品、查看订单信息、修改个人信息等。商家管理后台供商家使用，主要功能包括管理员登录、商品信息管理、商品分类管理、商品分类参数管理、权限管理、用户管理和订单管理等。

完成项目需求初步分析，划分功能模块之后，根据需求对技术进行选型，微信小程序端采用微信原生语法；管理后台采用 Vue+ElementUI 实现；后端 API 采用 Node.js+Express 实现 RESTfull 风格的 API。

完成以上工作之后，最后介绍了开发系统所需的开发环境和工具的安装。由于篇幅所限，加之开发环境的安装比较简单，在本章中未一一进行演示。读者可参考给出的官方网址自行安装即可，如果在安装过程中遇到问题，可以根据关键字上网搜索解决，也可以联系笔者进行答疑。

建议读者安装好开发环境后，先把项目运行起来，结合代码进行本章内容的学习，效率更高。

第10章 百果园微信商城架构设计

在第9章中完成了对百果园微信商城系统的需求分析,初步明确了项目的功能。接下来就要对系统进行整体规划和设计。系统设计直接影响后续的编码和项目实施的成败,本章将对系统的核心功能进行架构设计,为后续开发打下基础。

本章涉及的主要知识点如下:
- 软件系统架构:了解常见系统架构 C/S、B/S、SOA、BPM 的概念;
- 前后端分离模式:理解大型项目前后端分离开发模式及关注点;
- 接口规划:学会梳理软件系统的接口;
- 数据库设计:掌握数据库设计方法,理解 E-R 图、数据表等概念。

注意:没有基础的读者可以先将项目运行起来再对照本章内容进行学习。

10.1 系统架构

软件架构也称软件体系结构(Software Architecture),它为我们提供了软件的整体视图,即系统的一个或者多个结构,结构中包含软件的构件、构件的外部可见属性及其关系。软件体系结构相当于一个房屋的平面图,描绘了房屋的整体布局,包括各个房间的尺寸、位置等。

软件体系结构经历了多个发展阶段:主机/终端体系结构(Host/Terminal,H/T)、客户机/服务器体系结构(Client/Server,C/S)、浏览器/服务器体系结构(Browser/Server,B/S)、多层体系结构、面向服务的体系结构(Service-Oriented Architecture,SOA)以及面向工作流引擎(Business Process Management,BPM)的体系结构等。

百果园微信商城系统用户端采用微信小程序,而管理平台则采用 B/S 架构,管理人员通过浏览器就可以访问系统,进行商品信息管理。

在早期的软件开发中,项目规模较小,需求和业务都不复杂。随着业务功能变多,软件开发模块也发生了变化。从早期的前后端不分离发展为现在的前后端分离的开发模式,有助于团队分工,提高开发效率。百果园微信商城系统也采用主流的前后端分离的开发模式,如图 10.1 所示。

前后端分离后,服务可能部署在不同的服务器上,因此要求 API 项目需要考虑并解决跨域问题。在小程序端和管理平台调用

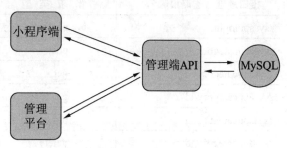

图 10.1 前后端分离开发模式架构示意

API 接口时，需要通过登录和 Token 机制进行用户信息验证，如果未登录就不能访问相应的接口。以管理端接口调用为例，授权流程如图 10.2 所示。

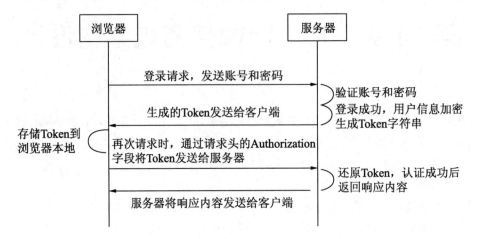

图 10.2　授权流程

除了需要用户登录才能调用接口外，系统还需要设计菜单权限和接口权限。根据不同的用户和角色来区分不同的权限。通常的做法是在不同的业务逻辑中判断当前登录的用户是否有权限，但这样做会增加额外的代码，并且使得代码难以维护。为了不破坏授权业务，不添加冗余代码，本项目采用拦截和注入的方式来实现权限判断，如图 10.3 所示。

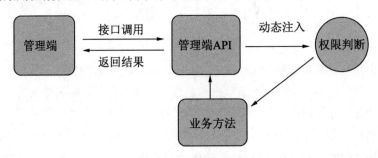

图 10.3　接口权限校验

有了接口的权限验证机制，接下来就要根据需求来规划后端的 API，部分管理端 API 路由规划如表 10.1 所示。

表 10.1　管理端API路由规划

接口地址（省略根域名）	请求类型	功能说明
/sysapi/login	post	账号、密码登录系统
/sysapi/category	post	添加商品分类
/sysapi/category	get	获取商品分类
/sysapi/category/id	get	获取指定的ID分类
/sysapi/category/id	put	更新指定的ID分类
/sysapi/category/id	delete	删除指定的分类

续表

接口地址（省略根域名）	请求类型	功能说明
/sysapi/category/id/attributes	post	创建分类参数
/sysapi/category/id/attributes	get	获取分类参数
/sysapi/category/id/attributes/id	get	获取参数详情
/sysapi/category/id/attributes/id	put	更新参数
/sysapi/category/id/attributes/id	delete	删除参数
/sysapi/upload	post	上传图片接口
/sysapi/goods	get	获取商品列表
/sysapi/goods	post	添加商品
/sysapi/goods	delete	删除商品
/sysapi/goods	put	更新商品
/sysapi/goods/id	get	获取商品详情

注意：具体的请求参数和返回字段等详细信息，可参考后续代码。

10.2 数据库设计

本节演示数据库的创建过程，没有数据库基础的读者，可以直接使用随书代码中的 SQL 语句来创建数据库。

项目相关的数据需要持久化存储，这里采用 MySQL 作为数据存储的数据库。数据库的设计相当于对项目的内部逻辑进行分解设计，在进行数据库设计时要遵循范式理论，但在实际项目中根据项目需求，也存在不严格按照范式理论进行设计的情况。

由于篇幅所限，本节将百果园微信商城系统的数据库分为 9 个实体，包括商品表、管理员表、角色表、权限表、接口权限表、分类表、属性表、商品图片表和商品属性表。每个实体又有其对应的属性，它们之间的关系如下：

- 管理员表和角色表是独立的表，系统约定一个管理员只有一种角色，一种角色可以赋给不同的管理员，因此管理员和角色属于一对多的关系。
- 角色表和权限表也是独立的表，系统约定一个角色对应多种权限，一种权限也可以赋给不同的角色，因此需要设计为一对多的关系进行存储。
- 商品表和分类表、属性表是独立的表，一个商品属于某个分类，某个分类又具有多个属性，同时一个商品可以有多张商品图片，因此需要设计与商品表之间的关联关系。

综上分析，系统的数据库关系图（也称 ER 图）如图 10.4 所示。

注意：ER 图只给出了部分实体属性，完整的属性可参看物理表字段。

根据 ER 图，将属性作为字段，得出相关表的逻辑模型如图 10.5 所示。

第 3 篇 项目实战

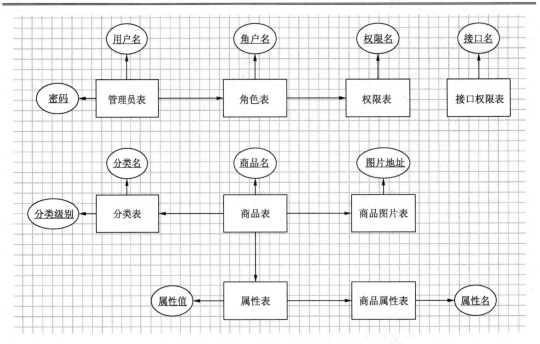

图 10.4 数据库 ER 图

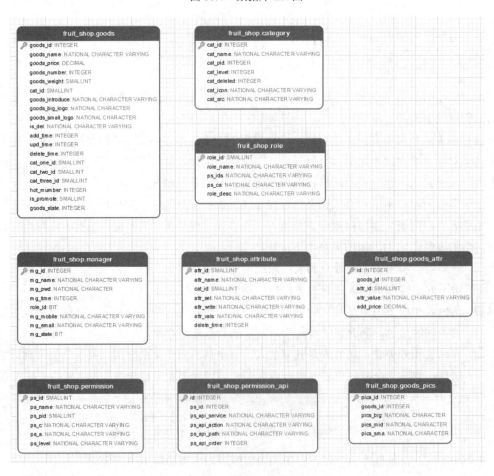

图 10.5 数据库逻辑模型

> **注意**：为了简化演示，图 10.5 省略了表之间的关联关系。在实际项目中要根据需要建立表之间的主键、外键关联关系。

也可以将逻辑模型以表格的形式呈现，如表 10.2～表 10.10 所示，以便后续将其转换为数据库中的物理模型。

表 10.2 管理员表 manager

字段名	类型	长度	是否为空	备注
mg_id	int	11	N	主键ID
mg_name	varchar	32	N	名称
mg_pwd	char	64	N	密码
mg_time	int	10	N	注册时间
role_id	tinyint	11	N	角色ID
mg_mobile	varchar	32	Y	手机号
mg_email	varchar	64	Y	邮箱
mg_state	tinyint	2	Y	1表示启用，0表示禁用

表 10.3 角色表 role

字段名	类型	长度	是否为空	备注
role_id	smallint	6	N	角色ID
role_name	varchar	20	N	角色名称
ps_ids	varchar	512	N	权限表permission的ps_id字段，表示权限集合，使用逗号进行分隔如（1, 2, 3）
ps_ca	text	0	Y	控制器-操作
role_desc	text	0	Y	角色描述

表 10.4 权限表 permission

字段名	类型	长度	是否为空	备注
ps_id	smallint	6	N	权限ID
ps_name	varchar	20	N	权限名称
ps_pid	smallint	6	N	父ID
ps_c	varchar	32	N	控制器
ps_a	varchar	32	N	操作方法
ps_level	enum		N	权限等级

表 10.5 接口权限表 permission_api

字段名	类型	长度	是否为空	备注
id	int	11	N	主键ID
ps_id	int	11	N	权限ID
ps_api_service	varchar	255	Y	Service名称
ps_api_action	varchar	255	Y	控制器

续表

字段名	类型	长度	是否为空	备注
ps_api_path	varchar	255	Y	请求路径
ps_api_order	int	4	Y	排序

表 10.6　分类表category

字段名	类型	长度	是否为空	备注
cat_id	int	32	N	分类ID
cat_name	varchar	255	Y	分类名称
cat_pid	int	32	Y	分类父ID
cat_level	int	4	Y	分类层级，0为顶级，1为二级，2为三级
cat_deleted	int	2	Y	是否删除，1为删除
cat_inco	varchar	255	Y	分类图片
cat_src	text	0	Y	分类链接

表 10.7　属性表attribute

字段名	类型	长度	是否为空	备注
attr_id	smallint	5	N	主键ID
attr_name	varchar	32	N	属性名称
cat_id	smallint	5	N	外键，类型ID
attr_sel	enum		N	值为Only或many，Only为输入框唯一值，many为后台下拉列表/前台单选框
attr_write	enum		N	manual表示手工录入，list表示从列表中选
attr_vals	text	0	N	可选值的列表信息，例如颜色可选白色、红色、蓝色等，多个可选值通过空格分隔
delete_time	int	11	Y	删除时间标志

表 10.8　商品表goods

字段名	类型	长度	是否为空	备注
goods_id	mediumint	8	N	主键ID
goods_name	varchar	255	N	商品名称
goods_price	decimal	10	N	商品价格
goods_number	int	8	N	商品数量
goods_weight	smallint	5	N	商品重量
cat_id	smallint	5	N	类型ID
goods_introduce	longtext	0	Y	商品详情介绍
goods_big_logo	char	128	N	图片Logo大图
goods_small_logo	char	128	N	图片Logo小图

续表

字 段 名	类 型	长 度	是否为空	备 注
is_del	enum		N	0表示正常，1表示删除
add_time	int	11	N	添加商品时间
upd_time	int	11	N	修改商品时间
delete_time	int	11	Y	软删除标识
cat_one_id	smallint	5	Y	一级分类ID
cat_two_id	smallint	5	Y	二级分类ID
cat_three_id	smallint	5	Y	三级分类ID
hot_number	int	11	Y	热卖数量
is_promote	smallint	5	Y	是否促销
goods_state	int	11	Y	商品状态，1表示审核中，0表示未通过，2表示已通过

表 10.9 商品属性表goods_attr

字 段 名	类 型	长 度	是否为空	备 注
id	int	10	N	主键ID
goods_id	mediumint	8	N	商品ID
attr_id	smallint	5	N	属性ID
attr_value	text	0	N	商品对应属性的值
add_price	decimal	8	Y	该属性需要额外增加的价钱

表 10.10 商品图片表goods_pics

字 段 名	类 型	长 度	是否为空	备 注
pics_id	int	10	N	主键ID
goods_id	mediumint	8	N	商品ID
pics_big	char	128	N	大图为800×800
pics_mid	char	128	N	中图为350×350
pics_sma	char	128	N	小图为50×50

有了数据库的逻辑模型后，需要将其转换为 SQL 建表语句并在 MySQL 数据库中执行创建相应的表。将以上逻辑模型转换为数据库中的物理模型有多种方法，可以通过数据库工具 PowerDesinger 直接导入 MySQL 数据库，也可以手动在数据库管理系统如 Navicat 中通过可视化的方式创建，还可以直接录入 SQL 语句。

用 SQL 语句方式创建表，以创建管理员表 manager 为例，建表语句如下。

代码 10.1 创建管理员表manager的SQL语句

```
CREATE TABLE `manager` (
  `mg_id` int(11) NOT NULL AUTO_INCREMENT COMMENT '主键ID',
  `mg_name` varchar(32) CHARACTER SET utf8 COLLATE utf8_unicode_ci NOT NULL COMMENT '名称',
  `mg_pwd` char(64) CHARACTER SET utf8 COLLATE utf8_unicode_ci NOT NULL COMMENT '密码',
```

```
  `mg_time` int(10) UNSIGNED NOT NULL COMMENT '注册时间',
  `role_id` tinyint(11) NOT NULL COMMENT '角色 ID',
  `mg_mobile` varchar(32) CHARACTER SET utf8 COLLATE utf8_unicode_ci NULL
DEFAULT NULL,
  `mg_email` varchar(64) CHARACTER SET utf8 COLLATE utf8_unicode_ci NULL
DEFAULT NULL,
  `mg_state` tinyint(2) NULL DEFAULT 1 COMMENT '1 表示启用，0 表示禁用',
  PRIMARY KEY (`mg_id`) USING BTREE
) ENGINE = MyISAM AUTO_INCREMENT = 3 CHARACTER SET = utf8 COLLATE =
utf8_unicode_ci ROW_FORMAT = Dynamic;
```

当然，也可以可视化创建数据库后，导出 SQL 语句。其他数据表的操作类似。数据库创建好之后，后续就可以通过代码来操作数据库，实现 API 编程了。

10.3 本章小结

本章首先介绍了软件体系结构的作用和常见的软件体系结构，如主机/终端体系结构（Host/Terminal，H/T）、客户机/服务器体系结构（Client/Server，C/S）、浏览器/服务器体系结构（Browser/Server，B/S）、多层体系结构、面向服务的体系结构（Service-Oriented Architecture，SOA）以及面向工作流引擎（Business Process Management，BPM）的体系结构等。针对百果园微信商城系统的需求，选择 B/S 架构模式和前后端分离的模式，并对外卖商城系统中的登录验证、接口权限拦截验证进行了设计，对接口路由进行了规划。

然后介绍了数据库设计的相关知识，根据需求完成数据库 ER 图设计和逻辑模型设计，得出 MySQL 相关的表结构和字段，为后续 API 开发提供数据基础。

建议读者安装好开发环境后，先把项目运行起来，结合代码进行本章内容的学习，效率更高。

第 11 章 百果园微信商城后端 API 服务

前面几章对百果园微信商城系统进行了需求分析和概要设计，本章开始进入具体的编码实现阶段。本章主要基于 Express+MySQL 实现管理后端 API 服务的编写。通过使用第三方中间件如 passport 权限校验中间件、Multer 文件上传中间件等来提高开发效率。通过本章的学习，读者可以掌握 RESTfull 风格接口的编写方法。

本章涉及的主要知识点如下：

- ❏ 路由模块化：学会通过 mount-routes 插件实现路由模块化和动态挂载；
- ❏ 权限验证：学会使用 passport 中间件完成用户登录校验和 Token 校验；
- ❏ 数据库操作：学会使用 MySQL+ORM 中间件操作数据库；
- ❏ 权限拦截：学会通过闭包实现服务层方法的拦截，从而在不破坏业务代码的情况下实现权限判断；
- ❏ 文件上传：掌握通过 Multer 实现文件上传的方法，通过 Express 制作图片服务器方法；
- ❏ 接口编写方法：掌握基于 Express 的 RESTfull 风格接口的编写方法。

注意：读者可以先运行项目，然后再对照本章内容进行学习效率更高。

11.1 项目搭建

本节首先通过 NPM 工具初始化后端 Express 接口项目，并对返回的数据格式统一封装为 JSON 格式。通过基于 Node.js 的中间件 mout-routes 对后端路由进行模块化统一管理和自动挂载，为后续具体接口的编写做好准备。

11.1.1 项目初始化

创建 sysapi 目录，进入目录后使用如下命令初始化项目并安装 Express 框架。

```
npm init
npm install express@4.17.2 --save
```

在 sysapi 目录下创建 app.js 文件，代码如下：

代码 11.1　入口文件：app.js

```js
var express = require('express')
var app = express()
app.get('/', (req, res) => {
    res.send('welcome')
})
app.listen(8088, () => {
    console.log("服务器地址 http://127.0.0.1:8088")
})
```

在浏览器中访问 http://127.0.0.1:8088，输出 welcome，表示项目创建成功。

11.1.2　封装返回 JSON

11.1.1 节返回的数据格式存在一些问题。例如，访问一个不存在的地址，目前显示的结果不友好，虽然接口正确，但是接口调用方希望得到的数据为 JSON 格式方便操作，因此需要统一设置响应的数据格式。

要对所有数据格式进行统一封装，可以通过定义中间件来实现，在中间件中挂载函数用于统一处理数据返回为 JSON 格式。在根目录下新建 modules 目录，新建 resExtra.js 文件，代码如下。

代码 11.2　数据格式 JSON 处理：resExtra.js

```js
// 统一返回结果的中间件
module.exports = function (req, res, next) {
    res.sendResult = function (data, code, message) {
        var fmt = req.query.fmt ? req.query.fmt : "rest";
        if (fmt == "rest") {
            res.json(
                {
                    "data": data,
                    "meta": {
                        "msg": message,
                        "status": code
                    }
                });
        }
    };
    next();
}
```

在 app.js 中修改返回函数，通过调用中间件的方法使其返回数据为 JSON 格式，代码如下。

代码 11.3　入口文件：app.js

```js
// 挂载中间件，设置统一响应
var resextra = require('./modules/resExtra')
app.use(resextra)
app.get('/', (req, res) => {
    // res.send('welcome')
    res.sendResult('welcome', 200, '获取成功')
})
// 未匹配到路由，提示 404
app.use((req, res, next) => {
    res.sendResult(null, 404, 'not Found')
})
```

在浏览器中访问 http://127.0.0.1:8088，得到的 JSON 结果如图 11.1 所示。

{"data":"welcome","meta":{"msg":"获取成功","status":200}}

图 11.1　返回 JSON 数据

11.1.3　路由模块化配置

如果所有的路由都放在 app.js 文件中，后期维护必然困难。因此要使用 express.Router 函数创建路由对象，并使用 mount-routes 插件将路由按功能进行模块化管理。

1．安装插件

执行如下命令安装插件：

```
npm i mount-routes
```

2．创建路由

在根目录下创建 routes 目录，然后在该目录下创建 sysapi 接口目录。在 sysapi 目录下创建 category.js 和 goods.js 文件。category.js 文件的代码如下。

代码 11.4　分类路由：category.js

```
var express = require('express')
var router = express.Router();
router.get('/', (req, res) => {
    res.sendResult('获取商品分类', 200, 'success')
})
module.exports = router
```

goods.js 文件的代码如下。

代码 11.5　分类路由：category.js

```
var express = require('express')
var router = express.Router();
router.get('/', (req, res) => {
    res.sendResult('获取商品信息', 200, 'success')
})
module.exports = router
```

3．挂载路由

在 app.js 中自动挂载路由：

```
var path = require('path')
...
// 路由加载
var mount = require('mount-routes')
// 初始化路由
mount(app, path.join(process.cwd(), '/routes'), true)
```

mout 函数中的第 3 个参数为 true，表示在控制台打印接口信息，在浏览器或 postman 中测试，结果如图 11.2 所示。

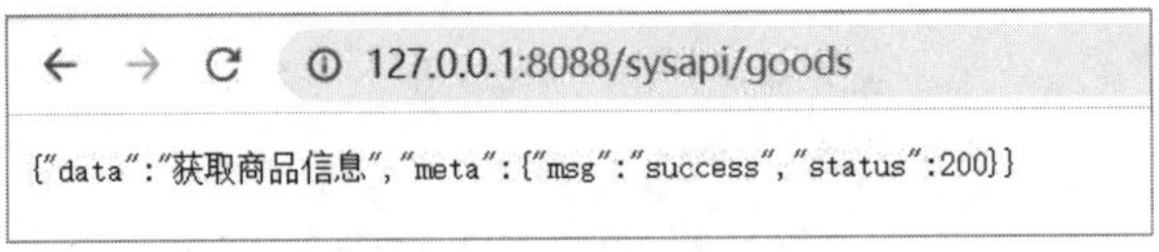
127.0.0.1:8088/sysapi/goods
{"data":"获取商品信息","meta":{"msg":"success","status":200}}

图 11.2　测试获取接口数据

11.2　接口安全校验

上述接口无须进行登录就可以访问，这是不安全的。因此需要采用类似会员卡的机制进行认证。本项目使用 passport 中间件来实现接口安全校验。

passport.js 是 Node.js 中的一个登录验证中间件，非常灵活和模块化，并可与 Express 和 Sails 等 Web 框架无缝集成。使用 passport 的目的是“登录验证”，提供很多的 strategies（策略），每一个 strategy 是对一种验证方式的封装，如 psaaport-local 是使用本地验证，一般的用户信息存储在数据库中。Web 一般有两种登录验证形式，即用户名和密码认证登录、OAuth 认证登录。

strategy 是 passport 中最重要的概念。passport 模块本身不能进行认证，所有的认证方法都以策略模式封装为插件，需要某种认证时将其添加到 package.json 即可。策略模式是一种设计模式，它将算法和对象分离开，通过加载不同的算法实现不同的行为，适用于相关类的成员相同但行为不同的场景。例如在 passport 中，认证所需的字段都是用户名、邮箱和密码等，但认证方法是不同的。

为了简化演示，本节采取 Token 认证的方式。先在服务器端固定一个 Token，当客户端调用时带上 Token 进行校验。

注意： 在后续开发中会逐渐完善，认证方式将改为数据库查询验证的方式。

11.2.1　Token 校验

在 passport.js 中集成 Token 验证，加入如下内容：

```
...
const BearerStrategy = require('passport-http-bearer').Strategy;
...
// Token 验证策略
passport.use(new BearerStrategy(
      function (token, done) {
          //先写死，设置为登录接口相同的 Token
          if(token=='aaa'){
             return done(null,'取得用户信息')
          }else{
             return done('token 验证错误')
          }
      }
```

```
    }));
...
// Token 验证函数
module.exports.tokenAuth=function(req,res,next){
    passport.authenticate('bearer', { session: false },
function(err,tokenData){
        if(err) return res.sendResult(null,400,'无效token');
        if(!tokenData) return res.sendResult(null,400,'无效token');
        // next();
        //返回仅仅是为了测试，其他接口验证要放行
        return res.sendResult(tokenData,200,'success')
    })(req,res,next);
}
```

在 app.js 文件中添加路由进行测试：

```
...
//Token 验证，仅作为测试，后续将作为中间件挂载到其他路由上
app.get('/auth', sys_passport.tokenAuth)
```

在工具中进行测试，结果如图 11.3 所示。

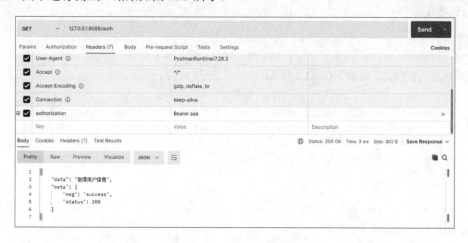

图 11.3　Token 校验测试

前面登录成功后生成的 Token 是写死的，需要使用 Jsonwebtoken 插件动态生成。Jsonwebtoken 插件的下载地址为 https://www.npmjs.com/package/jsonwebtoken。

1. 安装Jsonwebtoken插件

使用如下命令安装 Jsonwebtoken 插件：

```
npm i jsonwebtoken
```

2. 创建配置文件

使用 config 插件对配置文件进行管理，插件下载地址为 https://www.npmjs.com/package/config。

（1）安装 config 插件，命令如下：

```
npm i config
```

在根目录下创建 config 目录，然后创建 default.json 文件：

```
{
    "config_name": "develop",
    "jwt_config": {
        "secretKey": "heimatengyun",
        "expiresIn": 86400
    }
}
```

3. 登录时生成Token

修改 passport.js 文件，通过前面安装的 config 插件获取配置文件值，并使用 jwt.sin 方法生成 Token。

```
...
var jwt=require('jsonwebtoken')
var jwt_config = require("config").get("jwt_config");
...
//在登录验证逻辑中，将原来写死的 Token 改为使用 jwt.sign 生成
  var token = jwt.sign({ "uid": user.id, "rid": user.rid }, jwt_config.get("secretKey"), { "expiresIn": jwt_config.get("expiresIn") });
//临时写死
  // var token = 'aaa'
  user.token = "Bearer " + token;
...
```

运行程序并测试，结果如图 11.4 所示。

图 11.4　测试生成 Token

4．判断授权时校验Token

修改 passport.js 文件，passport.use 使用 Token 验证策略时，改为使用 jwt.verify 方法进行校验 Token 值。

```
...
jwt.verify(token, jwt_config.get("secretKey"), function (err, decode) {
            if (err) { return done("验证错误"); }
            return done(null, decode);
        });
```

```
            //先写死，设置为登录接口相同的Token
            // if(token=='aaa'){
            //     return done(null,'取得用户信息')
            // }else{
            //     return done('token 验证错误')
            // }
...
```

将上一步中生成的 Token 值复制出来，在工具中测试/auth 接口，发现 Token 验证成功，如图 11.5 所示。

图 11.5　测试 Token 验证

11.2.2　登录校验

1．安装插件

通过以下命令安装 passport 和 passport-http-bearer 插件：

```
npm i passport passport-http-bearer
```

2．创建认证模块

在 modules 目录下创建 passport_token.js 文件，代码如下。

代码 11.6　分类路由：passport_token.js

```
const passport = require('passport')
const BearerStrategy = require('passport-http-bearer').Strategy;
//写死几个固定的 Token 作为演示
var tokens = {
    'aaa': { name: 'aaa' },
    'bbb': { name: 'bbb' },
}
// Token 验证策略
passport.use(new BearerStrategy(
    function (token, done) {
```

```
            console.log('passport.use')
            //这里查询 Token 是否有效
            if (tokens[token]) {
                //如果有效，则将 done 方法的第 2 个参数传递用户对象，然后路由的 req.user 对
                    象即为当前对象
                done(null, tokens[token]);
            }
            else {
                done(null, false);
            }
        }
));
// module.exports = passport.authenticate('bearer', { session: false });
module.exports.tokenAuth=function(req,res,next){
    console.log('tokenAuth')
    passport.authenticate('bearer', { session: false },
function(err,tokenData){
        console.log('authenticate')
        console.log(err,tokenData)
        if(err) return res.sendResult(null,400,'无效 token');
        if(!tokenData) return res.sendResult(null,400,'无效 token');
        // next();
        return res.sendResult(tokenData,200,'success')
    })(req,res,next);
}
```

3．使用认证保护接口

复制 app.js 文件并命名为 app-local.js 用于测试，在 app-local.js 文件中添加以下内容：

```
var auth = require('./modules/passport_token')
...
// 添加 Token 验证
app.get('/auth', auth.tokenAuth)
```

将创建的认证模块应用到需要保护的接口上，在工具中进行测试，传入正确的 Token 值，结果如图 11.6 所示。

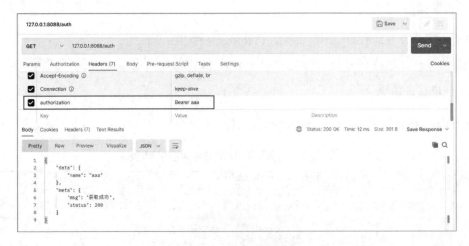

图 11.6　测试传递 Token

传入不正确的 Token 值或不传，结果如图 11.7 所示。

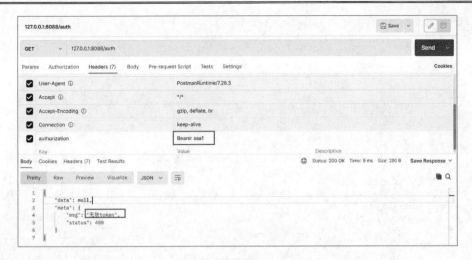

图 11.7 测试不传 Token

这样就实现了单个接口验证。

4. 指定要校验的接口

在 app.js 中指定要校验的接口，代码如下：

```
// 所有接口都要校验
//App.use(auth.tokenAuth)
...
// 指定接口校验
app.use('/sysapi/*',auth.tokenAuth)
...
```

通过这种形式可以指定某些接口需要校验，某些接口不需要校验。

5. 登录策略验证

上述的 Token 值是写死的，实际上每位用户都应该有自己的 Token，因此需要通过账号和密码登录来生成 Token 值。

（1）通过以下命令安装 passport-local 插件：

```
npm i passport-local
```

（2）创建登录认证模块。

在 modules 目录下创建 passport_local.js 文件，代码如下。

代码 11.7　分类路由：passport_local.js

```
const passport = require('passport')
const LocalStrategy = require('passport-local').Strategy
//写死固定用户作为演示
var user = {
    username: '123',
    password: '123'
};
// local 验证策略
passport.use('local', new LocalStrategy(
    function (username, password, done) {    //done 为 authenticate 的回调函数
```

```
            if (username !== user.username) {
                return done(null, false, { message: '用户名不正确' });
            }
            if (password !== user.password) {
                return done(null, false, { message: '密码不正确' });
            }
            //验证成功后，传入后面的流程
            return done(null,true, user);
        }
));
module.exports.login = function (req, res, next) {
    passport.authenticate('local', function (err, suc, obj) {
        console.log(err, suc, obj)
        if (suc) {
            return res.sendResult(obj, 200, '获取成功')
        } else {
            return res.sendResult(null, 500, obj.message)
        }
    })(req, res, next);
}
```

（3）验证登录接口。

修改 app-local.js 文件，引入登录验证模块：

```
...
var login=require('./modules/passport_local')
app.use('/sysapi/login',login.login)
...
```

测试登录接口，结果如图 11.8 所示。

图 11.8　登录验证

弹出报错信息，由于登录属于获取表单数据，通过 post 请求需要安装 body-parser 解析数据。

（4）通过以下命令安装 body-parser 插件：

```
npm i body-parser
```

在 app-local.js 文件中引入 body-parser 插件并挂载到 App 实例上，代码如下：

```
...
var bodyParser = require('body-parser')
app.use(bodyParser.json())
app.use(bodyParser.urlencoded({ extended: true }))
...
```

再次对登录验证进行测试，获取用户信息成功，如图 11.9 所示。

图 11.9　测试登录验证

6．项目实现登录校验

前面几步分别验证了账号登录和 Token 验证，接下来将 passport 集成到项目中。登录需要查询数据库操作，因此需要在登录验证中把登录的相关方法提取出来，通过回调函数的形式进行调用，方便后续维护。

（1）创建登录方法。

在根目录下新建 services 目录，然后在该目录下新建 ManagerService.js 文件，代码如下。

代码 11.8　分类路由：ManagerService.js

```
// 管理员登录
module.exports.login = function (username, password, cb) {
    //暂时写死作为演示，后续从数据库中读取
    var tempuser = {
        username: '123',
        password: '123',
    };
    if (username != tempuser.username) {
        return cb('用户名不存在')
    }
    if (password != tempuser.password) {
        return cb('密码不正确')
    }
    //模拟从数据库查询中返回用户信息
    var user = {
        username: '123',
        id: 0,
        rid: 1,
```

```
        }
        return cb(null, user)
}
```

（2）possport 设置本地登录策略。

新建 passport.js 文件，代码如下。

代码 11.9　分类路由：passport.js

```
const passport = require('passport')
const LocalStrategy = require('passport-local').Strategy
// 初始化passport中间件，将登录函数提取出来放在外层控制
module.exports.setup = function (app, loginFunc, callback) {
    // local 验证策略
    passport.use(new LocalStrategy(
        function (username, password, done) {//done 为authenticate的回调函数
            if (!loginFunc) return done("登录验证函数未设置");
            loginFunc(username, password, function (err, user) {
                if (err) return done(err);
                return done(null, user);
            });
        }
    ));

    // Token 验证策略

    // 初始化passport模块
    // app.use(passport.initialize());

    if (callback) callback();
}

// 登录验证逻辑
module.exports.login = function (req, res, next) {
    passport.authenticate('local', function (err, user, info) {
        console.log(err, user, info)
        if (err) return res.sendResult(null, 400, err);
        if (!user) return res.sendResult(null, 400, "参数错误");
        // 临时写死
var token='aaa'
        user.token = "Bearer " + token;
        return res.sendResult(user, 200, '登录成功');
    })(req, res, next);
}
```

（3）设置登录入口。

在 app.js 中设置登录入口并设置登录验证函数，代码如下：

```
...
// 获取管理员逻辑模块
var managerService = require(path.join(process.cwd(),
'services/ManagerService'))
// 后台登录passport
sys_passport=require('./modules/passport')
// 设置登录验证函数
sys_passport.setup(app,managerService.login)
// 后台登录入口
app.use('/sysapi/login',sys_passport.login)
...
```

测试报错，如图 11.10 所示。

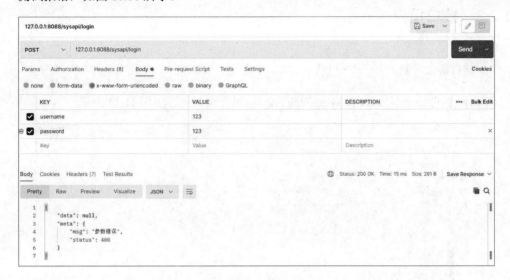

图 11.10　测试数据的传递

（4）使用 body-parser 插件。

在 App.js 文件中引入插件，代码如下：

```
...
var bodyParser = require('body-parser')
app.use(bodyParser.json())
app.use(bodyParser.urlencoded({ extended: true }))
...
```

再次测试，结果如图 11.11 所示。

图 11.11　测试验证成功

登录验证成功，后续只需要在数据库中进行查询验证即可。

11.2.3 接口授权

1. 接口添加校验

前面创建的 sysapi/goods 和 sysapi/category 可以直接访问，如图 11.12 所示。

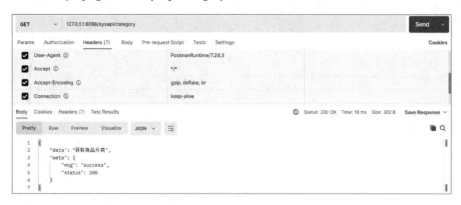

图 11.12　直接获取接口数据

为了实现对接口的安全校验，需要通过刚才创建的 passport 插件对其进行 Token 认证，认证通过后才能访问。在 app.js 文件中，通过 app.use 创建的授权中间件进行验证。

```
...
// 指定校验接口
app.use('/sysapi/*',sys_passport.tokenAuth)
...
```

再次进行测试，发现提示 Token 无效，这个信息就是授权中间件返回的，如图 11.13 所示。

图 11.13　测试接口

将登录时的 Token 复制过来通过添加 Authorization 请求传递 Token 值，再次测试时可以获取数据，如图 11.14 所示。

2. 改造授权中间件

通过对接口（sysapi/goods 和 sysapi/category）添加授权前后返回的数据对比可以看到，返回的数据不正确。返回的数据被授权中间件拦截了，因此需要改造授权中间件，以放行数据。

图 11.14　测试 Token 校验

修改 passport.js 文件中的 Token 验证函数，将 return 去掉，打开 next 放行。

```
...
next();
    //返回仅是为了测试，其他接口验证要放行
    // return res.sendResult(tokenData,200,'success')
...
```

此时再次测试，可以看到返回了正确的结果，如图 11.15 所示。

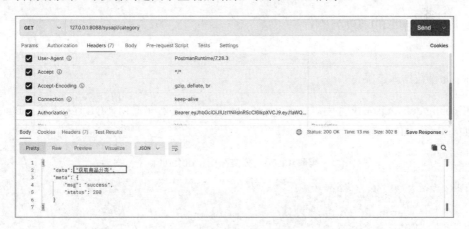

图 11.15　接收 JSON 数据

放行后，passport 验证中间件仅为进行后续操作之前所做的校验，如果没有后续操作则无法调用该中间件。因此之前的测试方法/auth 将失效，如图 11.16 所示。

在 app.js 中将 Token 验证代码注释即可。

```
...
//Token 验证，仅作为测试，后续将作为中间件挂载到其他路由上
// app.get('/auth', sys_passport.tokenAuth)
...
```

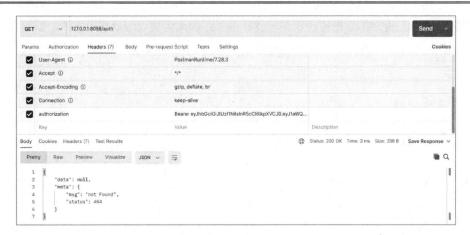

图 11.16　测试授权

至此，/sysapi/路由下所有方法的访问都需要先登录获取 Token 信息，然后在请求头中带上 Token 信息才能进行访问。

11.3　登录接口

前面实现了接口安全校验的框架，但是登录的用户名是固定的。本节实现从数据库中查询校验当前登录用户信息的合法性。

11.3.1　数据库的初始化

1．配置数据库连接

在 config/default.json 文件中添加 db_config 配置节点，用于配置 MySQL 连接信息，default.json 文件如下。

代码 11.10　分类路由：default.js

```
"db_config": {
    "protocol": "mysql",
    "host": "127.0.0.1",
    "port": 3306,
    "database": "fruit_shop",
    "user": "root",
    "password": "root"
}
```

2．安装ORM插件

使用 ORM 插件可以简化数据库操作，其官网地址为 https://www.npmjs.com/package/orm。通过以下命令安装 ORM 插件：

```
npm i orm
```

安装 MySQL，为 ORM 提供驱动，官网地址为 https://www.npmjs.com/package/mysql，安装命令如下：

```
npm i mysql
```

3. 创建数据模型

在根目录下创建 models，在其下创建管理员模型，创建 ManagerModel.js 文件，代码如下。

代码 11.11　分类路由：ManagerModel.js

```
module.exports = function (db, callback) {
    //管理员模型
    db.define("ManagerModel", {
        mg_id: { type: 'serial', key: true },
        mg_name: String,
        mg_pwd: String,
        mg_time: Number,
        role_id: Number,
        mg_mobile: String,
        mg_email: String,
        mg_state: Number
    }, {
        table: "manager"
    });
    return callback();
}
```

4．ORM 初始化数据库连接

为了提高系统的可维护性，前面已将数据模型提取到单独的文件中，在使用 ORM 初始化时通过读取文件的形式将其加载。异步读取文件可以使用 Bluebird 异步插件。

Bluebird 插件的下载地址为 https://www.npmjs.com/package/bluebird。

安装 Bluebird 插件，命令如下：

```
npm i bluebird
```

在 modules 目录下创建 db.js 文件，封装数据库初始化方法和获取数据库连接的方法，db.js 文件代码如下。

代码 11.12　分类路由：db.js

```
require("mysql")  //为 ORM 提供驱动
var orm = require("orm")
var path = require("path")
var fs = require("fs")
var Promise = require("bluebird")

// 初始化数据库连接
function init(app, callback) {
    // 加载数据库配置
    var config = require('config').get("db_config");
    // 组装数据库连接参数
    var db_opts = {
        protocol: config.get("protocol"),
        host: config.get("host"),
        port: config.get("port"),
        database: config.get("database"),
```

```javascript
        user: config.get("user"),
        password: config.get("password"),
        query: { pool: true, debug: true }
    };
    console.log("数据库连接信息：%s", JSON.stringify(db_opts));
    // 初始化ORM模型
    app.use(orm.express(db_opts, {
        define: function (db, models, next) {
            // 获取映射文件路径
            var modelsPath = path.join(process.cwd(), "/models");
            // 读取所有模型文件
            var loadModelAsynFns = new Array();          //存放所有的加载模型函数
            fs.readdir(modelsPath, function (err, files) {
                for (var i = 0; i < files.length; i++) {
                    var modelPath = modelsPath + "/" + files[i];
                    loadModelAsynFns[i] = db.loadAsync(modelPath);
                }
            });
            Promise.all(loadModelAsynFns)
                .then(function () {
                    // console.log("ORM 模型加载完成");
                    callback(null);
                    next();
                })
                .catch(function (err) {
                    console.error('加载模块出错 error: ' + err);
                    callback(error);
                    next();
                })

            global.database = db;
        }
    }));
}

module.exports.init = init;
module.exports.getDatabase = function () {
    return global.database;
}
```

5. 项目启动时初始化

在 app.js 文件中设置项目启动时进行初始化：

```javascript
...
// 初始化数据库模块
var database = require('./modules/db')
database.init(app, function(err) {
  if (err) {
    console.error('连接数据库失败 %s', err)
  }
})
...
```

11.3.2 用 ORM 实现查询

代码实现采用 MVC 模型，将业务逻辑和数据库操作分层，方便后期维护。接下来演示封装数据的操作。

1. 数据库通用底层操作

在根目录下创建dao目录，然后在该目录下创建DAO.js文件，代码如下。

代码11.13　分类路由：DAO.js

```
var path = require("path");
// 获取数据库模型
databaseModule = require(path.join(process.cwd(), "modules/db"));
/**
 * 获取一条数据
 * @param {[type]}   modelName   模型名称
 * @param {[数组]}   conditions  条件集合
 * @param {Function} cb          回调函数
 */
module.exports.findOne = function (modelName, conditions, cb) {
    var db = databaseModule.getDatabase();
    var Model = db.models[modelName];
    if (!Model) return cb("模型不存在", null);
    if (!conditions) return cb("条件为空", null);
    Model.one(conditions, function (err, obj) {
console.log(err)
        if (err) {
            return cb("查询失败", null);
        }
        return cb(null, obj);
    })
}
```

2. 数据访问层封装

在dao目录下创建ManagerDAO.js文件，封装查询方法，调用上一步封装的方法，ManagerDAO.js文件代码如下。

代码11.14　分类路由：ManagerDAO.js

```
var path = require("path");
var daoModule = require("./DAO");
/**
 * 通过查询条件获取管理员对象
 *
 * @param {[type]}   conditions 条件
 * @param {Function} cb         回调函数
 */
module.exports.findOne = function (conditions, cb) {
    daoModule.findOne("ManagerModel", conditions, cb);
}
```

3. 修改Service层

修改ManagerService.js文件以前写死的数据，改为调用数据库实现。

```
var path = require("path");
var managersDAO = require(path.join(process.cwd(), "dao/ManagerDAO"));
```

```javascript
// 管理员登录
module.exports.login = function (username, password, cb) {
    // 将以前写死的逻辑作为注释，换成以下代码
    console.log("用户名: %s,密码: %s", username, password);
    managersDAO.findOne({ "mg_name": username }, function (err, manager) {
        if (err || !manager) return cb("用户名不存在");
        if (manager.role_id < 0) {
            return cb("该用户没有权限登录");
        }
        if (manager.role_id != 0 && manager.mg_state != 1) {
            return cb("该用户已经被禁用");
        }
        if (password === manager.mg_pwd) {
            cb(
                null,
                {
                    "id": manager.mg_id,
                    "rid": manager.role_id,
                    "username": manager.mg_name,
                    "mobile": manager.mg_mobile,
                    "email": manager.mg_email,
                }
            );
        } else {
            return cb("密码错误");
        }
    })
}
```

测试登录接口，如图 11.17 所示。

图 11.17　登录测试

因为 manager 表中无数据，所以手动添加数据进行测试。通过 Navicat 可视化工具在表中添加数据，如图 11.18 所示。

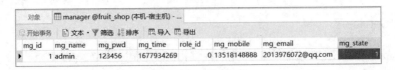

图 11.18　添加数据

添加数据后再次进行测试，结果如图 11.19 所示。

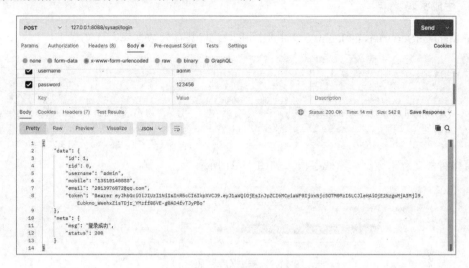

图 11.19　数据库登录测试

可以看到登录成功。再次使用数据库中不存在的用户名或错误的密码进行登录，会提示错误信息，如图 11.20 所示。

图 11.20　登录测试

11.3.3　密码加密

前面的数据库是直接明文写入数据库，需要进行加密存储。加密方法很多，这里采用 node-php-password 插件来生成密文和验证密码。

1．安装插件

node-php-password 插件的官网地址为 https://www.npmjs.com/package/node-php-password，通过以下命令进行安装。

```
npm i node-php-password
```

2. 生成密码

在 ManagerService.js 的 login 方法中生成密码并将其存入数据库，代码如下：

```
...
var Password=require("node-php-password")
...
 var hashPwd=Password.hash(password);
   console.log(hashPwd);
   //$2y$10$I3ploVkaC4t51cC8x8nvh.QqVaNN2gITpnBSVJzgQkpQL6fpRBr4C
//123456
```

直接将密文存入数据库密码字段，如图 11.21 所示。

图 11.21　数据库密码字段

3. 密码校验

在 ManagerService.js 的 login 方法中，通过插件提供的 verify 来校验密码，代码如下：

```
Password.verify(password, manager.mg_pwd)
```

再次使用正确的密码进行登录，如图 11.22 所示。

图 11.22　密码加密登录测试

11.3.4　日志封装

目前，项目里的错误信息是直接在控制台打印，但有时候我们希望系统发生错误时可以溯源，因此可以将日志记录到文件中。可以借助 log4js 插件，该插件的官网地址为 https://www.npmjs.com/package/log4js。

1. 安装log4js

通过以下命令安装 log4js：

```
npm i log4js
```

2. 配置和封装logger

在 modules 目录下新建 logger.js 文件，代码如下。

代码 11.15 分类路由：logger.js

```
var log4js = require("log4js")

log4js.configure({
    appenders: { cheese: { type: 'file', filename: cheese.log' } },
    categories: { default: { appenders: ['cheese'], level: 'error' } }
});

exports.logger = function (level) {
    var logger = log4js.getLogger("cheese");
    logger.level = 'debug';
    return logger;
};
```

配置之后，就会在根目录下生成 cheese.log 文件。

3. 使用日志组件

在前面的登录例子中，如果数据库操作失败，那么需要记录下来。在 DAO.js 文件的 Model 对象的 One 方法中记录异常日志，代码如下：

```
...
var logger = require('../modules/logger').logger();
...
Model.one(conditions, function (err, obj) {
        console.log(err)
        if (err) {
            logger.debug(err);
            return cb("查询失败", null);
        }
        return cb(null, obj);
    })
...
```

除了数据库失败等异常信息记录，重要的操作也需要记录下来，以便进行问题排除。在 ManagerService.js 的 login 方法中记录用户的登录操作，代码如下：

```
...
logger.debug('login => username:%s,password:%s',username,password);
...
```

通过以上设置后，用户的每次登录操作都会记录到 cheese.log 日志文件中。

11.4 接口权限验证

除了登录接口外,其他接口应该根据权限判断来实现调用,如果没有权限则无法调用接口。但是权限的判断不应该写在具体的业务逻辑方法中,这样不方便维护。因此需要对接口方法进行拦截,动态注入校验方法。

11.4.1 拦截模块的方法

1. 接口权限实现思路

系统应该通过权限来控制不同用户的操作,具体可分为菜单权限和接口权限。接口权限根据用户角色进行设置,用户关联的角色具有相应的权限才可以调用接口。

前面在路由层是通过 require 方法直接引入模块来调用 Service 层的功能,例如,在 routes/sysapi/category.js 文件中调用添加分类接口,代码如下:

```
...
var categoryService = require(path.join(process.cwd(),
"services/CategoryService"))
...
//创建分类方法
categoryService.addCategory({
        "cat_pid": req.body.cat_pid,
        "cat_name": req.body.cat_name,
        "cat_level": req.body.cat_level
    }, function (err, result) {
        if (err) return res.sendResult(null, 400, err);
        res.sendResult(result, 201, "创建成功");
    });
...
```

通过 require 方法导入模块,categoryService 就可以直接调用该模块中暴露的方法。为了实现权限控制,需要在每个方法被调用时判断当前用户是否有该接口的调用权限,因此需要在模块的方法中加入权限判断。

为了实现权限判断,可以在每个 Service 方法中进行判断,但这样冗余代码较多。因此需要将认证的方法抽取出来,动态进行权限校验而非编码到方法中。

2. 拦截模块的方法实现

在 modules 目录下新建 authorization.js 文件,通过参数形式传递模块名称动态加载模块的方法,并根据用户角色来判断是否可以调用该方法。authorization.js 文件如下:

代码 11.16　分类路由:authorization.js

```
var path = require("path");
// 全局服务模块
```

```javascript
global.service_caches = {};
// 存储全局验证函数
global.service_auth_fn = null;

// 设置全局验证函数
module.exports.setAuthFn = function (authFn) {
    global.service_auth_fn = authFn;
}

// 获取服务对象
module.exports.getService = function (serviceName) {
    if (global.service_caches[serviceName]) {
        return global.service_caches[serviceName];
    }
    var servicePath = path.join(process.cwd(), "services", serviceName);
    var serviceModule = require(servicePath);
    if (!serviceModule) {
        console.log("模块没有被发现");
        return null;
    }
    global.service_caches[serviceName] = {};

    console.log("*********************************************");
    console.log("拦截服务 => %s", serviceName);
    console.log("*********************************************");
    for (actionName in serviceModule) {

        if (serviceModule && serviceModule[actionName] && typeof
(serviceModule[actionName]) == "function") {
            var origFunc = serviceModule[actionName];
            //todo：根据角色权限拦截方法
            global.service_caches[serviceName][actionName] = origFunc;
            console.log("action => %s", actionName);
        }
    }
    // console.log(global.service_caches);
    console.log("*********************************************\n");
    return global.service_caches[serviceName];
}
```

3．拦截后的模块方法的使用

路由层改造，修改 routes/sysapi/category.js 文件，代码如下：

```javascript
...
// var categoryService = require(path.join(process.cwd(),
"services/CategoryService"))
// 获取验证模块
var authorization = require(path.join(process.cwd(),
"/modules/authorization"));
// 通过验证模块获取分类管理
var categoryService = authorization.getService("CategoryService");
...
```

测试结果如图 11.23 所示。

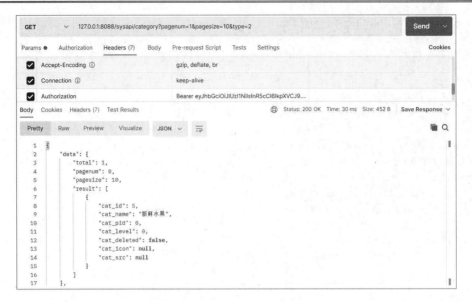

图 11.23　方法拦截测试

11.4.2　权限验证通过的处理

在前面拦截模块方法的基础上，还应该设置具体的权限验证函数，根据权限校验结果来实现模块方法权限的校验。如果权限验证通过就调用接口，否则提示无权限。

1．准备校验函数

在 services 目录下新建 RoleService.js 文件，在其中添加权限验证方法，代码如下。

代码 11.17　分类路由：RoleService.js

```javascript
// 权限验证函数
module.exports.authRight = function (rid, cb) {
    // todo: 先写死，后续查询根据数据库角色权限进行判断
    if (rid === 0) {
        cb(null, true);
    } else {
        cb("无接口访问权限", false)
    }
}
```

2．程序启动时设置验证方法

在 app.js 中添加全局注册验证方法，代码如下：

```javascript
...
// 获取验证模块
var authorization = require(path.join(process.cwd(),
'/modules/authorization'))
// 获取角色服务模块
var roleService = require(path.join(process.cwd(),
'services/RoleService'))
```

```
// 设置全局权限
authorization.setAuthFn(function (passFn) {
    // 验证权限
    var roleid = 0;                                    //todo：外界传入
    roleService.authRight(roleid, function (err, pass) {
        passFn(pass)
    })
})
...
// 注册路由
```

3．在模块方法中添加权限拦截

在 authorization.js 中使用权限拦截方法，新增以下函数用于根据实际情况实现模块方法调用，采用闭包返回一个新的函数。

```
...
/**
 * 构造回调对象格式
 *
 * @param {[type]} serviceName    服务名称
 * @param {[type]} serviceModule  服务模块
 * @param {[type]} origFunc       原始方法
 */
function Invocation(serviceName, serviceModule, origFunc) {
    return function () {
        var origArguments = arguments;
        if (global.service_auth_fn) {
            global.service_auth_fn(function (pass) {
                if (pass) {
                    origFunc.apply(serviceModule, origArguments);
                } else {
                    // todo: 使用 res 对象返回数据
                    console.log('无权限')
                }
            });
        } else {
            console.log('未设置权限验证函数')
        }
    }
}
...
```

将模块方法替换为有权限拦截的方法，代码如下：

```
...
getService 方法
//todo: 根据角色权限拦截方法
// global.service_caches[serviceName][actionName] = origFunc;
global.service_caches[serviceName][actionName] = Invocation(serviceName,
serviceModule, origFunc);
...
```

然后进行测试，当 app.js 中的权限验证方法 roleid=0 时，可以获取接口数据，如图 11.24 所示。

当传入 1 时，控制台会提示无权限，前端页面得不到结果，如图 11.25 和图 11.26 所示。

图 11.24　权限拦截测试

图 11.25　模拟无权限测试

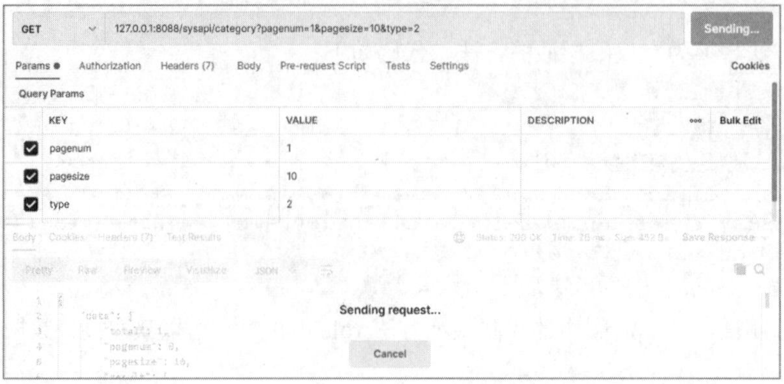

图 11.26　无权限返回结果

至此，说明权限拦截成功。

11.4.3 权限验证失败的处理

上述权限验证成功后，会调用 category.js 路由层的回调方法，通过 res 对象响应数据给调用者。如果验证失败，也需要返回数据给调用者，因此需要从外层将 res 对象传入。为了实现这个效果，在拦截模块的方法 Invocation 中再添加一层闭包即可。

1. 模块方法拦截改进

修改 authorization.js 文件，代码如下：

```
function Invocation(serviceName, serviceModule, origFunc) {
    return function () {
        var origArguments = arguments;
        return function (res) {
            if (global.service_auth_fn) {
                global.service_auth_fn(function (pass) {
                    if (pass) {
                        origFunc.apply(serviceModule, origArguments);
                    } else {
                        res.sendResult(null, 401, "权限验证失败");
                        // console.log('无权限')
                    }
                });
            } else {
                res.sendResult(null, 401, "权限验证失败");
                // console.log('未设置权限验证函数')
            }
        }
    }
}
```

2. 路由调用时传参

当在 Service 层调用路由层 category.js 的方法时，需要在外层传入 res 对象，代码如下：

```
...
categoryService.getAllCategories(req.query.type, conditions, function (err, result) {
        if (err) return res.sendResult(null, 400, "获取分类列表失败");
        res.sendResult(result, 200, "获取成功");
 })(res);
...
```

进行测试，此时有无权限均可返回数据，如图 11.27 所示。

3. 修改路由层方法传参

修改 category.js 中的 post、get、put 和 delete 方法，按上述方法传入 req 参数即可，不再赘述。

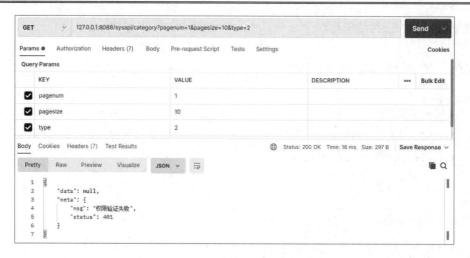

图 11.27　参数传递测试

11.4.4　权限验证的实现

下面修改 RoleService.js 中的 authRight 方法，实现根据角色权限进行验证。

1．添加权限表的内容

手动添加数据，如图 11.28 所示。

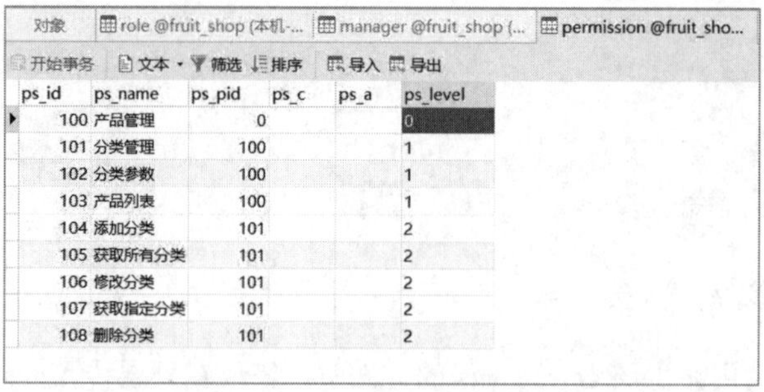

图 11.28　为权限表添加内容

2．添加权限接口表的内容

手动添加权限接口表内容，如图 11.29 所示。

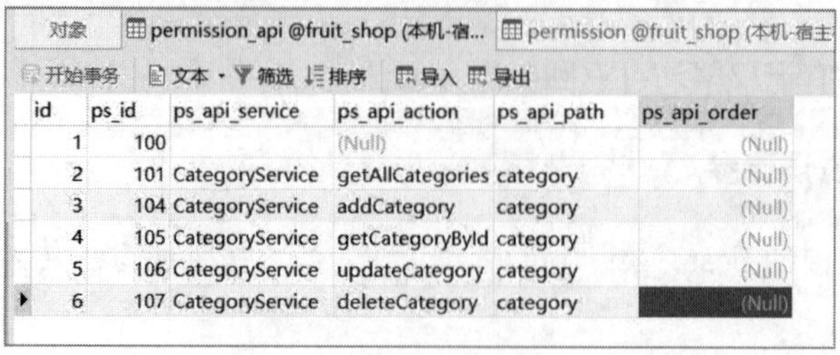

图 11.29　为权限接口表添加内容

3. 添加角色

添加运营人员角色，分配商品分类管理的添加和获取权限，暂时不分配修改和删除权限，以便后续测试，如图 11.30 所示。

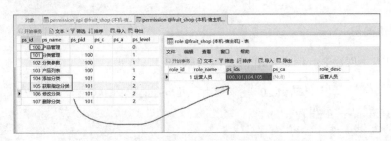

图 11.30 在数据库中进行角色权限分配

4. 添加用户

添加运营角色的账户 operator，如图 11.31 所示。

图 11.31 添加 operator 账号

5. 创建模型类

创建角色模型，在 models 下创建 RoleModel.js 文件，代码如下。

代码 11.18　分类路由：RoleModel.js

```
module.exports = function (db, callback) {
    // 角色模型
    db.define("RoleModel", {
        role_id: { type: 'serial', key: true },
        role_name: String,
        ps_ids: String,
        ps_ca: String,
        role_desc: String
    }, {
        table: "role"
    });
    return callback();
}
```

创建接口权限模型，在 models 下创建 PermissionAPIModel.js 文件，代码如下。

代码 11.19　分类路由：PermissionAPIModel.js

```
module.exports = function (db, callback) {
    // 接口权限模型
    db.define("PermissionAPIModel", {
        id: { type: 'serial', key: true },
        ps_id: Number,
        ps_api_service: String,
```

```
            ps_api_action: String,
            ps_api_order: Number
        }, {
            table: "permission_api"
        });
    return callback();
}
```

6. 数据访问层

在 dao 目录下创建 PermissionAPIDAO.js 文件，代码如下。

代码 11.20　分类路由：PermissionAPIDAO.js

```
var path = require("path");
daoModule = require("./DAO");

/**
 * 权限验证
 *
 * @param {[type]} rid         角色 ID
 * @param {[type]} serviceName 服务名
 * @param {[type]} actionName  动作名
 * @param {Function} cb        回调函数
 */
module.exports.authRight = function (rid, serviceName, actionName, cb) {

    // 超级管理员
    if (rid == 0) return cb(null, true);

    // 权限验证
    daoModule.findOne("PermissionAPIModel", { "ps_api_service": serviceName, "ps_api_action": actionName }, function (err, permissionAPI) {
        console.log("rid => %s,serviceName => %s,actionName => %s", rid, serviceName, actionName);
        if (err || !permissionAPI) return cb("无权限访问", false);
        daoModule.findOne("RoleModel", { "role_id": rid }, function (err, role) {
            console.log(role);
            if (err || !role) return cb("获取角色信息失败", false);
            ps_ids = role.ps_ids.split(",");
            for (idx in ps_ids) {
                ps_id = ps_ids[idx];
                if (parseInt(permissionAPI.ps_id) == parseInt(ps_id)) {
                    return cb(null, true);
                }
            }
            return cb("无权限访问", false);
        });
    });
}
```

7. 服务层

修改 Role Service.js 中之前写死的权限验证函数，代码如下：

```
var path = require("path");
var permissionAPIDAO = require(path.join(process.cwd(), "dao/PermissionAPIDAO"));
...
```

第 11 章 百果园微信商城后端 API 服务

```
/**
 * 权限验证函数
 *
 * @param  {[type]}   rid           角色 ID
 * @param  {[type]}   serviceName   服务名
 * @param  {[type]}   actionName    动作名（方法）
 * @param  {Function} cb            回调函数
 */
module.exports.authRight = function (rid, serviceName, actionName, cb) {
    permissionAPIDAO.authRight(rid, serviceName, actionName,
function (err, pass) {
        cb(err, pass);
    });
}
```

8. 调用服务层

在 app.js 中修改全局校验函数，传入相应参数，代码如下：

```
...
authorization.setAuthFn(function (req, res, serviceName, actionName,
passFn) {
    if (!req.userInfo || isNaN(parseInt(req.userInfo.rid))) return
res.sendResult('无角色 ID 分配')
    // 验证权限
    roleService.authRight(req.userInfo.rid, serviceName, actionName,
function (err, pass) {
        passFn(pass)
    })
})
...
```

由于要用到 req 对象的 userInfo 属性和 res 对象的 sendResult 方法，所以需要传入 req 和 res 参数。同时，权限表需要用到服务名称 serviceName 和方法名称 actionName，因此分别传入参数。

前面在 authorization.js 文件中定义方法时添加了参数，需要在调用方法时传入实参，因此在 Invocation 方法的闭包中除了原先传入的 res 外，还需要增加传入 req 对象。

```
return function (req, res) {
```

同时，由于权限方法还需要方法名称，所以在 Invocation 主方法中添加 actionName 参数，如图 11.32 所示。

```
// function Invocation(serviceName, serviceModule, origFunc) {
function Invocation(serviceName, actionName, serviceModule, origFunc) {
    return function () {
        var origArguments = arguments;
        // return function (res) {
        return function (req, res) {
            if (global.service_auth_fn) {
                global.service_auth_fn(req, res, serviceName, actionName, function (pass) {
                    if (pass) {
                        origFunc.apply(serviceModule, origArguments);
                    } else {
                        res.sendResult(null, 401, "权限验证失败");
                        // console.log('无权限')
                    }
                });
            } else {
                res.sendResult(null, 401, "权限验证失败");
                // console.log('未设置权限验证函数')
            }
        }
    }
}
```

图 11.32　在方法中添加参数

因为在 Invocation 方法中添加了参数 actionName，所以在调用时需要增加传入参数，如图 11.33 所示。

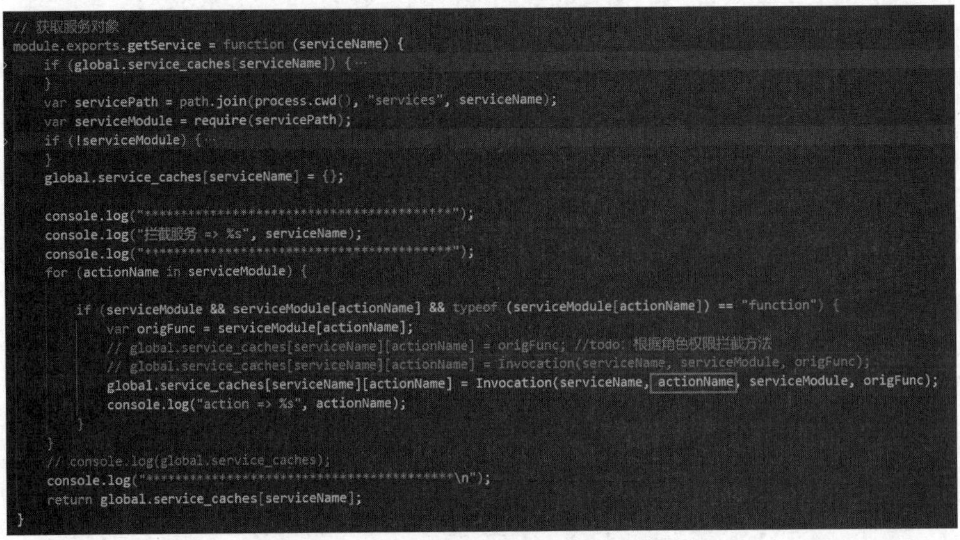

图 11.33　在方法中调用添加的参数

这样就完成了拦截方法的优化，由于在拦截方法 Invocation 闭包中新增了传递 req 参数，所以在路由层调用时，需要传递参数。

修改 category.js 文件，所有路由方法都添加传递 req 参数，如图 11.34 所示。

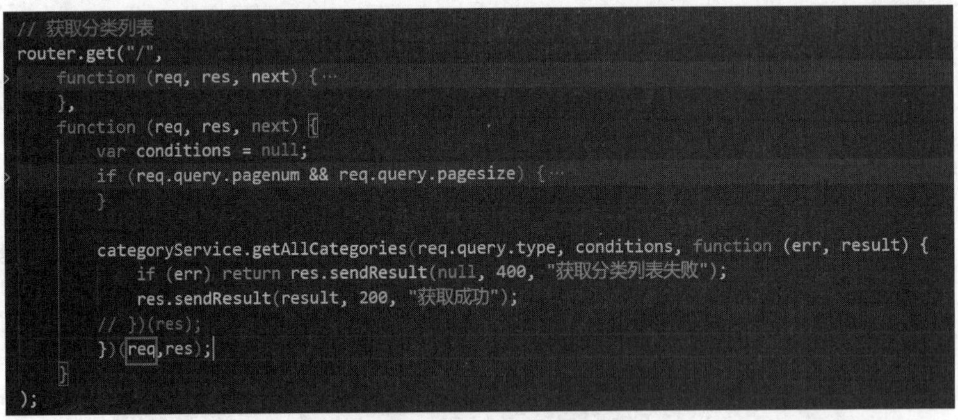

图 11.34　路由层的方法调用

9. 改进Token校验

在每次调用接口的 Token 校验中，将用户信息挂载到 req 对象上以便后续业务使用。

修改 passport.js，在调用 tokenAuth 方法的 next 方法前完成挂载。

```
...
req.userInfo = {};
req.userInfo.uid = tokenData["uid"];
req.userInfo.rid = tokenData["rid"];
...
```

这样相当于每次调用一个方法，会先进行用户登录校验，再进行权限校验。

10．测试

使用 admin 账号，可以正常使用，完成分类的增、删、改、查操作。

使用 operator 账号，修改和删除操作无法使用，因为未分配权限，如图 11.35 和图 11.36 所示。

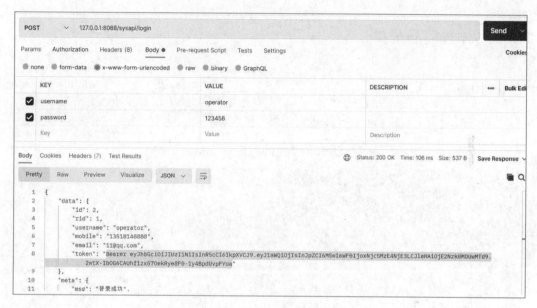

图 11.35　有权限账号测试

图 11.36　无权限账号测试

至此，权限验证添加成功。

后续就是完成业务功能，每完成一个业务功能就在数据库权限表中添加一条记录，然后根据不同的用户角色分配相应的权限即可。

11.5 商品分类管理 API

在对商品进行管理之前需要先对商品分类进行管理，本节将演示商品分类的添加、修改、删除和查询操作。

11.5.1 添加商品分类

1．模型

在 models 目录下新建 CategoryModel.js 文件，代码如下。

代码 11.21　分类路由：CategoryModel.js

```javascript
module.exports = function (db, callback) {
    // 分类模型
    db.define("CategoryModel", {
        cat_id: { type: 'serial', key: true },
        cat_name: String,
        cat_pid: Number,
        cat_level: Number,
        cat_deleted: Boolean,
        cat_icon: String,
        cat_src: String
    }, {
        table: "category"
    });
    return callback();
}
```

2．数据访问层

在 DAO.js 文件中添加创建对象的方法，代码如下：

```javascript
/**
 * 创建对象数据
 *
 * @param {[type]} modelName   模型名称
 * @param {[type]} obj         模型对象
 * @param {Function} cb        回调函数
 */
module.exports.create = function(modelName,obj,cb) {
    var db = databaseModule.getDatabase();
    var Model = db.models[modelName];
    Model.create(obj,cb);
}
```

3．业务逻辑层

在 services 目录下新建 CategoryService.js 文件，代码如下。

代码 11.22　分类路由：CategoryService.js

```javascript
var path = require("path");
var dao = require(path.join(process.cwd(), "dao/DAO"));

/**
 * 添加分类
 *
 * @param {[type]} cat 分类数据
 *  * {
 * cat_pid   => 父类 ID(如果是根类就赋值为 0),
 * cat_name  => 分类名称,
 * cat_level => 层级 (顶层为 0)
 * }
 *
 * @param {Fucntion} cb 回调函数
 */
module.exports.addCategory = function (cat, cb) {
    dao.create("CategoryModel", { "cat_pid": cat.cat_pid, "cat_name":
cat.cat_name, "cat_level": cat.cat_level }, function (err, newCat) {
        if (err) return cb("创建分类失败");
        cb(null, newCat);
    });
}
```

4. 路由层

在 routes/sysapi/category.js 文件中添加创建分类的方法，代码如下：

```javascript
...
// 创建分类
router.post("/",
    // 验证参数
    function (req, res, next) {
        if (!req.body.cat_name) {
            return res.sendResult(null, 400, "必须提供分类名称");
        }
        next();
    },
    // 业务逻辑
    function (req, res) {
        categoryService.addCategory({
            "cat_pid": req.body.cat_pid,
            "cat_name": req.body.cat_name,
            "cat_level": req.body.cat_level
        }, function (err, result) {
            if (err) return res.sendResult(null, 400, err);
            res.sendResult(result, 201, "创建成功");
        });
    }
)
...
```

在 postman 工具中进行测试，先添加 Token 值，再传入参数，如图 11.37 所示。

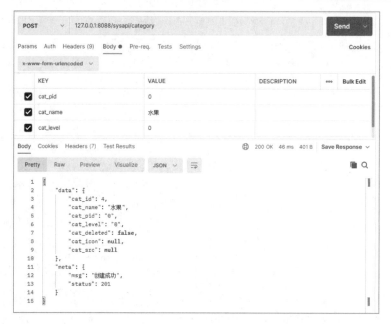

图 11.37 获取分类

11.5.2 获取分类列表

1．数据访问层

在 DAO.js 中创建查询方法，代码如下：

```
/**
 * 获取所有数据
 *
 * @param  {[type]}   conditions 查询条件
 * 查询条件统一规范
 * conditions
   {
       "columns" : {
           字段条件
           "字段名" : "条件值"
       },
       "offset" : "偏移",
       "omit" : ["字段"],
       "only" : ["需要字段"],
       "limit" : "",
       "order" :[
           "字段" , A | Z,
           ...
       ]
   }
 * @param  {Function} cb         回调函数
 */
module.exports.list = function (modelName, conditions, cb) {
    var db = databaseModule.getDatabase();
    var model = db.models[modelName];
    if (!model) return cb("模型不存在", null);
```

```javascript
    if (conditions) {
        if (conditions["columns"]) {
            model = model.find(conditions["columns"]);
        } else {
            model = model.find();
        }
        if (conditions["offset"]) {
            model = model.offset(parseInt(conditions["offset"]));
        }

        if (conditions["limit"]) {
            model = model.limit(parseInt(conditions["limit"]));
        }
        if (conditions["only"]) {
            model = model.only(conditions["only"]);
        }
        if (conditions["omit"]) {
            model = model.omit(conditions["omit"]);
        }
        if (conditions["order"]) {
            model = model.order(conditions["order"]);
        }
    } else {
        model = model.find();
    }

    model.run(function (err, models) {
        if (err) {
            console.log(err);
            return cb("查询失败", null);
        }
        cb(null, models);
    });
}
```

2. 逻辑层

数据库返回的数组需要根据业务进行操作，Lodash 插件提供了很多便捷方法可以简化操作。Lodash 插件的官网地址为 https://lodash.com/。

安装 Lodash，命令如下：

```
npm i lodash
```

在 CategoryService.js 文件中添加查询分类方法，代码如下：

```javascript
...
var _ = require('lodash');
...
/**
 * 获取所有分类
 *
 * @param {[type]} type      描述显示层级
 * @param {Function} cb      回调函数
 */
module.exports.getAllCategories = function (type, conditions, cb) {
    dao.list("CategoryModel", { "cat_deleted": false }, function (err, categories) {
        var keyCategories = _.keyBy(categories, 'cat_id');
        if (!type) type = 3;
        result = getTreeResult(keyCategories, categories, type);
```

```javascript
        if (conditions) {
            count = result.length;
            pagesize = parseInt(conditions.pagesize);
            pagenum = parseInt(conditions.pagenum) - 1;
            result = _.take(_.drop(result, pagenum * pagesize), pagesize)
            var resultDta = {};
            resultDta["total"] = count;
            resultDta["pagenum"] = pagenum;
            resultDta["pagesize"] = pagesize;
            resultDta["result"] = result;
            return cb(null, resultDta);
        }
        cb(null, result);
    });
}
/**
 * 获取树状结果
 * @param {[type]} keyCategories [description]
 * @return {[type]}               [description]
 */
function getTreeResult(keyCategories, categories, type) {
    var result = [];
    for (idx in categories) {
        var cat = categories[idx];
        // 判断是否被删除
        if (isDelete(keyCategories, cat)) continue;
        if (cat.cat_pid == 0) {
            result.push(cat);
        } else {
            if (cat.cat_level >= type) continue;
            var parantCat = keyCategories[cat.cat_pid];
            if (!parantCat) continue;
            if (!parantCat.children) {
                parantCat["children"] = [];
            }
            parantCat.children.push(cat);
        }
    }

    return result;
}
/**
 * 判断是否删除
 *
 * @param {[type]} keyCategories 所有数据
 * @param {[type]} cat           [description]
 * @return {Boolean}              [description]
 */
function isDelete(keyCategories,cat) {
    if(cat.cat_pid == 0) {
        return cat.cat_deleted;
    } else if(cat.cat_deleted) {
        return true;
    } else {
        parentCat = keyCategories[cat.cat_pid];
        if(!parentCat) return true;
        return isDelete(keyCategories,parentCat);
    }
}
...
```

3. 路由层

在 routes/sysapi/category.js 文件中添加分类列表，代码如下：

```
...
// 获取分类列表
router.get("/",
    function (req, res, next) {
        // 参数验证
        // if (!req.query.pagenum || req.query.pagenum <= 0) return res.sendResult(null, 400, "pagenum 参数错误");
        // if (!req.query.pagesize || req.query.pagesize <= 0) return res.sendResult(null, 400, "pagesize 参数错误");
        next();
    },
    function (req, res, next) {
        var conditions = null;
        if (req.query.pagenum && req.query.pagesize) {
            conditions = {
                "pagenum": req.query.pagenum,
                "pagesize": req.query.pagesize
            };
        }

        categoryService.getAllCategories(req.query.type, conditions, function (err, result) {
            if (err) return res.sendResult(null, 400, "获取分类列表失败");
            res.sendResult(result, 200, "获取成功");
        });
    }
);
...
```

使用 postman 工具进行测试，结果如图 11.38 所示。

图 11.38　获取分类

11.5.3 获取指定的分类

1. 数据访问层

DAO.js 文件的代码如下:

```
...
/**
 * 通过主键 ID 获取对象
 * @param  {[type]}   modelName  模型名称
 * @param  {[type]}   id         主键 ID
 * @param  {Function} cb         回调函数
 */
module.exports.show = function(modelName,id,cb) {
    var db = databaseModule.getDatabase();
    var Model = db.models[modelName];
    Model.get(id,function(err,obj){
        cb(err,obj);
    });
}
...
```

2. 业务逻辑层

CategoryService.js 文件的代码如下:

```
...
/**
 * 获取指定 ID 的分类对象
 *
 * @param  {[type]}   id  分类 ID
 * @param  {Function} cb  回调函数
 */
module.exports.getCategoryById = function(id,cb) {
    dao.show("CategoryModel",id,function(err,category){
        if(err) return cb("获取分类对象失败");
        cb(null,category);
    })
}
...
```

3. 路由层

category.js 文件的代码如下:

```
...
// 获取指定 ID 的分类
router.get("/:id",
    // 参数验证
    function(req,res,next) {
        if(!req.params.id) {
            return res.sendResult(null,400,"分类 ID 不能为空");
        }
        if(isNaN(parseInt(req.params.id))) return res.sendResult(null,400,
"分类 ID 必须是数字");
```

```
        next();
    },
    // 正常业务逻辑
    function(req,res,next) {
        categoryService.getCategoryById(req.params.id,function(err,result){
            if(err) return res.sendResult(null,400,err);
            res.sendResult(result,200,"获取成功");
        });
    }
);
...
```

11.5.4 修改指定的分类

1. 数据访问层

DAO.js 文件的代码如下：

```
...
/**
 * 更新对象数据
 *
 * @param {[type]}   modelName   模型名称
 * @param {[type]}   id          数据关键ID
 * @param {[type]}   updateObj   更新对象数据
 * @param {Function} cb          回调函数
 */
module.exports.update = function(modelName,id,updateObj,cb) {
    var db = databaseModule.getDatabase();
    var Model = db.models[modelName];
    Model.get(id,function(err,obj){
        if(err) return cb("更新失败",null);
        obj.save(updateObj,cb);
    });
}
...
```

2. 业务逻辑层

CategoryService.js 文件的代码如下：

```
...
/**
 * 更新分类
 *
 * @param {[type]}   cat_id    分类ID
 * @param {[type]}   newName   新的名称
 * @param {Function} cb        回调函数
 */
module.exports.updateCategory = function(cat_id,newName,cb) {
    dao.update("CategoryModel",cat_id,{"cat_name":newName},function(err,newCat) {
        if(err) return cb("更新失败");
        cb(null,newCat);
```

3. 路由层

category.js 文件的代码如下:

```
...
// 更新分类
router.put("/:id",
    // 参数验证
    function(req,res,next) {
        if(!req.params.id) {
            return res.sendResult(null,400,"分类ID不能为空");
        }
        if(isNaN(parseInt(req.params.id))) return res.sendResult(null,400,
"分类ID必须是数字");
        if(!req.body.cat_name || req.body.cat_name == "") return
res.sendResult(null,400,"分类名称不能为空");
        next();
    },
    // 业务逻辑
    function(req,res,next) {
        categoryService.updateCategory(req.params.id,req.body.cat_name,
function(err,result) {
            if(err) return res.sendResult(null,400,err);
            res.sendResult(result,200,"更新成功");
        });
    }
);
...
```

11.5.5 删除指定的分类

1. 数据访问层

数据访问层的 DAO.js 文件不需要改动。分类软删除实际上是修改 cat_deleted 字段为 true，因此直接调用之前的 update 方法即可。

2. 业务逻辑层

CategoryService.js 文件的代码如下:

```
...
/**
 * 删除分类(软删除)
 *
 * @param {[type]}   cat_id  分类ID
 * @param {Function} cb      回调函数
 */
module.exports.deleteCategory = function(cat_id,cb) {
    dao.update("CategoryModel",cat_id,{"cat_deleted":true},function
(err,newCat){
        if(err) return cb("删除失败");
```

```
            cb("删除成功");
        });
    }
...
```

3. 路由层

category.js 文件的代码如下:

```
...
// 删除分类
router.delete("/:id",
    // 参数验证
    function(req,res,next) {
        if(!req.params.id) {
            return res.sendResult(null,400,"分类ID不能为空");
        }
        if(isNaN(parseInt(req.params.id))) return res.sendResult(null,400,
"分类ID必须是数字");
        next();
    },
    // 业务逻辑
    function(req,res,next) {
        categoryService.deleteCategory(req.params.id,function(msg) {
            res.sendResult(null,200,msg);
        });
    }
);
...
```

11.6 分类参数管理 API

每个商品都有动态参数和静态属性，如产地、品牌、包装等信息。将这些属性和分类关联，在添加商品时选择分类就可以关联指定的属性。本节主要介绍如何实现分类参数的管理功能。

11.6.1 添加分类参数

1. 模型层

在 models 目录下创建 AttributeModel.js 文件，代码如下：

```
module.exports = function (db, callback) {
    // 属性模型
    db.define("AttributeModel", {
        attr_id: { type: 'serial', key: true },
        attr_name: String,
        cat_id: Number,
        // only 为输入框（唯一），many 为后台下拉列表/前台单选框
        attr_sel: ["only", "many"],
        // manual 表示手工录入，list 表示从列表中选择
        attr_write: ["manual", "list"],
        attr_vals: String,
        delete_time: Number
```

```
    }, {
        table: "attribute"
    });
    return callback();
}
```

2. 数据访问层

在 dao 目录下的 DAO.js 中已添加了 create 方法，可以直接复用。

3. 业务逻辑层

在 services 目录下创建 AttributeService.js 文件，代码如下。

```
var path = require("path");
var dao = require(path.join(process.cwd(), "dao/DAO"));
/**
 * 创建参数
 *
 * @param {[type]}     info 参数信息
 * @param {Function} cb   回调函数
 */
module.exports.createAttribute = function (info, cb) {
    dao.create("AttributeModel", info, function (err, attribute) {
        if (err) return cb("创建失败");
        cb(null, attribute);
    });
}
```

4. 路由层

由于属性从属于某个分类，所以路由层可以直接使用 category.js，代码如下：

```
...
// 通过验证模块获取分类属性
var attrServ = authorization.getService("AttributeService");
...
// 创建参数
router.post("/:id/attributes",
    // 验证参数
    function(req,res,next) {
        if(!req.params.id) {
            return res.sendResult(null,400,"分类 ID 不能为空");
        }
        if(isNaN(parseInt(req.params.id))) return res.sendResult(null,400,"分类 ID 必须是数字");

        if(!req.body.attr_name) return res.sendResult(null,400,"参数名称不能为空");

        if(!req.body.attr_sel || (req.body.attr_sel != "only" && req.body.attr_sel != "many")) {
            return res.sendResult(null,400,"参数 attr_sel 类型必须为 only 或 many");
        }
        next();
    },
```

```
    // 业务逻辑
    function(req,res,next) {
        attrServ.createAttribute(
        {
            "attr_name" : req.body.attr_name,
            "cat_id" : req.params.id,
            "attr_sel" : req.body.attr_sel,
            "attr_write" : req.body.attr_sel == "many" ? "list" : "manual",
//req.body.attr_write,
            "attr_vals" : req.body.attr_vals ? req.body.attr_vals : ""
        },
        function(err,attr) {
            if(err) return res.sendResult(null,400,err);
            res.sendResult(attr,201,"创建成功");
        })(req,res);
    }
);
```

11.6.2 获取分类参数列表

1. 数据访问层

在 dao 目录下新建 AttributeDAO.js 文件，一般情况下，如果不涉及 SQL 的操作则直接写入 DAO.js 文件，否则单独写一个文件。

```
var path = require("path");
databaseModule = require(path.join(process.cwd(), "modules/db"));

/**
 * 获取参数列表数据
 * s
 * @param  {[type]}   cat_id  分类 ID
 * @param  {[type]}   sel     类型
 * @param  {Function} cb      回调函数
 */
module.exports.list = function (cat_id, sel, cb) {
    db = databaseModule.getDatabase();
    sql = "SELECT * FROM attribute WHERE cat_id = ? AND attr_sel = ? AND delete_time is NULL";
    // 也可以不用获取 db, db===global.database===database
    db.driver.execQuery(
        sql
        , [cat_id, sel], function (err, attributes) {
            if (err) return cb("查询执行出错");
            cb(null, attributes);
        });
}
```

2. 业务逻辑层

AttributeService.js 文件的代码如下：

```
...
var attributeDao = require(path.join(process.cwd(), "dao/AttributeDAO"));
...
/**
```

```
 * 获取属性列表
 *
 * @param {[type]} cat_id   分类 ID
// only 为输入框（唯一），many 为后台下拉列表/前台单选框
 * @param {[type]} sel      类型
 * @param {Function} cb     回调函数
 */
module.exports.getAttributes = function (cat_id, sel, cb) {
    attributeDao.list(cat_id, sel, function (err, attributes) {
        if (err) return cb("获取失败");
        cb(null, attributes);
    });
}
```

3. 路由层

在 category.js 文件中添加方法调用，代码如下：

```
// 通过参数方式查询静态参数还是动态参数
router.get("/:id/attributes",
    // 验证参数
    function (req, res, next) {
        if (!req.params.id) {
            return res.sendResult(null, 400, "分类 ID 不能为空");
        }
        if (isNaN(parseInt(req.params.id))) return res.sendResult(null, 400, "分类 ID 必须是数字");
        if (!req.query.sel || (req.query.sel != "only" && req.query.sel != "many")) {
            return res.sendResult(null, 400, "属性类型必须设置");
        }
        next();
    },
    // 业务逻辑
    function (req, res, next) {
        attrServ.getAttributes(req.params.id, req.query.sel, function (err, attributes) {
            if (err) return res.sendResult(null, 400, err);
            res.sendResult(attributes, 200, "获取成功");
        })(req, res);
    }
);
```

11.6.3 获取分类参数详情

1. 数据访问层

在 AttributeService.js 文件中添加获取分类参数详情的方法，代码如下：

```
// 查询分类属性详情
module.exports.attributeById = function(attrId,cb) {
    dao.show("AttributeModel",attrId,function(err,attr) {
        if(err) return cb(err);
        cb(null,_.omit(attr,"delete_time"));
    });
```

}
```

## 2. 路由层

在 category.js 文件中添加获取参数详情的接口，代码如下：

```
// 获取参数详情
router.get("/:id/attributes/:attrId",
    // 验证参数
    function(req,res,next) {
        if(!req.params.id) {
            return res.sendResult(null,400,"分类ID不能为空");
        }
        if(isNaN(parseInt(req.params.id))) return res.sendResult(null,400,"分类ID必须是数字");
        if(!req.params.attrId) {
            return res.sendResult(null,400,"参数ID不能为空");
        }
        if(isNaN(parseInt(req.params.attrId))) return res.sendResult(null,400,"参数ID必须是数字");
        next();
    },
    function(req,res,next) {
        attrServ.attributeById(req.params.attrId,function(err,attr){
            if(err) return res.sendResult(null,400,err);
            res.sendResult(attr,200,"获取成功");
        })(req,res);
    }
);
```

11.6.4 修改分类参数

1. 数据访问层

数据访问层的 DAO.js 文件中已有 update 方法，因此不需要改动。

2. 业务逻辑层

AttributeService.js 文件的代码如下：

```
var _ = require('lodash');
...
/**
 * 更新参数
 *
 * @param {[type]}   catId    分类ID
 * @param {[type]}   attrId   属性ID
 * @param {[type]}   info     更新内容
 * @param {Function} cb       回调函数
 */
module.exports.updateAttribute = function (attrId, info, cb) {
    dao.update("AttributeModel", attrId, info, function (err, newAttr) {
        if (err) return cb(err);
        cb(null, _.omit(newAttr, "delete_time"));
```
```

```
    });
}
```

3. 路由层

category.js 文件的代码如下：

```
// 更新参数
router.put("/:id/attributes/:attrId",
    // 验证参数
    function (req, res, next) {
        if (!req.params.id) {
            return res.sendResult(null, 400, "分类ID不能为空");
        }
        if (isNaN(parseInt(req.params.id))) return res.sendResult(null, 400, "分类ID必须是数字");
        if (!req.params.attrId) {
            return res.sendResult(null, 400, "参数ID不能为空");
        }
        if (isNaN(parseInt(req.params.attrId))) return res.sendResult(null, 400, "参数ID必须是数字");
        if (!req.body.attr_sel || (req.body.attr_sel != "only" && req.body.attr_sel != "many")) {
            return res.sendResult(null, 400, "参数 attr_sel 类型必须为 only 或 many");
        }

        if (!req.body.attr_name || req.body.attr_name == "") return res.sendResult(null, 400, "参数名称不能为空");

        next();
    },
    // 业务逻辑
    function (req, res, next) {
        attrServ.updateAttribute(
            req.params.attrId,
            {
                "attr_name": req.body.attr_name,
                "cat_id": req.params.id,
                "attr_sel": req.body.attr_sel,
                "attr_write": req.body.attr_sel == "many" ? "list" : "manual", //req.body.attr_write,
                "attr_vals": req.body.attr_vals ? req.body.attr_vals : ""
            },
            function (err, newAttr) {
                if (err) return res.sendResult(null, 400, err);
                res.sendResult(newAttr, 200, "更新成功");
            })(req, res);
    }
);
```

11.6.5 删除分类参数

1. 数据访问层

软删除分类参数本质上是修改数据库中的删除标识字段，而 DAO.js 文件中已有更新方法，因此不需要修改该文件。

2. 业务逻辑层

AttributeService.js 文件的代码如下：

```
/**
 * 删除参数
 *
 * @param  {[type]}    attrId    参数 ID
 * @param  {Function}  cb        回调函数
 */
module.exports.deleteAttribute = function(attrId,cb) {
    dao.update("AttributeModel",attrId,{"delete_time":parseInt
((Date.now()/1000))},function(err,newAttr){
        console.log(newAttr);
        if(err) return cb("删除失败");
        cb(null,newAttr);
    });
}
```

3. 路由层

category.js 文件的代码如下：

```
// 删除参数
router.delete("/:id/attributes/:attrId",
    // 验证参数
    function(req,res,next) {
        if(!req.params.id) {
            return res.sendResult(null,400,"分类 ID 不能为空");
        }
        if(isNaN(parseInt(req.params.id))) return res.sendResult(null,400,
"分类 ID 必须是数字");
        if(!req.params.attrId) {
            return res.sendResult(null,400,"参数 ID 不能为空");
        }
        if(isNaN(parseInt(req.params.attrId))) return res.sendResult
(null,400,"参数 ID 必须是数字");
        next();
    },
    // 业务逻辑
    function(req,res,next) {
        attrServ.deleteAttribute(req.params.attrId,function(err,newAttr) {
            if(err) return res.sendResult(null,400,err);
            res.sendResult(null,200,"删除成功");
        })(req,res);
    }
);
```

11.7 商品管理 API

前面实现了商品分类参数的管理功能。本节实现商品的管理功能，包括图片上传、富文本编辑器的使用。

11.7.1 上传图片

1. 上传配置

在 config/default.js 文件中添加文件上传配置，端口与程序启动端口一致，代码如下：

```
"upload_config":{
   "baseURL":"http://127.0.0.1:8088"
}
```

2. Multer 中间件

Multer 是一个 Node.js 中间件，可以处理 multipart/form-data 类型的表单数据，因此其主要用于上传文件。Multer 的官网地址为 https://www.npmjs.com/package/multer。

安装 Multer，命令如下：

```
npm i multer
```

3. 编写上传接口

在 routes/sysapi 目录下创建 upload.js 文件，代码如下：

```javascript
var express = require('express');
var router = express.Router();
var path = require("path");
var fs = require('fs');
var multer = require('multer');

// 临时上传目录
var upload = multer({ dest: 'tmp_uploads/' });
var upload_config = require('config').get("upload_config");

// 提供文件上传服务
router.post("/", upload.single('file'), function (req, res, next) {
    // console.log(req.file.originalname) //1.png
    var fileExtArray = req.file.originalname.split(".");
    var ext = fileExtArray[fileExtArray.length - 1];
    var targetPath = req.file.path + "." + ext;
    // console.log(targetPath);
//tmp_uploads\c49c3fb861bf0191702a5d03a12446b9.png

    // 重命名
    fs.rename(path.join(process.cwd(), "/" + req.file.path), path.join(process.cwd(), targetPath), function (err) {
        if (err) {
            return res.sendResult(null, 400, "上传文件失败");
        }
        res.sendResult({ "tmp_path": targetPath, "url": upload_config.get("baseURL") + "/" + targetPath }, 200, "上传成功");
    })
});

module.exports = router;
```

上传文件时会自动生成 temp_uploads 目录，其中，req.file.originalname 为上传的原始图片文件的名称，req.file.path 为上传的临时文件的名称。临时文件没有扩展名，因此还需要使用 fs.rename 进行重命名。

4．挂载静态资源

虽然图片上传成功，也返回了访问地址，但是返回的 URL 却无法直接访问，需要对静态资源进行挂载。在 app.js 文件中，在 mount 挂载路由之后进行静态资源挂载设置，代码如下：

```
// 挂载静态资源
app.use('/tmp_uploads', express.static('tmp_uploads'))
```

11.7.2 添加商品

1．路由层

在 sysapi/goods.js 文件中加入添加商品的接口函数，代码如下：

```
...
var path = require("path");
// 获取验证模块
var authorization = require(path.join(process.cwd(),
"/modules/authorization"));
// 通过验证模块获取分类管理
var goodServ = authorization.getService("GoodService");
...

// 添加商品
router.post("/",
    // 参数验证
    function (req, res, next) {
        next();
    },
    // 业务逻辑
    function (req, res, next) {
        var params = req.body;
        goodServ.createGood(params, function (err, newGood) {
            if (err) return res.sendResult(null, 400, err);
            res.sendResult(newGood, 201, "创建商品成功");
        })(req, res, next);
    }
);
```

2．服务层主要功能框架

在 services 目录下新建 GoodService.js 文件，梳理出添加商品的主要步骤如下：

```
var Promise = require("bluebird");

/**
 * 创建商品
 *
 * @param  {[type]}   params  商品参数
 * @param  {Function} cb      回调函数
 */
module.exports.createGood = function (params, cb) {
```

```
        // 验证参数 & 生成数据
        generateGoodInfo(params)
            // 检查商品名称
            .then(checkGoodName)
            // 创建商品
            .then(createGoodInfo)
            // 更新商品图片
            .then(doUpdateGoodPics)
            // 更新商品参数
            .then(doUpdateGoodAttributes)
            // 获取图片
            .then(doGetAllPics)
            // 获取属性
            .then(doGetAllAttrs)
            // 创建成功
            .then(function (info) {
                cb(null, info.good);
            })
            .catch(function (err) {
                cb(err);
            });
    }
```

使用 Bluebird 插件的 promise 异步方案，一步步向下传递参数。

3. 验证参数并生成数据

在服务层的 createGood 函数中暂时注释掉其他函数，先调用 generateGoodInfo 函数检验参数，GoodService.js 文件的代码如下：

```
var Promise = require("bluebird");

/**
 * 创建商品
 *
 * @param   {[type]}   params   商品参数
 * @param   {Function} cb       回调函数
 */
module.exports.createGood = function (params, cb) {
    // 验证参数 & 生成数据
    generateGoodInfo(params)
        // 检查商品名称
        // .then(checkGoodName)
        // 创建商品
        // .then(createGoodInfo)
        // 更新商品图片
        // .then(doUpdateGoodPics)
        // 更新商品参数
        // .then(doUpdateGoodAttributes)
        // 获取图片
        // .then(doGetAllPics)
        // 获取属性
        // .then(doGetAllAttrs)
        // 创建成功
        .then(function (info) {
            // cb(null, info.good);
            cb(null, info);
        })
```

```javascript
        .catch(function (err) {
            cb(err);
        });
}

/**
 * 通过参数生成商品基本信息
 *
 * @param  {[type]} params.cb [description]
 * @return {[type]}           [description]
 */
function generateGoodInfo(params) {
    return new Promise(function(resolve,reject){
        var info = {};
        if(params.goods_id) info["goods_id"] = params.goods_id;
        if(!params.goods_name) return reject("商品名称不能为空");
        info["goods_name"] = params.goods_name;

        if(!params.goods_price) return reject("商品价格不能为空");
        var price = parseFloat(params.goods_price);
        if(isNaN(price) || price < 0) return reject("商品价格不正确")
        info["goods_price"] = price;


        if(!params.goods_number) return reject("商品数量不能为空");
        var num = parseInt(params.goods_number);
        if(isNaN(num) || num < 0) return reject("商品数量不正确");
        info["goods_number"] = num;

        if(!params.goods_cat) return reject("商品没有设置所属分类");
        var cats = params.goods_cat.split(',');
        if(cats.length > 0) {
            info["cat_one_id"] = cats[0];
        }
        if(cats.length > 1) {
            info["cat_two_id"] = cats[1];
        }
        if(cats.length > 2) {
            info["cat_three_id"] = cats[2];
            info["cat_id"] = cats[2];
        }


        if(params.goods_weight) {
            weight = parseFloat(params.goods_weight);
            if(isNaN(weight) || weight < 0) return reject("商品重量格式不正确");
            info["goods_weight"] = weight;
        } else {
            info["goods_weight"] = 0;
        }
        if(params.goods_introduce) {
            info["goods_introduce"] = params.goods_introduce;
        }

        if(params.goods_big_logo) {
            info["goods_big_logo"] = params.goods_big_logo;
        } else {
            info["goods_big_logo"] = "";
        }
```

```
        if(params.goods_small_logo) {
            info["goods_small_logo"] = params.goods_small_logo;
        } else {
            info["goods_small_logo"] = "";
        }

        if(params.goods_state) {
            info["goods_state"] = params.goods_state;
        }

        // 图片
        if(params.pics) {
            info["pics"] = params.pics;
        }

        // 属性
        if(params.attrs) {
            info["attrs"] = params.attrs;
        }

        info["add_time"] = Date.parse(new Date()) / 1000;
        info["upd_time"] = Date.parse(new Date()) / 1000;
        info["is_del"] = '0';

        if(params.hot_mumber) {
            hot_num = parseInt(params.hot_mumber);
            if(isNaN(hot_num) || hot_num < 0) return reject("热销品数量格式不
正确");
            info["hot_mumber"] = hot_num;
        } else {
            info["hot_mumber"] = 0;
        }

        info["is_promote"] = info["is_promote"] ? info["is_promote"] : false;

        resolve(info);
    });
}
```

4. 检查商品名称是否重复

在 GoodService.js 中添加 checkGoodName 方法，代码如下：

```
...
var path = require("path");
var dao = require(path.join(process.cwd(),"dao/DAO"));
...
/**
 * 检查商品名称是否重复
 *
 * @param  {[type]} info [description]
 * @return {[type]}      [description]
 */
function checkGoodName(info) {
    return new Promise(function(resolve,reject) {
        dao.findOne("GoodModel",{"goods_name":info.goods_name,"is_del":
"0"},function(err,good) {
            if(err) return reject(err);
            if(!good) return resolve(info);
```

```
            if(good.goods_id == info.goods_id) return resolve(info);
            return reject("商品名称已存在");
        });
    });
}
```

在 models 目录下新建 GoodModel.js 文件，代码如下：

```
module.exports = function (db, callback) {
    // 商品模型
    db.define("GoodModel", {
        goods_id: { type: 'serial', key: true },
        cat_id: Number,
        goods_name: String,
        goods_price: Number,
        goods_number: Number,
        goods_weight: Number,
        goods_introduce: String,
        goods_big_logo: String,
        goods_small_logo: String,
        goods_state: Number,           // 0 表示未审核，1 表示审核中，2 表示已审核
        is_del: ['0', '1'],            // 0 表示正常，1 表示删除
        add_time: Number,
        upd_time: Number,
        delete_time: Number,
        hot_mumber: Number,
        is_promote: Boolean,
        cat_one_id: Number,
        cat_two_id: Number,
        cat_three_id: Number
    }, {
        table: "goods",
        methods: {
            getGoodsCat: function () {
                return this.cat_one_id + ',' + this.cat_two_id + ','
 + this.cat_three_id;
            }
        }
    });
    return callback();
}
```

可以在模型类中添加处理方法，此处添加 getGoodsCat 方法用于获取拼接后的商品分类。

5. 创建商品

在 GoodService.js 文件中添加 createGoodInfo 方法，代码如下：

```
...
var _ = require('lodash');
...

/**
 * 创建商品基本信息
 *
 * @param  {[type]} info [description]
 * @return {[type]}      [description]
 */
function createGoodInfo(info) {
    return new Promise(function(resolve,reject){
        dao.create("GoodModel",_.clone(info),function(err,newGood) {
```

```
            if(err) return reject("创建商品基本信息失败");
            newGood.goods_cat = newGood.getGoodsCat();
            info.good = newGood;
            return resolve(info);
        });
    });
}
```

6. 更新商品图片

在 models 目录下新建 GoodPicModel.js 文件，代码如下：

```
module.exports = function (db, callback) {
    // 商品图片模型
    db.define("GoodPicModel", {
        pics_id: { type: 'serial', key: true },
        goods_id: Number,
        pics_big: String,
        pics_mid: String,
        pics_sma: String
    }, {
        table: "goods_pics"
    });
    return callback();
}
```

在 GoodService.js 文件中添加 doUpdateGoodPics 方法，代码如下：

```
...
/**
 * 更新商品图片
 *
 * @param {[type]} info         参数
 * @param {[type]} newGood 商品基本信息
 */
function doUpdateGoodPics(info) {
    return new Promise(function (resolve, reject) {
        var good = info.good;
        if (!good.goods_id) return reject("更新商品图片失败");
        if (!info.pics) return resolve(info);
        dao.list("GoodPicModel",
            { "columns": { "goods_id": good.goods_id } },
            function (err, oldpics) {
                if (err) return reject("获取商品图片列表失败");
                var batchFns = [];
                var newpics = info.pics ? info.pics : [];
                var newpicsKV = _.keyBy(newpics, "pics_id");
                var oldpicsKV = _.keyBy(oldpics, "pics_id");

                /**
                 * 保存图片集合
                 */
                // 需要新建的图片集合
                var addNewpics = [];
                // 需要保留的图片集合
                var reservedOldpics = [];
                // 需要删除的图片集合
                var delOldpics = [];
```

```javascript
            // 如果提交的新数据中有老数据的 pics_id 则保留数据，否则删除数据
            _(oldpics).forEach(function (pic) {
                if (newpicsKV[pic.pics_id]) {
                    reservedOldpics.push(pic);
                } else {
                    delOldpics.push(pic);
                }
            });

            // 从新提交的数据中检索出需要新创建的数据
            // 计算逻辑如果提交的数据不存在 pics_id 字段则说明是新创建的数据
            _(newpics).forEach(function (pic) {
                if (!pic.pics_id && pic.pic) {
                    addNewpics.push(pic);
                }
            });

            // 开始处理商品图片数据逻辑
            // 1. 删除商品图片数据集合
            _(delOldpics).forEach(function (pic) {
                // 1.1 删除图片物理路径
                batchFns.push(removeGoodPicFile(path.join(process.cwd(), pic.pics_big)));
                batchFns.push(removeGoodPicFile(path.join(process.cwd(), pic.pics_mid)));
                batchFns.push(removeGoodPicFile(path.join(process.cwd(), pic.pics_sma)));
                // 1.2 数据库中删除图片数据记录
                batchFns.push(removeGoodPic(pic));
            });

            // 2. 处理新建图片的集合
            _(addNewpics).forEach(function (pic) {
                if (!pic.pics_id && pic.pic) {
                    // 2.1 通过原始图片路径裁剪出需要的图片
                    var src = path.join(process.cwd(), pic.pic);
                    var tmp = src.split(path.sep);
                    var filename = tmp[tmp.length - 1];
                    pic.pics_big = "/uploads/goodspics/big_" + filename;
                    pic.pics_mid = "/uploads/goodspics/mid_" + filename;
                    pic.pics_sma = "/uploads/goodspics/sma_" + filename;
                    batchFns.push(clipImage(src, path.join(process.cwd(), pic.pics_big), 800, 800));
                    batchFns.push(clipImage(src, path.join(process.cwd(), pic.pics_mid), 400, 400));
                    batchFns.push(clipImage(src, path.join(process.cwd(), pic.pics_sma), 200, 200));
                    pic.goods_id = good.goods_id;
                    // 2.2 在数据库中新建数据记录
                    batchFns.push(createGoodPic(pic));
                }
            });

            // 如果没有任何图片操作则返回
            if (batchFns.length == 0) {
                return resolve(info);
            }

            // 批量执行所有操作
```

```
                Promise.all(batchFns)
                    .then(function () {
                        resolve(info);
                    })
                    .catch(function (error) {
                        if (error) return reject(error);
                    });
            });
        });
}
```

在 GoodService.js 文件中添加物理删除图片的 removeGoodPicFile 方法，代码如下：

```
...
var fs = require("fs");
...
//删除图片的物理路径
function removeGoodPicFile(path) {
    return new Promise(function (resolve, reject) {
        fs.unlink(path, function (err, result) {
            resolve();
        });
    });
}
```

在 GoodService.js 文件中添加从数据库中删除图片的 removeGoodPic 方法，代码如下：

```
/**
 * 删除商品图片
 *
 * @param  {[type]} pic 图片对象
 * @return {[type]}     [description]
 */
function removeGoodPic(pic) {
    return new Promise(function(resolve,reject) {
        if(!pic || !pic.remove) return reject("删除商品图片记录失败");
        pic.remove(function(err){
            if(err) return reject("删除失败");
            resolve();
        });
    });
}
```

在 GoodService.js 文件中添加裁剪图片的 clipImage 方法，代码如下：

```
/**
 * 裁剪图片
 *
 * @param  {[type]} srcPath    原始图片路径
 * @param  {[type]} savePath   存储路径
 * @param  {[type]} newWidth   新的宽度
 * @param  {[type]} newHeight  新的高度
 * @return {[type]}            [description]
 */
function clipImage(srcPath,savePath,newWidth,newHeight) {
    return new Promise(function(resolve,reject) {
        // 创建读取流
        readable = fs.createReadStream(srcPath);
        // 创建写入流
        writable = fs.createWriteStream(savePath);
        readable.pipe(writable);
```

```
        readable.on('end',function() {
            resolve();
        });

    });
}
```

在 dao/DAO.js 文件中添加获取模型的 getModel 方法，代码如下：

```
...
module.exports.getModel = function(modelName) {
    var db = databaseModule.getDatabase();
    return db.models[modelName];
}
...
```

手动创建图片存储目录，代码不会自动创建。在根目录下创建目录 uploads/goodspics 用于存放裁剪后的图片。

测试图片上传，由于图片需要上传数组对象，所以改用 JSON 格式上传，如图 11.39 所示。

图 11.39　添加商品接口测试

上传成功，查看数据库商品表和图片表均记录成功，同时本地目录下也生成了图片。至此，商品图片添加成功。

7．更新商品属性参数

在 models 目录下新建 GoodAttributeModel.js 文件，代码如下：

```javascript
module.exports = function (db, callback) {
    // 商品属性模型
    db.define("GoodAttributeModel", {
        id: { type: 'serial', key: true },
        goods_id: Number,
        attr_id: Number,
        attr_value: String,
        add_price: Number
    }, {
        table: "goods_attr"
    });
    return callback();
}
```

在 dao 目录下新建 GoodAttributeDAO.js 文件，添加删除商品属性的 clearGoodAttributes 方法，代码如下：

```javascript
var path = require("path");
databaseModule = require(path.join(process.cwd(), "modules/db"));

module.exports.clearGoodAttributes = function (goods_id, cb) {
    db = databaseModule.getDatabase();
    sql = "DELETE FROM goods_attr WHERE goods_id = ?";
    db.driver.execQuery(
        sql
        , [goods_id], function (err) {
            if (err) return cb("删除出错");
            cb(null);
        });
}
```

在 GoodService.js 文件中添加 doUpdateGoodAttributes 方法，代码如下：

```javascript
...
var goodAttributeDao = require(path.join(process.cwd(),
"dao/GoodAttributeDAO"));
...

/**
 * 更新商品属性
 *
 * @param {[type]} info 参数
 * @param {[type]} good 商品对象
 */
function doUpdateGoodAttributes(info) {
    return new Promise(function (resolve, reject) {
        var good = info.good;
        if (!good.goods_id) return reject("获取商品图片必须先获取商品信息");
        if (!info.attrs) return resolve(info);
        goodAttributeDao.clearGoodAttributes(good.goods_id, function (err) {
            if (err) return reject("清理原始的商品参数失败");
            var newAttrs = info.attrs ? info.attrs : [];
```

```
                if (newAttrs) {
                    var createFns = [];
                    _(newAttrs).forEach(function (newattr) {
                        newattr.goods_id = good.goods_id;
                        if (newattr.attr_value) {
                            if (newattr.attr_value instanceof Array) {
                                newattr.attr_value = newattr.attr_value.join(",");
                            } else {
                                newattr.attr_value = newattr.attr_value;
                            }
                        }
                        else
                            newattr.attr_value = "";
                        createFns.push(createGoodAttribute(_.clone(newattr)));
                    });
                }
                if (createFns.length == 0) return resolve(info);

                Promise.all(createFns)
                    .then(function () {
                        resolve(info);
                    })
                    .catch(function (error) {
                        if (error) return reject(error);
                    });
            });
        });
    }
```

在 GoodService.js 文件中添加 createGoodAttribute 方法，代码如下：

```
// 添加商品属性
function createGoodAttribute(goodAttribute) {
    return new Promise(function(resolve,reject) {
        dao.create("GoodAttributeModel",_.omit(goodAttribute,"delete_time"),
function(err,newAttr){
            if(err) return reject("创建商品参数失败");
            resolve(newAttr);
        });
    });
}
```

8. 挂载图片

在 GoodService.js 文件中添加 doGetAllPics 方法，代码如下：

```
...
var upload_config = require('config').get("upload_config");
...
/**
 * 挂载图片
 *
 * @param  {[type]} info [description]
 * @return {[type]}      [description]
 */
function doGetAllPics(info) {
    return new Promise(function (resolve, reject) {
        var good = info.good;
        if (!good.goods_id) return reject("获取商品图片必须先获取商品信息");
        // 3. 组装最新的数据，挂载在 info 中的 good 对象下
        dao.list("GoodPicModel", { "columns": { "goods_id": good.goods_id } },
```

```
function (err, goodPics) {
        if (err) return reject("获取所有商品图片列表失败");
        _(goodPics).forEach(function (pic) {
            if (pic.pics_big.indexOf("http") == 0) {
                pic.pics_big_url = pic.pics_big;
            } else {
                pic.pics_big_url = upload_config.get("baseURL") + pic.pics_big;
            }
            if (pic.pics_mid.indexOf("http") == 0) {
                pic.pics_mid_url = pic.pics_mid;
            } else {
                pic.pics_mid_url = upload_config.get("baseURL") + pic.pics_mid;
            }
            if (pic.pics_sma.indexOf("http") == 0) {
                pic.pics_sma_url = pic.pics_sma;
            } else {
                pic.pics_sma_url = upload_config.get("baseURL") + pic.pics_sma;
            }
        });
        info.good.pics = goodPics;
        resolve(info);
    });
});
}
```

9. 挂载属性参数

在 GoodService.js 文件中添加 doGetAllAttrs 方法，代码如下：

```
/**
 * 挂载属性
 * @param  {[type]} info [description]
 * @return {[type]}      [description]
 */
function doGetAllAttrs(info) {
    return new Promise(function(resolve,reject){
        var good = info.good;
        if(!good.goods_id) return reject("获取商品图片必须先获取商品信息");
        goodAttributeDao.list(good.goods_id,function(err,goodAttrs){
            if(err) return reject("获取所有商品参数列表失败");
            info.good.attrs = goodAttrs;
            resolve(info);
        });
    });
}
```

在 GoodAttributeDAO.js 文件中添加 list 方法，代码如下：

```
module.exports.list = function (goods_id, cb) {
    db = databaseModule.getDatabase();
    sql = "SELECT good_attr.goods_id,good_attr.attr_id,good_attr.attr_value,good_attr.add_price,attr.attr_name,attr.attr_sel,attr.attr_write,attr.attr_vals FROM goods_attr as good_attr LEFT JOIN attribute as attr ON attr.attr_id = good_attr.attr_id WHERE good_attr.goods_id = ?";
    db.driver.execQuery(
        sql
        , [goods_id], function (err, attrs) {
```

```
            if (err) return cb("查询出错");
            cb(null, attrs);
        });
}
```

至此，商品添加接口设置完毕。

11.7.3 获取商品列表

1. 数据访问层

在 DAO.js 文件中添加 countByConditions 方法，代码如下：

```
// 根据条件查询
module.exports.countByConditions = function (modelName, conditions, cb) {
    var db = databaseModule.getDatabase();
    var model = db.models[modelName];
    if (!model) return cb("模型不存在", null);
    var resultCB = function (err, count) {
        if (err) {
            return cb("查询失败", null);
        }
        cb(null, count);
    }
    if (conditions) {
        if (conditions["columns"]) {
            model = model.count(conditions["columns"], resultCB);
        } else {
            model = model.count(resultCB);
        }
    } else {
        model = model.count(resultCB);
    }
};
```

1. 业务层

在 GoodService.js 文件中添加 getAllGoods 方法，代码如下：

```
...
var orm=require("orm")
...

/**
 * 获取商品列表
 *
 * @param  {[type]}  params    查询条件
 * @param  {Function} cb       回调函数
 */
module.exports.getAllGoods = function (params, cb) {
    var conditions = {};
    if (!params.pagenum || params.pagenum <= 0) return cb("pagenum 参数错误");
    if (!params.pagesize || params.pagesize <= 0) return cb("pagesize 参数错误");
```

```
        conditions["columns"] = {};
        if (params.query) {
            conditions["columns"]["goods_name"] = orm.like("%" + params.query + "%");
        }
        conditions["columns"]["is_del"] = '0';

        dao.countByConditions("GoodModel", conditions, function (err, count) {
            if (err) return cb(err);
            pagesize = params.pagesize;
            pagenum = params.pagenum;
            pageCount = Math.ceil(count / pagesize);
            offset = (pagenum - 1) * pagesize;
            if (offset >= count) {
                offset = count;
            }
            limit = pagesize;

            // 构建条件
            conditions["offset"] = offset;
            conditions["limit"] = limit;
            conditions["only"] = ["goods_id", "goods_name", "goods_price",
"goods_weight", "goods_state", "add_time", "goods_number", "upd_time",
"hot_mumber", "is_promote"];
            conditions["order"] = "-add_time";

            dao.list("GoodModel", conditions, function (err, goods) {
                if (err) return cb(err);
                var resultDta = {};
                resultDta["total"] = count;
                resultDta["pagenum"] = pagenum;
                resultDta["goods"] = _.map(goods, function (good) {
                    return _.omit(good, "goods_introduce", "is_del", "goods_big_
logo", "goods_small_logo", "delete_time");
                });
                cb(err, resultDta);
            })
        });
    }
```

2. 路由层

在 goods.js 文件中添加获取商品列表的接口方法，代码如下：

```
// 商品列表
router.get("/",
    // 验证参数
    function (req, res, next) {
        // 参数验证
        if (!req.query.pagenum || req.query.pagenum <= 0) return res.
sendResult(null, 400, "pagenum 参数错误");
        if (!req.query.pagesize || req.query.pagesize <= 0) return res.
sendResult(null, 400, "pagesize 参数错误");
        next();
    },
    // 业务逻辑
    function (req, res, next) {
        var conditions = {
            "pagenum": req.query.pagenum,
            "pagesize": req.query.pagesize
        };
```

```
        if (req.query.query) {
            conditions["query"] = req.query.query;
        }
        goodServ.getAllGoods(
            conditions,
            function (err, result) {
                if (err) return res.sendResult(null, 400, err);
                res.sendResult(result, 200, "获取成功");
            }
        )(req, res);
    }
);
```

11.7.4 删除商品

1. 服务层

在 GoodService.js 文件中添加删除商品的 deleteGood 方法，代码如下：

```
/**
 * 删除商品
 *
 * @param  {[type]}   id  商品ID
 * @param  {Function} cb  回调函数
 */
module.exports.deleteGood = function (id, cb) {
    if (!id) return cb("商品ID不能为空");
    if (isNaN(id)) return cb("商品ID必须为数字");
    dao.update(
        "GoodModel",
        id,
        {
            'is_del': '1',
            'delete_time': Date.parse(new Date()) / 1000,
            'upd_time': Date.parse(new Date()) / 1000
        },
        function (err) {
            if (err) return cb(err);
            cb(null);
        }
    );
}
```

2. 路由层

在 goods.js 文件中添加删除商品的方法 deleteGood，代码如下：

```
// 删除商品
router.delete("/:id",
    // 参数验证
    function (req, res, next) {
        if (!req.params.id) {
            return res.sendResult(null, 400, "商品ID不能为空");
        }
        if (isNaN(parseInt(req.params.id))) return res.sendResult(null, 400, "商品ID必须是数字");
```

```
            next();
        },
        // 业务逻辑
        function (req, res, next) {
            goodServ.deleteGood(req.params.id, function (err) {
                if (err)
                    return res.sendResult(null, 400, "删除失败");
                else
                    return res.sendResult(null, 200, "删除成功");
            })(req, res);
        }
    );
```

11.7.5 修改商品

1．服务层

在 GoodService.js 文件中添加修改商品的 updateGood 方法，该方法与前面添加商品的方法大致相同，代码如下：

```
/**
 * 更新商品
 *
 * @param {[type]} id          商品ID
 * @param {[type]} params      参数
 * @param {Function} cb        回调函数
 */
module.exports.updateGood = function (id, params, cb) {
    params.goods_id = id;
    // 验证参数 & 生成数据
    generateGoodInfo(params)
        // 检查商品名称
        .then(checkGoodName)
        // 修改商品
        .then(updateGoodInfo)
        // 更新商品图片
        .then(doUpdateGoodPics)
        // 更新商品参数
        .then(doUpdateGoodAttributes)
        .then(doGetAllPics)
        .then(doGetAllAttrs)
        // 创建成功
        .then(function (info) {
            cb(null, info.good);
        })
        .catch(function (err) {
            cb(err);
        });
}

// 修改商品信息
function updateGoodInfo(info) {
    return new Promise(function (resolve, reject) {
        if (!info.goods_id) return reject("商品ID不存在");
        dao.update("GoodModel", info.goods_id, _.clone(info), function
```

```
            (err, newGood) {
                if (err) return reject("更新商品基本信息失败");
                info.good = newGood;
                return resolve(info);
            });
        });
    }
```

2. 路由层

在 goods.js 文件中添加更新商品接口,代码如下:

```
// 更新商品
router.put("/:id",
    // 参数验证
    function (req, res, next) {
        if (!req.params.id) {
            return res.sendResult(null, 400, "商品ID不能为空");
        }
        if (isNaN(parseInt(req.params.id))) return res.sendResult(null,
400, "商品ID必须是数字");
        next();
    },
    // 业务逻辑
    function (req, res, next) {
        var params = req.body;
        goodServ.updateGood(req.params.id, params, function (err, newGood) {
            if (err) return res.sendResult(null, 400, err);
            res.sendResult(newGood, 200, "更新商品成功");
        })(req, res);
    }
);
```

11.7.6 获取商品详情

1. 服务层

在 GoodService.js 文件中添加获取商品信息的 getGoodById 方法,代码如下:

```
/**
 * 通过商品 ID 获取商品数据
 *
 * @param  {[type]}   id   商品 ID
 * @param  {Function} cb   回调函数
 */
module.exports.getGoodById = function (id, cb) {
    getGoodInfo({ "goods_id": id })
        .then(doGetAllPics)
        .then(doGetAllAttrs)
        .then(function (info) {
            cb(null, info.good);
        })
        .catch(function (err) {
            cb(err);
        });
}
```

```
/**
 * 获取商品对象
 *
 * @param  {[type]} info 查询内容
 * @return {[type]}      [description]
 */
function getGoodInfo(info) {
    return new Promise(function(resolve,reject){
        if(!info || !info.goods_id || isNaN(info.goods_id)) return reject
("商品ID格式不正确");

        dao.show("GoodModel",info.goods_id,function(err,good){
            if(err) return reject("获取商品基本信息失败");
            good.goods_cat = good.getGoodsCat();
            info["good"] = good;
            return resolve(info);
        });
    });
}
```

2. 路由层

在 goods.js 文件中添加根据商品 ID 获取商品详情的接口，代码如下：

```
// 获取商品详情
router.get("/:id",
    // 参数验证
    function(req,res,next) {
        if(!req.params.id) {
            return res.sendResult(null,400,"商品ID不能为空");
        }
        if(isNaN(parseInt(req.params.id))) return res.sendResult(null,400,
"商品ID必须是数字");
        next();
    },
    // 业务逻辑
    function(req,res,next) {
        goodServ.getGoodById(req.params.id,function(err,good){
            if(err) return res.sendResult(null,400,err);
            return res.sendResult(good,200,"获取成功");
        })(req,res,next);
    }
);
```

> **注意**：由于篇幅所限，商品管理端 API 的编写思路相同，这里不再罗列，读者可以参考随书代码。

11.8 小程序端 API

前面实现了商品管理接口。本节实现小程序端的相关接口，包括在首页获取最新商品列表接口、商品详情接口、获取分类列表接口和根据分类获取商品列表等。小程序端接口位于 routes/frontapi 目录下。

11.8.1 获取最新商品列表

在路由层，在 routes/frontapi 目录下新建 goods.js 文件，代码如下：

```
var express = require('express')
var router = express.Router();
var path = require('path')
var goodServ = require(path.join(process.cwd(), "/services/GoodService"))

// 获取 n 条最新商品信息
router.get("/",// 验证参数
    function (req, res, next) {
        console.log(req.query.num)
        // 参数验证
        if (!req.query.num || req.query.num <= 0) return res.sendResult(null, 400, "num 参数错误");
        next();
    },
    // 业务逻辑
    function (req, res, next) {
        var conditions = {
            "num": parseInt(req.query.num),
        };
        goodServ.getLatestGoods(
            conditions,
            function (err, result) {
                if (err) return res.sendResult(null, 400, err);
                res.sendResult(result, 200, "获取成功");
            }
        );
    }
);

// 获取商品详情
module.exports = router
```

在服务层，在 GoodService.js 文件中添加获取最新商品的方法，代码如下：

```
var goodsDao = require(path.join(process.cwd(), "dao/GoodsDAO"));
...
/////////////////////////////////////小程序端接口
// 获取 n 条最新商品信息
module.exports.getLatestGoods = function (params, cb) {
    if (!params.num || params.num <= 0) return cb("pagenum 参数错误");
    goodsDao.list(params.num, function (err, goods) {
        if (err) return cb("获取失败");
        cb(null, goods);
    })
}
```

在数据访问层，在 dao 目录下新建 GoodsDAO.js 文件，代码如下：

```
var path = require("path");
databaseModule = require(path.join(process.cwd(), "modules/db"));
module.exports.list = function (num, cb) {
    db = databaseModule.getDatabase();
    var params = [];
    params[0] = num;
```

```
    sql = "SELECT g.goods_id,g.goods_name,g.goods_price,g.cat_id,g.is_del,
g.add_time,g.cat_one_id,p.pics_big,p.pics_mid,p.pics_sma FROM goods as
g LEFT JOIN goods_pics as p on g.goods_id=p.goods_id WHERE g.is_del='0'
LIMIT ?";
    db.driver.execQuery(
        sql
        , params, function (err, attrs) {
            if (err) return cb("查询出错");
            cb(null, attrs);
        });
}
```

11.8.2 获取商品详情

在路由层将 routes/sysapi/goods.js 文件中获取商品详情的方法复制过来，将复制的代码改为直接调用服务层，不需要服务拦截。在 routes/frontapi/goods.js 文件中添加方法如下：

```
// 获取商品详情
router.get("/:id",
    // 参数验证
    function(req,res,next) {
        if(!req.params.id) {
            return res.sendResult(null,400,"商品ID不能为空");
        }
        if(isNaN(parseInt(req.params.id))) return res.sendResult(null,400,
"商品ID必须是数字");
        next();
    },
    // 业务逻辑
    function(req,res,next) {
        goodServ.getGoodById(req.params.id,function(err,good){
            if(err) return res.sendResult(null,400,err);
            return res.sendResult(good,200,"获取成功");
        });
    }
);
```

在服务层直接使用原来的 GoodService.js 中的 getGoodById 方法即可。

11.8.3 获取分类列表

在路由层，在 frontapi 目录下新建 category.js 文件，代码如下：

```
var express = require('express')
var router = express.Router();
var path = require('path')
var categoryService = require(path.join(process.cwd(), "/services/
CategoryService"))
// 获取一级商品分类
router.get("/",
    function (req, res, next) {
        // type 1为1级分类，2为2级，3为3级
        if (!req.query.type || req.query.type <= 0) return res.sendResult
(null, 400, "type 参数错误");
        next();
    },
```

```
        function (req, res, next) {
            var conditions = null;
            categoryService.getAllCategories(req.query.type, conditions,
function (err, result) {
                if (err) return res.sendResult(null, 400, "获取分类列表失败");
                res.sendResult(result, 200, "获取成功");
            });
        }
    );
module.exports = router
```

在服务层直接使用 CategoryService.js 中的 getAllCategories，根据传入的不同参数来获取不同级别的分类。type 为获取的级别分类，conditions 为分页参数，如果不传入参数就不会进行分页。

11.8.4 根据分类获取商品

在路由层直接修改 goods.js 中获取最新商品的方法，包括获取 cateid 参数，无论是否传递参数，都直接交给 Service 层去判断，这样就可以兼容之前的方法。

在服务层共用获取最新商品列表的接口，向其中添加分类参数并传到数据访问层进行判断。

在数据访问层，直接在 list 方法中添加对分类 ID 的判断即可，代码如下：

```
if (cat_id) {
        sql = "SELECT g.goods_id,g.goods_name,g.goods_price,g.cat_id,
g.is_del,g.add_time,g.cat_one_id,p.pics_big,p.pics_mid,p.pics_sma FROM
goods as g LEFT JOIN goods_pics as p on g.goods_id=p.goods_id WHERE
g.is_del='0' AND g.cat_one_id=? LIMIT ?";
        params[0] = cat_id;
        params[1] = num;
    } else {
        sql = "SELECT g.goods_id,g.goods_name,g.goods_price,g.cat_id,
g.is_del,g.add_time,g.cat_one_id,p.pics_big,p.pics_mid,p.pics_sma FROM
goods as g LEFT JOIN goods_pics as p on g.goods_id=p.goods_id WHERE
g.is_del='0'  LIMIT ?";
    }
```

至此，就完成了获取某个分类下的商品列表接口。

11.9 本章小结

本章基于第 9 章和第 10 章实现的项目需求分析和概要设计，从环境搭建开始一步步实现业务接口。基于 Node.js 搭建 Express 项目框架，封装统一返回 JSON 格式的中间件，通过 mount-routes 中间件实现路由模块化自动挂载；通过 passport 插件实现用户的登录验证和 Token 接口验证；通过 ORM 插件实现 Express 操作 MySQL 数据库；通过 log4js 日志组件统一封装完成后台异常信息记录。在设计接口权限验证时，使用闭包实现服务层方法的权限拦截，这也是本章的难点和重点。

接下来根据业务需要分别实现了商品分类和商品分类参数及商品增、删、改、查的 RESTfull 风格的接口。图片上传使用 Multer 插件，通过 Node.js 静态资源托管实现图片服务器的搭建。

由于篇幅所限，小程序端 API 的实现本章不再赘述，读者可参考随书代码。

第 12 章　百果园微信商城 Vue 管理后台

第 11 章实现了后端 API 接口的编写，本章通过 Vue+ElementUI 组件搭建管理后台，通过 vue-router 实现页面路由管理，通过 Axios 完成前后端的数据交互。理解内容本章需要具备一定的前端知识和 Vue 基础。

本章涉及的主要知识点如下：

- ❑ Vue 框架：学会 Vue 环境安装、通过 Vue-cli 脚手架创建项目；
- ❑ ElementUI：学会 ElementUI 组件的使用，简化界面开发；
- ❑ Axios：掌握 Axios 的用法，使用其完成网络请求，实现前后端数据交互；
- ❑ 前后端分离模式：掌握商业级项目前后端分离开发模式。

> 注意：本章涉及 Vue 前端知识，读者可以根据自身情况选择性阅读，如果读者只关注第 11 章的 API 内容，可以直接运行本章介绍的管理后台代码，而不用关注实现细节。

12.1　Vue 项目搭建

现代项目都采用前后端分离的模式，本章主要讲解基于 Vue 的管理后台的项目实现。学习本章需要读者具备一定的前端知识和 Vue 知识。本节先从 Vue 环境搭建和路由创建开始，引入 Element-UI 组件，快速搭建小程序商城管理后台。

12.1.1　创建项目

1. 创建Vue项目

为了简化操作，这里采用 Vue-cli 脚手架搭建 Vue 2 项目。如果未安装 Vue-cli 脚手架则需要先进行安装，命令如下：

```
npm install -g @vue/cli
```

安装好脚手架后，就可以使用 Vue 命令创建项目了。创建名为 **manage** 的项目，命令如下：

```
vue create manage
```

根据提示即可创建项目。项目创建成功后，切换到项目目录，通过如下命令运行项目：

```
npm run serve
```

在浏览器中如果可以正常运行创建的项目，则表示项目创建成功。

2．创建组件

在 Src/views 目录下创建 login.vue 文件。

代码 12.1　入口文件：login.vue

```
<template>
    <div>
        login
    </div>
</template>

<script>
export default {
    name:"Login"
}
</script>

<style scoped>
</style>
```

在 Src/views 目录下创建 main 组件文件。

代码 12.2　入口文件：main.vue

```
<template>
    <div class="container">
        <div class="menu">
            菜单
        </div>
        <div class="content">
        </div>
    </div>
</template>
```

创建了这两个组件之后，如何访问呢？这就要引入路由的概念了。

12.1.2　搭建路由

1．安装路由

由于本项目采用的是 Vue 2，所以需要安装匹配的路由，通过如下命令安装路由组件：

```
npm install vue-router@2
```

2．创建路由对象

在 src 目录下创建 router 目录，在 router 目录下新建 index.js 文件。

代码 12.3　路由文件：index.js

```
import Vue from 'vue'
import VueRouter from 'vue-router'
import Login from '../views/Login'
import Main from '../views/Main'

Vue.use(VueRouter)
```

```
const router = new VueRouter({
    routes: [{
        path: '/login',
        component: Login
    }, {
        path: '/',
        component: Main,
    },]
})
export default router
```

3. 挂载路由对象

在 main.js 文件中挂载路由对象：

```
import router from './router/index'
new Vue({
  router,
  render: h => h(App),
}).$mount('#app')
```

4. 修改App.vue

修改 App.vue 文件，代码如下：

```
<template>
  <div id="app">
    <router-view />
  </div>
</template>

<script>
export default {
  name: "App",
  components: {},
};
</script>

<style>
html,
body,#app {
  margin: 0;
  padding: 0;
  /* 设置页面高度 */
  height: 100%;
}
#app {
  font-family: Avenir, Helvetica, Arial, sans-serif;
  -webkit-font-smoothing: antialiased;
  -moz-osx-font-smoothing: grayscale;
  /* text-align: center; */
  color: #2c3e50;
  /* margin-top: 60px; */
}
</style>
```

5. 测试路由

在浏览器中访问主页（域名/）、访问登录界面（域名/login），如果能访问，则说明路由配置成功。接下来根据项目需求创建相关的业务组件，完成项目的功能。

6. 创建业务组件

路由测试可行后，需要根据需求分析结果创建不同的页面组件。由于篇幅所限，在此不列出具体的组件清单，读者可以查阅随书代码。

业务组件创建完成后，接下来创建路由，修改 router.js 文件，代码如下：

```js
import Vue from 'vue'
import VueRouter from 'vue-router'
import Login from '../views/Login'
import Main from '../views/Main'
import Index from '../views/index/Index'
import UserList from '../views/user/UserList'
import Category from '../views/product/Category'
import Brand from '../views/product/Brand'
import CategoryParam from '../views/product/CategoryParam'
import ProductList from '../views/product/ProductList'
import OrderList from '../views/order/OrderList'
import UserReport from '../views/report/UserReport'
import ProductReport from '../views/report/ProductReport'
import OrderReport from '../views/report/OrderReport'
import AccountList from '../views/sys/AccountList'
import RoleList from '../views/sys/RoleList'
import AuthorityList from '../views/sys/AuthorityList'

Vue.use(VueRouter)
const router = new VueRouter({
    routes: [{
        path: '/login',
        component: Login
    }, {
        path: '/',
        component: Main,
        // redirect: '/index',
        children: [{
            path: '/index',
            component: Index
        }, {
            path: '/user-list',
            component: UserList
        }, {
            path: '/category',
            component: Category
        }, {
            path: '/brand',
            component: Brand
        }, {
            path: '/category-param',
            component: CategoryParam
        }, {
            path: '/product-list',
            component: ProductList
        }, {
            path: '/order-list',
            component: OrderList
        }, {
            path: '/user-report',
            component: UserReport
        }, {
            path: '/product-report',
```

```
                component: ProductReport
            },{
                path: '/order-report',
                component: OrderReport
            },{
                path: '/account-list',
                component: AccountList
            },{
                path: '/role-list',
                component: RoleList
            },{
                path: '/authority-list',
                component: AuthorityList
            }]
    },]
})
export default router
```

接下来在 main 组件中使用二级路由，main 组件使用 router-link 和 router-vew，修改 mian.vue 文件，代码如下：

```
<template>
    <div class="container">
        <div class="menu">
            菜单
            <!-- 虽然地址会跳转，但是需要手动刷新页面才会更新 -->
            <!-- a 标签在 Hash 模式下使用#，在 History 模式下使用/ -->
            <!-- <p><a href="#account-list">账号列表</a></p>
            <p><a href="#user-list">用户列表</a></p>  -->

            <p><router-link to="/user-list">用户列表</router-link></p>
            <p><router-link to="account-list">账号列表</router-link></p>
            <!-- 加不加/都可以 -->
        </div>
        <div class="content">
            <router-view/>
        </div>

    </div>
</template>

<script>
export default {
    name:"Main"
}
</script>

<style scoped>
.container{
    display: flex;
}
.menu{
    width: 250px;
    border:1px solid brown;
}
.content{
    flex: 1;
    border:1px solid green;
}
</style>
```

至此,在浏览器中访问不同的路由即可访问对应的组件。

12.1.3 使用 Element-UI 制作组件

为了简化界面开发,引入 Element-UI 组件,这样可以极大地减少 CSS 代码的编写。Element-UI 组件的官网地址为 https://element.eleme.cn/。

1. 安装Element-UI组件

使用以下命令安装 Element-UI 组件:

```
npm i element-ui -S
```

2. 挂载到Vue实例中

修改根目录下的 main.js 文件,添加以下代码:

```
import ElementUI from 'element-ui'
import 'element-ui/lib/theme-chalk/index.css'
Vue.use(ElementUI)
```

3. 使用Element-UI组件

在页面中引入相应的组件,然后在浏览器中查看是否生效即可确认组件是否引入成功。

> 注意:整体的布局本节不进行详细介绍,读者可以参考随书代码。

12.2 登录页面及其功能的实现

管理员需要登录后才能使用管理后台的功能,前后端分离项目采用 HTTP 工具进行前后端数据交付,本节使用 Axios 组件实现接口联调,完成登录和退出功能。

12.2.1 安装并设置 Axios

Axios 是 Vue 官方推出的网络请求工具,官网地址为 https://www.npmjs.com/package/axios,可以通过以下命令安装:

```
npm i axios
```

在 main.js 文件中将 Axios 挂载到 Vue 实例,代码如下:

```
import axios from 'axios'
// 配置请求的根路径
axios.defaults.baseURL = 'http://127.0.0.1:8888/sysapi/'
axios.interceptors.request.use(config => {
    config.headers.Authorization = window.sessionStorage.getItem('token')
    return config
})
axios.interceptors.response.use(response => {
    return response
```

```
})
Vue.prototype.$http = axios
```

接下来就可以在登录页面使用 Axios 的功能完成数据请求了。

12.2.2 实现登录和退出功能

在 Login.vue 中实现登录功能,代码如下。

代码 12.4　入口文件:Login.vue

```
<template>
  <div class="container">
    <div class="login-box">
      <div class="left-box">
        <img src="@/assets/slogn.png" alt="" />
      </div>
      <div class="right-box">
        <div class="logo">
          <img src="@/assets/logo.png" alt="" />
        </div>
        <p>百果园.微信商城.管理后台</p>
        <div class="input-box">
          <img src="@/assets/account.png" class="prefix-icon" />
          <el-input
            placeholder="请输入账号"
            type="text"
            v-model="account"
            class="input-inner"
          ></el-input>
        </div>
        <div class="input-box">
          <img src="@/assets/password.png" class="prefix-icon" />
          <el-input
            placeholder="请输入密码"
            :type="hiddenPwd ? 'password' : 'text'"
            v-model="password"
            class="input-inner"
          ></el-input>
          <img
            :src="hiddenPwd ? passHide : passShow"
            alt=""
            class="prefix-icon"
            @click="showPassword"
          />
        </div>
        <el-button type="primary" round class="login-btn" @click="login"
          >登录</el-button
        >
      </div>
    </div>
  </div>
</template>

<script>
export default {
  name: "Login",
  data() {
    return {
```

```
      account: "",
      password: "",
      hiddenPwd: true,
      passShow: require("@/assets/pass_show.png"),
      passHide: require("@/assets/pass_hide.png"),
    };
  },
  methods: {
    showPassword() {
      this.hiddenPwd = !this.hiddenPwd;
    },
    async login() {
      // 数据校验
      if (this.account == "" || this.password == "") {
        this.$message.error("请输入用户名和密码");
        return;
      }
      let loginForm = {
        username: this.account,
        password: this.password,
      };
      //   const res = await this.$http.post("login", loginForm);
      //   console.log(res);
      try {
        const { data: res } = await this.$http.post("login", loginForm);
        if (res.meta.status !== 200) return this.$message.error("登录失败！");
        this.$message.success("登录成功");
        // 1. 将登录成功之后的 Token 保存到客户端的 sessionStorage 中
        //   1.1 项目中除了登录之外的其他 API，必须在登录之后才能访问
        //   1.2 Token 只有在当前网站打开期间生效，因此将 Token 保存在 sessionStorage 中
        window.sessionStorage.setItem("token", res.data.token);
        // 2. 通过编程式导航跳转到后台主页，路由地址是 /index
        this.$router.push("/index");
      } catch (e) {
        this.$message.error(e);
      }
    },
  },
};
</script>

<style scoped>
/* 外层的#app 背景默认为 FFF，因此用 div 将其覆盖 */
.container {
  width: 100vw;
  height: 100vh;
  background-color: #f3f7fa;
  display: flex;
  justify-content: center;
  align-items: center;
}
.login-box {
  width: 1000px;
  height: 600px;
  background-color: #fff;
  border-radius: 10px;
  overflow: hidden;
  display: flex;
}
.left-box {
```

```css
  width: 424px;
  background-color: #333;
}
.left-box img {
  width: 100%;
  height: 100%;
}
.right-box {
  /* background-color: aqua; */
  flex: 1;
  display: flex;
  flex-direction: column;
  align-items: center;
}
.logo {
  width: 70px;
  height: 70px;
  /* border: 1px solid #333; */
  margin-top: 90px;
  border-radius: 50%;
  overflow: hidden;
}
.logo img {
  width: 100%;
  height: 100%;
}
.right-box p {
  font-size: 24px;
  font-family: Microsoft YaHei-Bold, Microsoft YaHei;
  font-weight: bold;
  color: #272727;
  margin-bottom: 40px;
}
.input-box {
  width: 328px;
  height: 50px;
  background: #f1f2f7;
  border-radius: 25px;
  margin-bottom: 25px;
  display: flex;
  align-items: center;
}
.prefix-icon {
  height: 23px;
  width: 23px;
  margin: 0 3px 0 22px;
}
.input-inner {
  width: 200px;
}
>>> .el-input__inner {
  /* 覆盖框架默认的样式 */
  border: none;
  outline: none;
  font-size: 14px;
  background: #f1f2f7;
}
.login-btn {
  width: 328px;
  height: 45px;
  margin-top: 25px;
```

```
    box-sizing: border-box;
}
</style>
```

在上面的代码中调用了第 11 章中创建的登录接口,登录成功后将后端返回的 Token 值存储在本地,以便下次调用其他接口时带上 Token 进行身份识别。

在 Main.vue 中为退出按钮绑定"退出"事件并添加退出事件处理函数,退出时清除 Token 值。在 Main.vue 文件中添加以下内容:

```
<a href="#" @click="logout"><i class="el-icon-switch-button"></i></a>
...
methods: {
    // 退出
    logout() {
      window.sessionStorage.clear();
      this.$router.push("/login");
    },
  },
```

12.3 分类管理功能的实现

12.2 节完成了登录功能,本节通过调用第 11 章的分类管理接口实现分类管理功能,主要包括分类的添加、修改、删除和查询操作。其中,删除为软删除,即在数据库中将删除字段标识为已删除,并不是真正从数据库中删除。

12.3.1 获取分类列表

在 Category.vue 文件中将之前写死的变量 catelist 置空,在页面创建完成时加载数据并对此变量赋值。

```
...
catelist: [],
// 查询条件
querInfo: {
   type: 3,
   pagenum: 1,                              //当前页数
   pagesize: 1,                             //每页数据条数
},
// 总数据条数
total: 0,
...
created() {
   this.getCateList()
},
methods: {
...
// 获取商品分类数据
    async getCateList() {
      const { data: res } = await this.$http.get("category", {
        params: this.querInfo,
      });
```

```
        if (res.meta.status !== 200) {
          return this.$message.error("获取商品分类失败！");
        }

        //   console.log(res.data);
        // 把数据列表赋值给 catelist
        this.catelist = res.data.result;
        // 为总数据条数赋值
        this.total = res.data.total;
      },
   ...
    },
```

代码运行效果如图 12.1 所示。

图 12.1 分类列表页面

实现分页，绑定相应变量，代码如下：

```
<!-- 分页 -->
<el-pagination
    @size-change="handleSizeChange"
    @current-change="handleCurrentChange"
    :current-page="querInfo.pagenum"
    :page-sizes="[1,2]"
    :page-size="querInfo.pagesize"
    layout="total, sizes, prev, pager, next, jumper"
    :total="total"
    >
</el-pagination>
...
// 监听 pagesize 的改变
   handleSizeChange(newSize) {
     this.querInfo.pagesize = newSize
     this.getCateList()
   },
   // 监听 pagenum 的改变
   handleCurrentChange(newPage) {
     this.querInfo.pagenum = newPage
     this.getCateList()
   },
...
```

12.3.2 添加分类

1．加载父级分类

单击"添加分类"按钮，在弹出添加分类框时加载父级分类，代码如下：

```
...
parentCateList: [],
...
showAddDialog() {
    // 先获取父级分类的数据列表
    this.getParentCateList();
    // 再展示对话框
    this.addCateDialogVisible = true;
},
// 获取父级分类的数据列表
    async getParentCateList() {
      const { data: res } = await this.$http.get("category", {
        params: { type: 2 },
      });
      if (res.meta.status !== 200) {
        return this.$message.error("获取父级分类数据失败!");
      }
      console.log(res.data);
      this.parentCateList = res.data;
    },
```

parentCateList 注释原来写死的值初始时为空，当弹出添加分类框时，先加载父级分类并绑定到页面中便于选择，如图 12.2 所示。

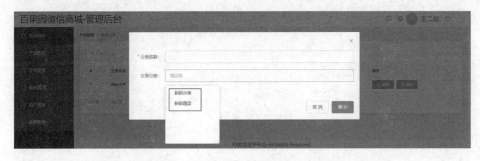

图 12.2　分类选择

2．添加分类

在弹出的添加分类框中主要添加以下函数。
1）关闭弹出框的函数

关闭弹出框后，下次打开弹出框时会显示上一次输入的信息，因此应该在关闭弹出框时进行清空操作。

```
// 关闭添加分类对话框，重置表单数据
    addCateDialogClosed() {
      this.$refs.addCateFormRef.resetFields();
      this.selectedKeys = [];
      this.addCateForm.cat_level = 0;
      this.addCateForm.cat_pid = 0;
    },
```

2）在下拉列表框中选择改变的函数。
3）添加选择项触发函数。

```
...
// 如果选择项发生变化则会触发 parentCateChanged 函数
```

```
      parentCateChanged() {
        console.log(this.selectedKeys);
        // 如果 selectedKeys 数组中的 length 大于 0，则证明选中的是父级分类
        // 反之，说明没有选中任何父级分类
        if (this.selectedKeys.length > 0) {
          // 父级分类的 ID
          this.addCateForm.cat_pid =
            this.selectedKeys[this.selectedKeys.length - 1];
          // 为当前分类的等级赋值
          this.addCateForm.cat_level = this.selectedKeys.length;
        } else {
          // 父级分类的 ID
          this.addCateForm.cat_pid = 0;
          // 为当前分类的等级赋值
          this.addCateForm.cat_level = 0;
        }
      },
      ...
      // 单击"添加分类"按钮，添加新的分类
      addCate() {
        //   this.addCateDialogVisible = false;
        this.$refs.addCateFormRef.validate(async (valid) => {
          if (!valid) return;
          const { data: res } = await this.$http.post(
            "category",
            this.addCateForm
          );
          if (res.meta.status !== 201) {
            return this.$message.error("添加分类失败！");
          }
          this.$message.success("添加分类成功！");
          this.getCateList();
          this.addCateDialogVisible = false;
        });
      },
      ...
```

代码运行效果如图 12.3 所示。

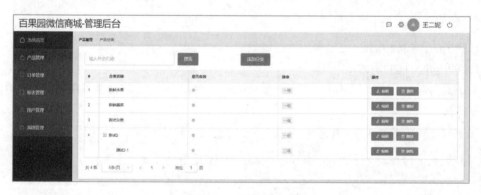

图 12.3　添加分类

12.3.3　修改分类

添加修改分类弹出框，并在单击"编辑"按钮事件中将其打开，修改 Category.vue 文件如下：

```
...
<el-button type="primary" icon="el-icon-edit" size="mini" @click=
"showeditDialog(scope.row.cat_id)">编辑</el-button>
...
<!-- 修改分类弹出框 -->
    <el-dialog
      :visible.sync="editCateDialogVisible"
      width="50%"
      @close="editCateDialogClosed"
    >
      <el-form
        :model="editCateForm"
        :rules="editCateFormRules"
        ref="editCateFormRef"
        label-width="100px"
      >
        <el-form-item label="分类名称: " prop="cat_name">
          <el-input v-model="editCateForm.cat_name"></el-input>
        </el-form-item>
      </el-form>
      <span slot="footer" class="dialog-footer">
        <el-button @click="editCateDialogVisible = false">取 消</el-button>
        <el-button type="primary" @click="editCate">确 定</el-button>
      </span>
    </el-dialog>
...
```

JS 部分的代码如下:

```
... //变量部分
// 控制编辑分类对话框的显示与隐藏
    editCateDialogVisible: false,
    // 修改分类的表单数据对象
    editCateForm: {},
    // 修改分类表单的验证规则对象
    editCateFormRules: {
      cat_name: [
        { required: true, message: "请输入分类名称", trigger: "blur" },
      ],
    },
...
// 修改分类弹出框
    async showeditDialog(cat_id) {
      // console.log(cat_id);
      // 查询当前分类信息
      const { data: res } = await this.$http.get(`category/${cat_id}`);
      if (res.meta.status !== 200) {
        return this.$message.error("获取参数信息失败! ");
      }
      this.editCateDialogVisible = true;
      this.editCateForm = res.data;
    },
    //编辑框关闭, 重置表单
    editCateDialogClosed() {
      this.$refs.editCateFormRef.resetFields();
      this.editCateForm = {};
    },
    // 编辑分类
    editCate() {
```

```
      this.$refs.editCateFormRef.validate(async (valid) => {
        if (!valid) return;
        const { data: res } = await this.$http.put(
          `category/${this.editCateForm.cat_id}`,
          { cat_name: this.editCateForm.cat_name }
        );
        if (res.meta.status !== 200) {
          return this.$message.error("修改分类名称失败!");
        }
        this.$message.success("修改分类名称成功!");
        this.getCateList();
        this.editCateDialogVisible = false;
      });
    },
```

代码运行效果如图 12.4 所示。

图 12.4　修改分类

12.3.4　删除分类

在 Category.vue 文件中添加"删除"按钮绑定事件，代码如下：

```
...
<template slot="opt" slot-scope="scope">
    <el-button type="primary" icon="el-icon-edit" size="mini">编辑</el-button>
    <el-button type="danger" icon="el-icon-delete" size="mini" @click="deleteCategory(scope.row.cat_id)">删除</el-button>
</template>
...
// 删除分类
async deleteCategory(cat_id) {
    console.log(cat_id);
    if (cat_id == "") {
      this.$message.error("获取需要删除的ID");
      return;
    }
    const confirmResult = await this.$confirm(
      "此操作将永久删除该分类, 是否继续?",
      "提示",
      {
        confirmButtonText: "确定",
        cancelButtonText: "取消",
        type: "warning",
      }
    ).catch((err) => err);
    if (confirmResult !== "confirm") {
```

```
            return this.$message.info("已经取消删除！");
        }
        const { data: res } = await this.$http.delete(`category/${cat_id}`);
        if (res.meta.status !== 200) {
          return this.$message.error("删除失败！");
        }
        this.$message.success("删除成功！");
        this.getCateList();
}
```

12.4 分类参数管理功能的实现

商品分为动态参数和静态属性两个特性，通过设置分类参数可以方便地对商品进行管理。本节介绍如何分类参数的管理功能。

12.4.1 获取分类参数列表

1．获取所有商品分类

在 CategoryParam.vue 文件中获取所有商品分类，代码如下：

```
...
// 父级分类的列表
cateList: [],
...
created() {
    this.getCateList()
},
...
// 获取所有商品分类列表
async getCateList() {
    const { data: res } = await this.$http.get("category");
    if (res.meta.status !== 200) {
      return this.$message.error("获取商品分类失败！");
    }
    this.cateList = res.data;
},
...
```

2．根据分类显示参数列表

选择分类后，展示该分类下的参数列表。修改 CategoryParam.vue 文件，代码如下：

```
...
// 被激活的页面标签的名称
activeName: "many",  //另外几处名称都把 param 替换为 many，同时页面标签名称要对应
// 动态参数的数据
paramTableData: [],
// 静态属性的数据
attrTableData:[],
```

```
//计算属性
// 当前选中的最后一级分类的 ID
cateId() {
  return this.selectedCateKeys[this.selectedCateKeys.length - 1];
},

//方法
...
// 级联选择框选中项变化，会触发这个函数
    handleChange() {
        this.getParamsData()
},
...
// 获取参数的列表数据
    async getParamsData() {
        // 根据所选分类的 ID 和当前所处的面板，获取对应的参数
        const { data: res } = await this.$http.get(
          `category/${this.cateId}/attributes`,
          {
            params: { sel: this.activeName },
          }
        );
        console.log(res)
        if (res.meta.status !== 200) {
          return this.$message.error("获取参数列表失败！");
        }
        //   console.log(res.data)
        res.data.forEach((item) => {
          item.attr_vals = item.attr_vals ? item.attr_vals.split(" ") : [];
            // 控制文本框的显示与隐藏
            item.inputVisible = false;
            // 文本框中输入的值
            item.inputValue = "";
        });
        if (this.activeName === "many") {
          this.paramTableData = res.data;
        } else {
          this.attrTableData = res.data;
        }
    },
```

3. 切换Tab标签的处理

当进行动态切换时，将清除原来的数据；否则新请求在没有获取到数据的情况下依然会显示原来的数据。如上述数据，水果只有动态参数，无静态属性；而蔬菜反之。当在动态参数和静态属性标签之间切换，选择不同的分类时，看到数据发生混乱，原因就是没有清除上一次的数据，只需要根据每次切换重新请求数据即可。

```
<!-- Tab 标签 -->
<el-tabs v-model="activeName" @tab-click="handleTabClick">
...
</el-tabs>

// Tab 页面标签单击事件的处理函数
handleTabClick() {
    //  console.log(this.activeName)                        //自动获取 Tab 的名称
      this.getParamsData()
```

```
},
// 在请求之前先在 getParamsData 函数中清空之前的数据
async getParamsData() {
...
this.paramTableData = [];
this.attrTableData = [];
}
```

4. 分类清除发生异常

当将分类选择清除时会发生异常,原因是在请求后端接口时没有对请求参数进行判空。如果是删除操作,则 cateId 为 undefined,因此后台请求不到数据。

在 handleChange 中添加对请求参数是否为空的判断,解决分类清除异常问题。

```
// 当级联选择框选中项变化时,会触发 handleChange 函数
handleChange() {
    //   console.log(this.cateId);
    if (!this.cateId) {
this.paramTableData = [];
      this.attrTableData = [];
      return;
    }
    this.getParamsData();
},
```

同理,在页面初始时没有选择分类的情况下直接单击 Tab 标签也会发生类似清空的情况,因此也需要添加参数是否为空的判断。

```
handleTabClick() {
    //   console.log(this.activeName)              //自动获取 Tab 标签的名称
    if (!this.cateId) {
      return;
    }
    this.getParamsData();
},
```

12.4.2 添加分类参数

当对话框关闭时清除输入的信息,代码如下:

```
...
// 监听对话框的关闭事件
addDialogClosed() {
    this.$refs.addFormRef.resetFields()
},
...
// 单击"添加参数"按钮,添加参数
addParams() {
    this.$refs.addFormRef.validate(async (valid) => {
      if (!valid) return;
      const { data: res } = await this.$http.post(
        `category/${this.cateId}/attributes`,
        {
          attr_name: this.addForm.attr_name,
          attr_sel: this.activeName,
        }
      );
```

```
      if (res.meta.status !== 201) {
        return this.$message.error("添加参数失败！");
      }
      this.$message.success("添加参数成功！");
      this.addDialogVisible = false;
      this.getParamsData();
    });
},
...
```

代码运行效果如图 12.5 所示。

图 12.5　添加分类参数

12.4.3　修改分类参数

单击"编辑"按钮，弹出"修改参数"对话框，调用获取参数详情接口并将值输入编辑框，单击"确定"按钮。

修改 CategoryParam.vue 文件，代码如下：

```
...
// 单击"编辑"按钮，展示修改的对话框
async showEditDialog(attrId) {
    //    console.log(attrId)
    // 查询当前参数的信息
    const { data: res } = await this.$http.get(
      `category/${this.cateId}/attributes/${attrId}`
    );
    console.log(res);
    if (res.meta.status !== 200) {
      return this.$message.error("获取参数信息失败！");
    }
    this.editForm = res.data;
    this.editDialogVisible = true;
},
...
// 单击"编辑"按钮，修改参数信息
editParams() {
    this.$refs.editFormRef.validate(async (valid) => {
      if (!valid) return;
      const { data: res } = await this.$http.put(
        `category/${this.cateId}/attributes/${this.editForm.attr_id}`,
        { attr_name: this.editForm.attr_name, attr_sel: this.activeName,
attr_vals: this.editForm.attr_vals,             //标签不传将会丢失
```

```
      }
    );
    if (res.meta.status !== 200) {
      return this.$message.error("修改参数失败!");
    }
    this.$message.success("修改参数成功!");
    this.getParamsData();
    this.editDialogVisible = false;
  });
},
...
```

代码运行效果如图 12.6 所示。

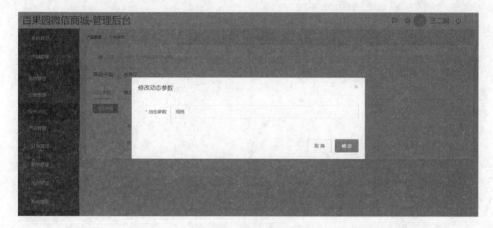

图 12.6　修改分类参数

12.4.4　删除分类参数

在 CategoryParam.vue 文件中完善"删除"按钮事件，调用接口完成删除功能，代码如下：

```
// 根据ID删除对应的参数项
  async removeParams(attrId) {
    const confirmResult = await this.$confirm(
      "此操作将永久删除该参数,是否继续?",
      "提示",
      {
        confirmButtonText: "确定",
        cancelButtonText: "取消",
        type: "warning",
      }
    ).catch((err) => err);
    // 用户取消了删除操作
    if (confirmResult !== "confirm") {
      return this.$message.info("已取消删除!");
    }
    // 删除的业务逻辑
    const { data: res } = await this.$http.delete(
      `category/${this.cateId}/attributes/${attrId}`
    );
    if (res.meta.status !== 200) {
      return this.$message.error("删除参数失败!");
```

```
        }
        this.$message.success("删除参数成功！");
        this.getParamsData();
      },
```

12.4.5　添加参数标签

在 CategoryParam.vue 文件中处理按 Enter 键或文本框失去焦点的事件处理函数。

```
    ...
    // 当文本框失去焦点或按 Enter 键时都会触发
      async handleInputConfirm(row) {
        if (row.inputValue.trim().length === 0) {
          row.inputValue = "";
          row.inputVisible = false;
          return;
        }
        // 如果没有return，则证明输入的内容需要进行后续处理
        row.attr_vals.push(row.inputValue.trim());
        row.inputValue = "";
        row.inputVisible = false;
        // 需要发起请求保存这次操作
        this.saveAttrVals(row);
      },
    ...
    // 将对 attr_vals 的操作保存到数据库中
      async saveAttrVals(row) {
        // 需要发起请求保存这次操作
        const { data: res } = await this.$http.put(
          `category/${this.cateId}/attributes/${row.attr_id}`,
          {
            attr_name: row.attr_name,
            attr_sel: row.attr_sel,
            attr_vals: row.attr_vals.join(' ')//可以一次性输入多个参数，用空格分隔
          }
        )
        if (res.meta.status !== 200) {
          return this.$message.error('修改参数项失败！')
        }
        this.$message.success('修改参数项成功！')
      },
```

代码运行效果如图 12.7 所示。

图 12.7　添加参数标签

12.4.6 删除参数标签

删除标签本质上是修改标签，因此找到标签索引值并删除，然后更新数据库即可，代码如下：

```
// 删除对应的参数可选项
    handleClose(i, row) {
      row.attr_vals.splice(i, 1);
      this.saveAttrVals(row);
    },
```

代码运行效果如图 12.8 所示。

图 12.8　删除参数标签

12.5　商品管理功能的实现

在实现商品分类和分类参数的管理功能后，本节实现商品的管理功能，包括商品的添加、获取、删除和修改。其中添加和编辑商品的功能涉及的步骤较多，是本章的重点和难点。

12.5.1　获取商品列表

1．商品列表

修改 ProductList.vue 文件。

页面部分的代码如下：

```
<!-- 商品列表 -->
    <el-table border stripe :data="goods">
      <el-table-column type="index"></el-table-column>
      <el-table-column label="商品名称" prop="goods_name"></el-table-column>
      <!-- <el-table-column label="商品分类" prop="category"></el-table-column> -->
```

```
            <!-- <el-table-column label="所属品牌" prop="brand"></el-table-
column> -->
            <el-table-column label="商品数量" prop="goods_number"></el-table-
column>
            <el-table-column label="商品价格" prop="goods_price"></el-table-
column>
            <el-table-column label="操作">
              <template>
                <el-button
                  type="primary"
                  icon="el-icon-edit"
                  size="mini"
                >编辑</el-button>
                <el-button
                  type="danger"
                  icon="el-icon-delete"
                  size="mini"
                >删除</el-button>
              </template>
            </el-table-column>
          </el-table>
```

JS 部分的代码如下：

```
... //变量
goods:[],
// 查询参数对象
queryInfo: {
    query: "",
    pagenum: 1,
    pagesize: 10,
    },
    // 总数据条数
    total: 0
... //函数
created() {
    this.getGoodsList()
},
// 根据分页获取对应的商品列表
    async getGoodsList() {
      const { data: res } = await this.$http.get("goods", {
        params: this.queryInfo,
      });

      if (res.meta.status !== 200) {
        return this.$message.error("获取商品列表失败！");
      }
      this.$message.success("获取商品列表成功！");
      console.log(res.data);
      this.goods = res.data.goods;
      this.total = res.data.total;
    },
...
```

2．分页处理

修改分页数据量并实现分页相关的事件函数，代码如下：

```
<!-- 分页 -->
<el-pagination
```

```
            @size-change="handleSizeChange"
            @current-change="handleCurrentChange"
            :current-page="queryInfo.pagenum"
            :page-sizes="[5, 10, 15, 20]"
            :page-size="queryInfo.pagesize"
            layout="total, sizes, prev, pager, next, jumper"
            :total="total"
        >
</el-pagination>
...
handleSizeChange(newSize) {
    this.queryInfo.pagesize = newSize
    this.getGoodsList()
  },
    handleCurrentChange(newPage) {
      this.queryInfo.pagenum = newPage
      this.getGoodsList()
},
...
```

12.5.2 搜索商品

搜索商品功能支持对商品名称的模糊搜索，代码如下：

```
...
<el-col :span="6">
   <el-input placeholder="输入商品名称" v-model="queryInfo.query" clearable>
</el-input>
</el-col>
<el-col :span="4">
   <el-button type="primary" @click="getGoodsList">搜索</el-button>
</el-col>
...
//getGoodsList 请求成功但没有查到数据的提示优化
if (res.data.total > 0) {
      this.$message.success("获取商品列表成功！");
}
...
```

12.5.3 添加商品

1. 获取分类

修改 AddProduct.vue 文件，代码如下：

```
...
// 商品分类列表
catelist: [],
...
created() {
   this.getCateList()
},
...
// 获取所有商品分类数据
    async getCateList() {
      const { data: res } = await this.$http.get('category')
```

```
    if (res.meta.status !== 200) {
      return this.$message.error('获取商品分类数据失败！')
    }
    this.catelist = res.data
    console.log(this.catelist)
  },
```

代码运行效果如图12.9所示。

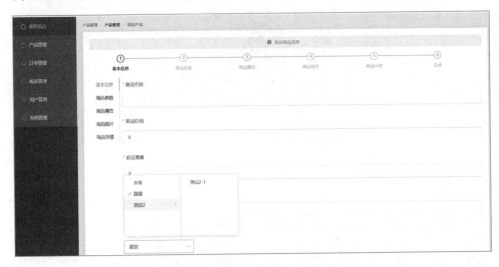

图 12.9　添加商品

2．切换Tab标签时选择商品分类

由于商品参数和商品属性都依赖于分类，所以在切换第一个 Tab 标签后必须选择商品分类，实现 el-tabs 的 before-leave 事件绑定函数 beforeTabLeave 即可，代码如下：

```
beforeTabLeave(activeName, oldActiveName) {
    // console.log('即将离开的标签页名称是：' + oldActiveName)
    // console.log('即将进入的标签页名称是：' + activeName)
    console.log(this.addForm.goods_cat.length)
    if (oldActiveName === "0" && this.addForm.goods_cat.length == 0) {
      this.$message.error("请先选择商品分类！");
      return false;
    }
  },
```

如果未选择商品分类就单击其他标签，则会提示先选择商品分类，如图 12.10 所示。

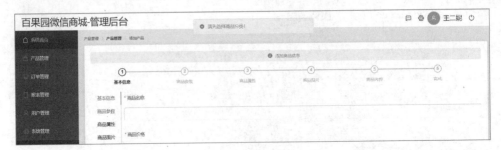

图 12.10　选择商品分类

3. 单击Tab标签获取分类属性和分类参数

商品的动态参数和静态属性是挂载在分类上的，选择商品分类后切换对应的标签时，需要根据商品分类获取相应的数据，只需要实现 Tab 的 tabClicked 事件函数即可，代码如下：

```js
...
// 动态参数列表数据
paramTableData: [],
// 静态属性列表数据
attrTableData: [],
...
computed: {
   cateId() {
     if (this.addForm.goods_cat.length != 0) {
       return this.addForm.goods_cat[this.addForm.goods_cat.length - 1];
     }
     return null;
   },
},
...
async tabClicked() {
    // console.log(this.activeIndex)
    // 证明访问的是动态参数面板
    if (this.activeIndex === "1") {
      const { data: res } = await this.$http.get(
        `category/${this.cateId}/attributes`,
        {
          params: { sel: "many" },
        }
      );
      if (res.meta.status !== 200) {
        console.log(res.meta.msg);
        return this.$message.error("获取动态参数列表失败！");
      }
      console.log(res.data);
      res.data.forEach((item) => {
        item.attr_vals =
          item.attr_vals.length === 0 ? [] : item.attr_vals.split(" ");
      });
      this.paramTableData = res.data;
    } else if (this.activeIndex === "2") {
      const { data: res } = await this.$http.get(
        `category/${this.cateId}/attributes`,
        {
          params: { sel: "only" },
        }
      );
      if (res.meta.status !== 200) {
        console.log(res.meta.msg);
        return this.$message.error("获取静态属性失败！");
      }
      this.attrTableData = res.data;
    }
  },
},
...
```

代码运行效果如图 12.11 和图 12.12 所示。

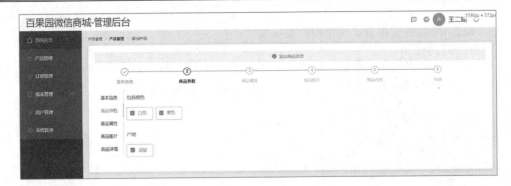

图 12.11 分类参数

图 12.12 分类属性

4. 上传商品图片

```
...
// 上传图片的 URL 地址
uploadURL: "http://127.0.0.1:8088/sysapi/upload",
...
// 处理图片预览效果
handlePreview(file) {
    console.log(file);
    this.previewPath = file.response.data.url;
    this.previewVisible = true;
},
// 处理删除图片的操作
handleRemove(file) {
    // console.log(file)
    // 1. 获取将要删除的图片的临时路径
    const filePath = file.response.data.tmp_path;
    // 2. 从 pics 数组中找到这个图片对应的索引值
    const i = this.addForm.pics.findIndex((x) => x.pic === filePath);
    // 3. 调用数组的 splice 方法，把图片信息对象从 pics 数组中移除
    this.addForm.pics.splice(i, 1);
    console.log(this.addForm);
},
// 监听图片上传成功的事件
handleSuccess(response) {
    console.log(response);
    // 1. 拼接得到一个图片信息对象
    const picInfo = { pic: response.data.tmp_path };
```

```
            // 2.将图片信息对象添加到pics数组中
            this.addForm.pics.push(picInfo);
            console.log(this.addForm);
    },
```

代码运行效果如图12.13所示。

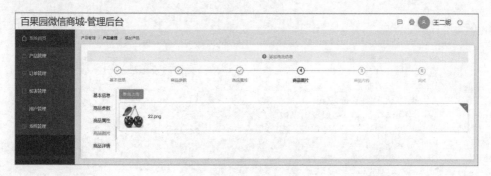

图 12.13　上传商品图片

5．获取商品数据

在"添加"按钮的事件中查看即将上传的原始数据，代码如下：

```
// 添加商品
add() {
    console.log(this.addForm)
},
```

商品详情中的图片以 Base64 编码格式上传，如图 12.14 所示。

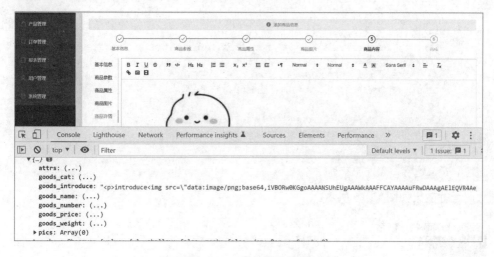

图 12.14　商品图片编码

在界面中将动态参数和静态属性区分开了，但实际上它们都是存储在一张表中。因此在真正上传商品之前还需要根据后端 API 将其整合在一个属性中。

6．添加商品

安装 Lodash 插件，命令如下：

```
npm i lodash
```

完善 AddProduct.vue 文件中的添加事件方法，代码如下：

```
...
import _ from 'lodash'
...
// 添加商品
    add() {
      this.$refs.addFormRef.validate(async valid => {
        if (!valid) {
          return this.$message.error('请填写必要的表单项！')
        }
        // 执行添加的业务逻辑
        // lodash   cloneDeep(obj)
        const form = _.cloneDeep(this.addForm)
        form.goods_cat = form.goods_cat.join(',')
        // 处理动态参数
        this.paramTableData.forEach(item => {
          const newInfo = {
            attr_id: item.attr_id,
            attr_value: item.attr_vals.join(' ')
          }
          this.addForm.attrs.push(newInfo)
        })
        // 处理静态属性
        this.attrTableData.forEach(item => {
          const newInfo = { attr_id: item.attr_id, attr_value: item.attr_vals }
          this.addForm.attrs.push(newInfo)
        })
        form.attrs = this.addForm.attrs
        console.log(form)
        // 发起请求添加商品
        // 商品的名称，必须是唯一的
        const { data: res } = await this.$http.post('goods', form)
        if (res.meta.status !== 201) {
          console.log(res.meta.msg)
          return this.$message.error('添加商品失败！')
        }
        this.$message.success('添加商品成功！')
        this.$router.push('/product-list')
      })
    }
...
```

代码运行效果如图 12.15 所示。

图 12.15　商品添加成功

12.5.4 删除商品

修改 ProductList.vue 文件，为"删除"按钮绑定事件，代码如下：

```
...
<template slot-scope="scope">
        <el-button type="primary" icon="el-icon-edit" size="mini">编辑</el-button>
        <el-button type="danger" icon="el-icon-delete" size="mini" @click="removeById(scope.row.goods_id)">删除</el-button>
</template>
...
// 删除商品
   async removeById(id) {
     const confirmResult = await this.$confirm(
       "此操作将永久删除该商品，是否继续?",
       "提示",
       {
         confirmButtonText: "确定",
         cancelButtonText: "取消",
         type: "warning",
       }
     ).catch((err) => err);
     if (confirmResult !== "confirm") {
      return this.$message.info("已经取消删除！");
     }
     const { data: res } = await this.$http.delete(`goods/${id}`);
     if (res.meta.status !== 200) {
       console.log(res.meta.msg)
      return this.$message.error("删除失败！");
     }
     this.$message.success("删除成功！");
     this.getGoodsList();
   },
```

12.5.5 修改商品

1. 参数传递

后端修改逻辑如下：

- 商品属性：后端直接清除商品所有的属性，直接新增。
- 商品图片：如果商品已经包含图片，则原样传回后端，如果没有则新增。后台接口会自动判断商品图片是否已经存在而进行不同的处理：如果原始数据库中存在而传回的不存在则删除；如果原始数据库中存在而传回也存在则保留；如果原始数据库不存在则新增（针对需要传回后端的对象，如果本地图片被删除则在从对象中将其删除，如果新增图片则直接将其加入对象）。

复制 Addproduct.vue 并修改为 UpdateProduct.vue。添加路由，修改 router/index.js 文件如下：

```
...
import UpdateProduct from '../views/product/UpdateProduct'
```

```
...
{
 path: '/update-product/:id',
 component: UpdateProduct,
}
...
```

在 ProductList.vue 的商品列表中,为"编辑"按钮添加跳转事件,代码如下:

```
...
 <el-button type="primary" icon="el-icon-edit" size="mini"
   @click="goUpdateProduct(scope.row.goods_id)">编辑</el-button>
...
// 跳转修改页
goUpdateProduct(id) {
  //   console.log(id);
  this.$router.push(`/update-product/${id}`)
},
```

至此,单击商品列表的"编辑"按钮,将会跳转到修改商品页面。

在 UpdateProduct.vue 文件中接收传递过来的参数,代码如下:

```
created() {
   this.getCateList();
   // console.log(`获取商品 ip:${this.$route.params.id}`)
   this.productID = this.$route.params.id;
 },
```

这样就可以成功获取传递的商品 ID 了。

2.挂载商品信息

(1)根据商品 ID 获取商品信息,代码如下:

```
...
mounted() {
   this.getProductInfo(this.productID);
},
...
//获取商品信息
   async getProductInfo(id) {
     const { data: res } = await this.$http.get(`goods/${id}`);
     if (res.meta.status !== 200) {
       console.log(res.meta.msg);
       return this.$message.error("获取商品数据失败!");
     }
     console.log(res);
   },
```

代码运行效果如图 12.16 所示。

通过 Vue 模板语法将商品数据显示在界面上,是通过变量名的形式实现的。如果后端返回的数据与前端使用的数据变量一致就自动就绑定了。但是由于分类变量的数据格式前后端不一致,所以需要进行转换处理。

(2)挂载分类。

分类回显需要的是数组,而数据库返回的是字符串,因此需要单独处理。

修改 getProductInfo 方法,代码如下:

```
console.log(res);
```

```
            this.addForm = res.data;
            //  商品分类回显处理
            let arrCat = [];
            //后端返回字符串，修改为数组
            arrCat.push(parseInt(res.data.goods_cat.substring(0, 1)));
            this.addForm.goods_cat = arrCat;    //字符串转数组，因为前端界面需要数组类
                                                  型，而后台返回的是字符串；只在添加一级
                                                  分类下添加商品
```

代码运行效果如图 12.17 所示。

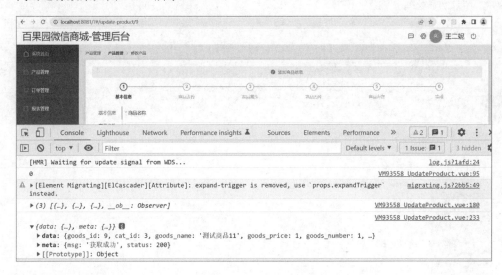

图 12.16 修改商品

图 12.17 选择分类

（3）展示已有的图片。

在 API 端需要托管上传的图片。在后端 API 项目中的 app.js 文件加入以下代码：

```
app.use('/uploads/goodspics', express.static('uploads/goodspics'))
```

UpdateProduct.vue 文件的代码如下：

```
...
//回显图片
fileList: [],
...
```

```
<el-upload
        :action="uploadURL"
        :on-preview="handlePreview"
        :on-remove="handleRemove"
        list-type="picture"
        :headers="headerObj"
        :on-success="handleSuccess"
        :file-list="fileList"   //控件添加文件列表属性
    >
...
// 图片回显处理
    //   console.log("http://127.0.0.1:8088" + this.addForm.pics[0].
pics_big);
    this.addForm.pics.forEach((pic) => {
      this.fileList.push({
        //   url: "http://127.0.0.1:8088" + this.addForm.pics[0].pics_big,
        url: "http://127.0.0.1:8088" + pic.pics_big,
      });
    });
```

代码运行效果如图12.18所示。

图12.18　修改商品图片

3．保存修改

```
...
<!-- 修改商品的按钮 -->
<el-button type="primary" class="btnAdd" @click="update">修改商品</el-button>
...
// 修改商品
    update() {
      this.$refs.addFormRef.validate(async (valid) => {
        if (!valid) {
          return this.$message.error("请填写必要的表单项！");
        }
        // 执行添加的业务逻辑
        // lodash   cloneDeep(obj)
        const form = _.cloneDeep(this.addForm);
        form.goods_cat = form.goods_cat.join(",");
        // 处理动态参数
        this.paramTableData.forEach((item) => {
          const newInfo = {
            attr_id: item.attr_id,
            attr_value: item.attr_vals.join(" "),
          };
```

```
      this.addForm.attrs.push(newInfo);
    });
    // 处理静态属性
    this.attrTableData.forEach((item) => {
      const newInfo = { attr_id: item.attr_id, attr_value: item.attr_vals };
      this.addForm.attrs.push(newInfo);
    });
    form.attrs = this.addForm.attrs;
    console.log(form);
    // 发起请求添加商品
    // 商品的名称必须是唯一的
    const { data: res } = await this.$http.put(`goods/${this.productID}`, form);
    if (res.meta.status !== 200) {
      console.log(res.meta.msg);
      return this.$message.error("修改商品失败！");
    }
    this.$message.success("修改商品成功！");
    this.$router.push("/product-list");
  });
},
```

至此，完成了修改商品名称和分类的修改，完成了商品介绍和新增图片的操作。测试时存在一些问题：修改商品时，原有商品的属性没有删除，直接新增了（如果修改了几次，则商品属性就会越来越多）；新增图片成功，但是删除图片未成功。

4．图片问题的处理

在上传图片控件的删除事件中，判断是删除原来上传的图片还是本次上传的图片，代码如下：

```
...
// 处理删除图片的操作
handleRemove(file) {
  console.log(file);
  //true 表示删除数据库中读出来的图片，false 表示删除新增的图片
  let isExist = false;
  //1. 删除从数据库中读出的已存在的图片
  if (this.fileList.length != 0) {
    this.fileList.forEach((f) => {
      if (f.url == file.url) {
        console.log(this.addForm.pics);
        let newArr = [];
        this.addForm.pics.forEach((p) => {
          if (p.pics_big_url == file.url) {
            // this.addForm
            isExist = true;
          } else {
            newArr.push(p);
          }
        });
        this.addForm.pics = newArr;
      }
    });
  }
  //2. 新增的图片
  if (!isExist) {
```

```
            // 2.1 获取将要删除的图片的临时路径
            const filePath = file.response.data.tmp_path;
            // 2.2 从 pics 数组中找到这个图片对应的索引值
            const i = this.addForm.pics.findIndex((x) => x.pic === filePath);
            // 2.3 调用数组的 splice 方法，把图片信息对象从 pics 数组中移除
            this.addForm.pics.splice(i, 1);
        }

        console.log(this.addForm);
    },
...
```

5. 属性问题的处理

由于在页面加载时从数据库中获得了商品的原有属性，如果在页面上更新商品属性时单击属性的 Tab 标签，则会继续通过 push 添加属性，所以就传多了。解决方法是在更新时，将之前的属性全部清空或在页面加载时直接将属性值清空，代码如下：

```
...
this.addForm.attrs=[];
// 处理动态参数
...
```

至此，实现了修改商品的功能。

12.6 本章小结

本章讲解了如何从零开始循序渐进地通过 Vue+ElementUI 搭建小程序商城管理后台。首先进行环境的检查和安装，通过 Vue-cli 脚手架创建 Vue 项目，通过 vue-router 搭建路由，通过 Element-UI 组件简化界面开发。接着通过 Axios 调用第 11 章中实现的 API 完成前后端数据交互，并把数据渲染到对应的界面上。主要完成的功能包括：登录和退出功能、分类管理功能、分类参数管理功能、商品管理功能。其中比较重要的功能包括登录功能、商品添加功能、商品修改功能，需要考虑诸多细节，建议读者先下载代码整体运行一遍，然后尝试自己手动编写这些代码。

第 13 章 百果园微信商城小程序

前面几章完成了项目后端 API 和管理后端的开发,本章进行商城微信小程序的开发。作为用户端的核心功能,本章采用微信原生小程序语法进行开发,通过开发者工具从零开始实现微信小程序商城的功能。

本章涉及的主要知识点如下:
- 微信开发者工具:掌握如何使用微信开发者工具创建项目;
- 面向对象思想:理解面向对象思想,掌握其通用方法的封装技巧;
- 小程序组件:学会原生小程序组件的使用、组件之间如何传值;
- 小程序数据交互:掌握小程序和后端交互逻辑。

注意:建议读者先运行随书代码再对照学习。

13.1 搭建项目

【本章示例参考:\fruit-shop】

本节首先介绍如何使用微信开发者工具创建项目并对项目整体样式和标题等进行设置;然后跟进前面需求分析的功能模块使用微信官方组件制作对应的静态页面;最后在 app.json 文件中配置 tabBar 底部导航栏。通过页面的搭建为后续功能开发打好基础。

13.1.1 项目创建及配置

通过微信开发者工具创建小程序项目,使用测试号或注册正式小程序均可,输入的 AppID 如图 13.1 所示。

项目生成后,初始配置步骤如下:

(1)删除默认生成的文件,只保留 pages 目录。

(2)新建并配置 app.json 文件。在该文件中,主要配置 pages 和 window 节点。通过 pages 配置页面路径可自动生成网页,默认情况下 pages 节点中的第一项为默认启动页。通过 window 可以统一配置小程序外观、标题、

图 13.1 创建小程序项目

背景颜色等选项。配置好的 app.json 文件代码如下。

代码 13.1　配置文件：app.json

```json
{
  "entryPagePath": "pages/my/my",
  "pages": [
    "pages/index/index",
    "pages/category/category",
    "pages/cart/cart",
    "pages/my/my"
  ],
  "window": {
    "navigationBarTextStyle": "white",
    "navigationBarTitleText": "百果园",
    "navigationBarBackgroundColor": "#1A9F34",
    "backgroundColor": "#fff",
    "backgroundTextStyle": "dark",
    "enablePullDownRefresh": true
  }
}
```

小程序根目录下的 app.json 文件用来对微信小程序进行全局配置，其内容为一个 JSON 对象，各属性配置项的具体说明参考官网，网址为 https://developers.weixin.qq.com/miniprogram/dev/reference/configuration/app.html。

项目框架搭建好后，接下来配置底部的 tabBar 导航栏。

13.1.2　配置 tabBar

在 app.json 中配置 tabBar，在 list 属性中配置文本和路径，代码如下：

```json
"tabBar": {
"list": [
    {
      "iconPath": "images/tabbar/home.png",
      "selectedIconPath": "images/tabbar/home@selected.png",
      "text": "首页",
      "pagePath": "pages/index/index"
    },
    {
      "iconPath": "images/tabbar/category.png",
      "selectedIconPath": "images/tabbar/category@selected.png",
      "text": "分类",
      "pagePath": "pages/category/category"
    },
    {
      "iconPath": "images/tabbar/cart.png",
      "selectedIconPath": "images/tabbar/cart@selected.png",
      "text": "购物车",
      "pagePath": "pages/cart/cart"
    },
    {
      "iconPath": "images/tabbar/my.png",
      "selectedIconPath": "images/tabbar/my@selected.png",
```

```
      "text": "我的",
      "pagePath": "pages/my/my"
    }
  ]
}
```

代码运行效果如图 13.2 所示。

图 13.2 tabBar 配置效果

项目框架搭建好后,接下来根据需求制作各个静态页面。

13.1.3 制作静态页面

1. 首页

分析页面结构由三部分组成,即轮播图、精选果蔬和最新商品。轮播图使用 swiper 组件,index.wxml 代码如下:

```
<swiper indicator-dots="true" autoplay="true" 
indicator-active-color="#1A9F34" class="banner">
  <swiper-item>
    <image src="../../images/upload/banner1.png" mode="aspectFill"></image>
  </swiper-item>
  <swiper-item>
    <image src="../../images/upload/banner2.png" mode="aspectFill"></image>
  </swiper-item>
</swiper>
<!-- 精选果蔬 start -->
<view class="container">
  <view class="title">精选果蔬</view>
  <view class="box">
    <view class="item">
      <image src="../../images/upload/jingxuan1.png"></image>
    </view>
    <view class="item">
      <image src="../../images/upload/jingxuan2.png"></image>
    </view>
    <view class="item big">
      <image src="../../images/upload/jingxuan3.png"></image>
    </view>
  </view>
</view>
<!-- 精选果蔬 end -->
<!-- 最新果蔬 start -->
<view class="container">
  <view class="title">最新果蔬</view>
  <view class="products">
    <view class="product">
      <image src="../../images/upload/product-vg@2.png" mode="aspectFill"></image>
      <text class="product-name">泥蒿 1 斤</text>
```

```
        <text class="product-price">¥8.0</text>
      </view>
      <view class="product">
        <image src="../../images/upload/product-vg@3.png" mode="aspectFill">
</image>
        <text class="product-name">西红柿 1 斤</text>
        <text class="product-price">¥9.0</text>
      </view>
      <view class="product">
        <image src="../../images/upload/product-vg@4.png" mode="aspectFill">
</image>
        <text class="product-name">高山土豆 1 斤</text>
        <text class="product-price">¥6.0</text>
      </view>
      <view class="product">
        <image src="../../images/upload/product-vg@5.png" mode="aspectFill">
</image>
        <text class="product-name">大青椒 1 斤</text>
        <text class="product-price">¥7.0</text>
      </view>
    </view>
</view>
<!-- 最新果蔬 end -->
```

样式文件 index.wxss 的内容如下：

```
/* 轮播图 start */
.banner{
  width: 750rpx;
  height: 400rpx;
}
.banner image{
  width: 100%;
  height: 100%;
}
/* 轮播图 end */
/* 精选果蔬 start */
.container {
  display: flex;
  flex-direction: column;
  align-items: center;
}

.container .title {
  margin: 20rpx 0;
}

.container .box {
  display: flex;
  flex-wrap: wrap;
  width: 100%;
}

.container .box .item {
  display: flex;
  height: 375rpx;
  width: 50%;
```

```css
  box-sizing: border-box;
  /* border:1px solid red; */
}

.container .box .item.big{
  width: 100%;
  margin-top: 4rpx;
}

.container .box .item:first-child {
  border-right: 4rpx solid #FFF;
}

.container .box .item image {
  width: 100%;
  height: 100%;
}
/* 精选果蔬 end */
/* 最新果蔬 start */
.products{
  width: 100%;
  display: flex;
  flex-wrap: wrap;
}
.product{
  width: 360rpx;
  height: 360rpx;
  background-color: #F5F6F5;
  border-radius: 10rpx;
  margin: 0 5rpx 10rpx 10rpx;
  display: flex;
  flex-direction: column;
  align-items: center;
}
.product image{
  width: 80%;
  height: 70%;
}
.product .product-name{
  margin-top: 6rpx;
  font-size: 28rpx;
}
.product .product-price{
  margin-top: 12rpx;
  font-size: 24rpx;
}
/* 最新果蔬 end */
```

代码运行效果如图 13.3 所示。

图 13.3　首页

2．列表页

新建列表页，list.wxml 文件的内容如下：

```
<view class="list-header">
  <image src="../../images/upload/1@theme-head.png"></image>
</view>

<!-- 最新果蔬 start -->
<view class="products">
  <view class="product">
    <image src="../../images/upload/product-vg@2.png" mode="aspectFill">
```

```
    </image>
    <text class="product-name">泥蒿 1 斤</text>
    <text class="product-price">￥8.0</text>
  </view>
  <view class="product">
    <image src="../../images/upload/product-vg@3.png" mode="aspectFill">
</image>
    <text class="product-name">西红柿 1 斤</text>
    <text class="product-price">￥9.0</text>
  </view>
  <view class="product">
    <image src="../../images/upload/product-vg@4.png" mode="aspectFill">
</image>
    <text class="product-name">高山土豆 1 斤</text>
    <text class="product-price">￥6.0</text>
  </view>
  <view class="product">
    <image src="../../images/upload/product-vg@5.png" mode="aspectFill">
</image>
    <text class="product-name">大青椒 1 斤</text>
    <text class="product-price">￥7.0</text>
  </view>
</view>
<!-- 最新果蔬 end -->
```

样式文件 list.wxss 的内容如下：

```
/* 顶部 start */
.list-header{
  width: 100%;
  height: 400rpx;
}
.list-header image{
  width: 100%;
  height: 100%;
}
/* 顶部 end */
```

代码运行效果如图 13.4 所示。

发现首页和列表页的商品列表部分重复，因此可以采用抽取模板来简化代码。将公共部分抽取到模板页面 products.wxml 中，然后分别在首页和列表页引用模板。products.wxml 模板文件的内容如下：

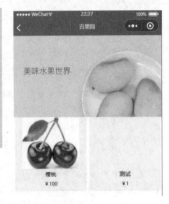

图 13.4　列表页

```
<template name="products">
  <view class="products">
    <view class="product">
      <image src="../../images/upload/product-vg@2.png" mode="aspectFill">
</image>
      <text class="product-name">泥蒿 1 斤</text>
      <text class="product-price">￥8.0</text>
    </view>
    <view class="product">
      <image src="../../images/upload/product-vg@3.png" mode="aspectFill">
</image>
      <text class="product-name">西红柿 1 斤</text>
      <text class="product-price">￥9.0</text>
```

```xml
    </view>
    <view class="product">
      <image src="../../images/upload/product-vg@4.png" mode="aspectFill"></image>
      <text class="product-name">高山土豆 1 斤</text>
      <text class="product-price">¥6.0</text>
    </view>
    <view class="product">
      <image src="../../images/upload/product-vg@5.png" mode="aspectFill"></image>
      <text class="product-name">大青椒 1 斤</text>
      <text class="product-price">¥7.0</text>
    </view>
  </view>
</template>
```

列表页面引用模板如下:

```xml
<import src="../template/products/products.wxml"></import>
<view class="list-header">
  <image src="../../images/upload/1@theme-head.png"></image>
</view>

<!-- 最新果蔬 start -->
<!-- <view class="products">
  <view class="product">
    <image src="../../images/upload/product-vg@2.png" mode="aspectFill"></image>
    <text class="product-name">泥蒿 1 斤</text>
    <text class="product-price">¥8.0</text>
  </view>
</view> -->
<template is="products"></template>
<!-- 最新果蔬 end -->
```

同理，可以把模板相关的样式文件抽取到 products.wxss 文件中，在需要使用的地方引入即可。

3. 详情页

新建 detail 组件，detail.wxml 文件的内容如下:

```xml
<view class="container detail-container">
  <!-- 顶部 -->
  <view class="p-info-box">
    <view class="p-image">
      <image src="../../images/upload/product-vg@2.png" mode="aspectFit"></image>
    </view>
    <view class="p-info">
      <text class="p-stock">有货</text>
      <text class="p-name">杨梅干 1 斤</text>
      <text class="p-price">¥8.8</text>
    </view>
  </view>
<!-- 底部 -->
</view>
<!-- 底部 -->
  <view class="p-detail-box">
    <view class="tab-box">
      <view class="tab-item selected">
```

```
            商品详情
        </view>
        <view class="tab-item">
            商品参数
        </view>
        <view class="tab-item">
            售后保障
        </view>
    </view>
</view>
<view class="p-detail">
    <view class="p-detail-iamges">
        <image src="../../images/upload/detail-1@1-dryfruit.png" mode="aspectFill"></image>
        <image src="../../images/upload/detail-2@1-dryfruit.png" mode="aspectFill"></image>
    </view>
    <view class="p-detail-info">
        <view class="info">
            <view class="info-name">品名</view>
            <view class="info-detail">杨梅干</view>
        </view>
        <view class="info">
            <view class="info-name">口味</view>
            <view class="info-detail">青梅味 蓝莓味 草莓味 菠萝味</view>
        </view>
        <view class="info">
            <view class="info-name">产地</view>
            <view class="info-detail">四川成都</view>
        </view>
        <view class="info">
            <view class="info-name">保质期</view>
            <view class="info-detail">3 个月</view>
        </view>
    </view>
    <view class="p-detail-protect">
        <view>7 天无理由退货</view>
    </view>
</view>
<view class="tab-box">
    <view class="tab-item selected" bindtap="onTabItemTap" data-index="0">
        商品详情
    </view>
    <view class="tab-item" bindtap="onTabItemTap" data-index="1">
        商品参数
    </view>
    <view class="tab-item" bindtap="onTabItemTap" data-index="2">
        售后保障
    </view>
</view>
...
```

代码运行效果如图 13.5 所示。

4．分类页

分类页分为左右两栏布局，单击左边的分类，右边会显示对应分类的商品。单击商品进入商品详情页，如图 13.6 所示。

第 13 章　百果园微信商城小程序

图 13.5　详情页　　　　　　　　　　图 13.6　分类页

5．购物车页

在首页、列表页、分类页中均可将商品添加到购物车中，进入购物车页面后，在其中可以修改商品的数量、商品删除并自动计算价格等，如图 13.7 所示。

6．"我的"页

在"我的"页面中可以对地址进行管理，查看订单的详情信息，根据订单状态进行对应的操作，如图 13.8 所示。

图 13.7　购物车页面　　　　　　　　图 13.8　"我的"页面

13.2 封装公共功能

13.1 节完成了百果园微信商城的搭建和静态页面部分的制作，接下来就需要调用后端接口实现前后端数据交互。由于每个页面都需要进行网络请求和数据处理，所以先将公共部分抽取出来，以减少冗余代码，提高代码的可维护性。

13.2.1 封装公共变量

在根目录下创建 utils 目录，然后在该目录下新建 config.js 文件，将后端请求接口进行封装，代码如下：

```
class Config {
  constructor() {
  }
}
Config.restUrl = 'http://localhost:8088/frontapi/';
export {
  Config
}
```

在 config.js 文件中创建 Config 类，并设置 restUrl 属性用于存储后端接口地址，页面上需要用到接口地址的地方直接使用该类属性即可。

13.2.2 封装网络请求

在 utils 目录下新建 base.js 作为所有页面的基类，所有页面共用的方法就封装到此文件中，先封装网络请求的方法，代码如下：

```
import {
  Config
} from 'config.js';
class Base {
  constructor() {
    this.baseRestUrl = Config.restUrl;
  }

  //HTTP 请求类
  request(params) {
    var that = this,
      url = this.baseRestUrl + params.url;
    if (!params.type) {
      params.type = 'get';
    }
    wx.request({
      url: url,
      data: params.data,
      method: params.type,
      header: {
        'content-type': 'application/json'
      },
```

```
      success: function (res) {
        // 判断以 2（2xx）开头的状态码为正确，400 错误
        // 异常不要返回回调中，就在 request 函数中处理，记录日志并使用 showToast 显示
           一个统一的错误即可
        var code = res.statusCode.toString();
        var startChar = code.charAt(0);
        if (startChar == '2') {
          params.sCallback && params.sCallback(res.data);
        } else {
          that._processError(res);
          params.eCallback && params.eCallback(res.data);
        }
      },
      fail: function (err) {
        that._processError(err);
      }
    });
  }

  _processError(err) {
    console.log(err);
  }
}
export {
  Base
}
```

定义 Base 类，此类包含网络请求方法，后续页面的共用方法也可以封装到此类中。在后续的开发中，每个页面都继承自此类，通过面向对象的继承机制获得公共方法。

13.3 首　　页

在前面已经完成的静态页面的基础上，本节通过前后端数据联调来实现商城首页的功能，商品部分调用后端接口，根据返回结构进行动态渲染。

13.3.1 首页功能说明

商城首页主要分为三部分，即轮播图、商品分类和最新商品。下面主要演示如何调用后端接口来展示最新商品的功能。

13.3.2 封装业务逻辑

采用模块化编程，虽然微信官方将原生页面分为四部分，如果页面功能比较复杂，JS 部分代码比较多，则可以再抽取一层用于逻辑实现。在 index 目录下新建 index-model.js 文件，代码如下：

```
import {
  Base
} from '../../utils/base'
class Index extends Base {
  constructor() {
```

```
    super();
  }
  /*首页底部最新商品*/
  getProductorData(callback) {
    var param = {
      url: 'goods',
      data: {
        num: 1
      },
      sCallback: function (data) {
        callback && callback(data);
      }
    };
    this.request(param);
  }
}
export {Index}
```

将页面功能和逻辑都写到 index 类中，index 继承自 Base 类，因此可以自动获取网络请求的方法。

13.3.3 获取接口数据

index.js 文件是官方生成的小程序处理业务的文件，包含自动生成的小程序生命周期函数，因此可以在此文件中引入上一步定义的 index 类，在具体生命周期函数中调用相应的方法即可获取数据。代码如下：

```
import {Index} from 'index-model.js'
var index=new Index();
...
  /**
   * 页面的初始数据
   */
  data: {
    productsArr: [],                    //最新商品列表
  },

  /**
   * 生命周期函数--监听页面加载
   */
  onLoad: function (options) {
    this._loadData();
  },

/*加载所有数据*/
  _loadData: function (callback) {
    var that = this;
    /*获取最新商品*/
    index.getProductorData((data) => {
      that.setData({
        productsArr: data.data

      });
console.log(data)
      callback && callback();
    });
  },
```

如上面代码所示，在页面加载完成的生命周期函数中通过网络请求获取后端 API 数据。在这一步中需要在开发者工具中忽略域名安全性检查，否则获取不到数据，如图 13.9 所示。

图 13.9　域名校验设置

当小程序正式上线时，需要在小程序后台添加合法域名请求白名单。

获取数据后，接下来需要将数据渲染到页面上。

13.3.4　渲染页面数据

在 index.wxml 的模板中传递参数：

```
<template is="products" data="{{productsArr:productsArr}}"></template>
```

修改 template/products/products.xml 模板文件，渲染数据：

```
<template name="products">
  <view class="products">
    <block wx:for="{{productsArr}}">
      <view class="product" bindtap="onProductsItemTap" data-id="{{item.goods_id}}">
        <image src="http://127.0.0.1:8088{{item.pics_sma}}"></image>
        <text class="product-name">{{item.goods_name}}</text>
        <text class="product-price">¥{{item.goods_price}}</text>
      </view>
    </block>
  </view>
</template>
```

自此，完成了从后端获取商品并显示到界面上的功能。

13.4 列表页

商城列表页需要判断单击的商品分类，根据分类 ID 动态加载商品列表。本节演示小程序页面之间如何传递参数和接收参数。

13.4.1 传递分类参数

当在商城首页单击"分类"按钮时，后台将商品分类 ID 传递给列表页。通过 data-cid 传递参数，其中，cid 为自定义属性，后续接收参数时也需要通过 cid 来接收。

index.wxml 为分类绑定事件同时指定分类，代码如下：

```
<view class="title">精选果蔬</view>
  <view class="box">
    <view class="item" bindtap="GotoList" data-cid="5">
      <image src="../../images/upload/jingxuan1.png"></image>
    </view>
    <view class="item" bindtap="GotoList" data-cid="6">
      <image src="../../images/upload/jingxuan2.png"></image>
    </view>
    <view class="item big" bindtap="GotoList" data-cid="8">
      <image src="../../images/upload/jingxuan3.png"></image>
    </view>
  </view>
```

接下来就需要在 index.js 的函数中接收参数，由于多个页面都可能会根据事件接收参数，所以将其写到通用的 base.js 文件中，作为 Base 类的方法，代码如下：

```
/*获得元素绑定的值*/
  getDataSet(event, key) {
    return event.currentTarget.dataset[key];
  };
```

在 index.js 文件的 GotoList 中接收分类参数：

```
GotoList: function (event) {
    var catid = index.getDataSet(event, 'cid');
    // console.log(catid)
    wx.navigateTo({
      url: '/pages/list/list?cid='+catid,
    })
  },
```

在 list 列表页中接收 URL 传递的参数，通过 onLoad 的参数进行接收，接收名称与传递的名称必须一致，list.js 文件的内容如下：

```
onLoad: function (options) {
    console.log(options.cid)
  },
```

13.4.2 接口数据渲染

在 list 目录下新建 list-model.js，功能与 index-model.js 大体一致。

```js
import {
  Base
} from '../../utils/base.js';
class List extends Base {
  constructor() {
    super();
  }
  /*首页指定分类的最新商品*/
  getProductorData(cid, callback) {
    console.log(cid)
    var param = {
      url: 'goods',
      data: {
        num: 10,
        cateid: cid
      },
      sCallback: function (data) {
        callback && callback(data);
      }
    };
    this.request(param);
  }
}
export {
  List
};
```

页面加载时获取数据，list.js 文件的内容如下：

```js
import {
  List
} from 'list-model.js'
var list = new List();
...
 onLoad: function (options) {
    // console.log(options.cid)
    this.data.cid = options.cid;
    this._loadData();
  },
...
/*加载所有数据*/
  _loadData: function (callback) {
    console.log("开始加载")
    var that = this;
    /*获取分类商品*/
    list.getProductorData(this.data.cid,(data) => {
      that.setData({
        productsArr: data.data
        //productsArr 可以在 data 里指明，也可以不指明
      });
      console.log(data)
      console.log(data.data)
      callback && callback();
    });
  },
```

在 list.wxml 中将获得的数据传递给模板，完成页面数据渲染。

```
<template is="products" data="{{productsArr: productsArr}}"></template>
```

这样就可以在页面上成功获取列表信息，如图 13.10 所示。

图 13.10　列表页面数据渲染

13.5 详 情 页

商品详情页用于呈现商品的详细信息，页面内容较多，包含商品图片、商品属性和商品简介等。其中，商品简介属于富文本内容，需要用到 rich-text 组件进行渲染。

13.5.1 传递商品参数

模板页面已经通过 data-id 绑定了商品 ID，需要在事件处理函数中获取该 ID 并进行页面跳转。修改 index.js 文件如下：

```
//跳转详情页
  onProductsItemTap: function (event) {
    var id=index.getDataSet(event,'id')
    // console.log(id)
    wx.navigateTo({
      url: '/pages/detail/detail?id='+id,
    })
  },
```

在 detail.js 中的 onLoad 函数中接收商品 ID，代码如下：

```
onLoad: function (options) {
  console.log(options.id)
  this.data.id=options.id;
},
```

13.5.2 封装业务逻辑

新建 detail-model.js 文件，其内容如下：

```
import {
  Base
} from '../../utils/base.js';
class Detail extends Base {
  constructor() {
    super();
  }
  getDetailInfo(id, callback) {
    var param = {
      url: 'goods/' + id,
      sCallback: function (data) {
        callback && callback(data);
      }
    };
    this.request(param);
  }
};

export {
  Detail
}
```

13.5.3 获取商品数据

在 detail.js 文件中获取数据，代码如下：

```
import {
  Detail
} from 'detail-model.js'
var detail = new Detail();
...
 onLoad: function (options) {
    // console.log(options.id)
    this.data.id=options.id;
    this._loadData();
  },
/*加载商品数据*/
  _loadData: function (callback) {
    var that = this;
    detail.getDetailInfo(this.data.id, (data) => {
      that.setData({
        good: data.data                    //good 变量可以不用事先声明
      });
console.log(data)
      callback && callback();
    });
  },
```

13.5.4 渲染商品数据

项目详情页面包括商品的基本信息、商品详情信息、产品属性信息。在页面中，商品基本信息直接读取字段渲染即可；商品详情是富文本格式，使用 rich-text 组件渲染；商品属性信息，直接取出属性数组进行渲染即可。

detail.wxss 文件

```
<view class="container detail-container">
  <!-- 顶部 -->
  <view class="p-info-box">
    <view class="p-image">
      <image src="{{good.pics[0].pics_big_url}}" mode="aspectFit"></image>
    </view>
    <view class="p-info">
      <text class="p-stock">{{good.goods_number>0?"有货":"无货"}} </text>
      <text class="p-name">{{good.goods_name}}</text>
      <text class="p-price">¥{{good.goods_price}}</text>
    </view>
  </view>
  <!-- 底部 -->
  <view class="p-detail-box">
    <view class="tab-box">
      <block wx:for="{{['商品详情','商品参数','售后保障']}}">
        <view class="tab-item {{currentTabsIndex==index?'selected':''}}" bindtap="onTabItemTap" data-index="{{index}}">
          {{item}}
        </view>
      </block>
```

```xml
    </view>
    <view class="p-detail">
      <view class="p-detail-iamges" hidden="{{currentTabsIndex!=0}}">
        <view>
          <!-- {{good.goods_introduce}} -->
          <rich-text nodes="{{good.goods_introduce}}"></rich-text>
        </view>
      </view>
      <view class="p-detail-info" hidden="{{currentTabsIndex!=1}}">
        <view class="info" wx:for="{{good.attrs}}">
          <view class="info-name">{{item.attr_name}}</view>
          <view class="info-detail">{{item.attr_value}}</view>
        </view>
      </view>
      <view class="p-detail-protect" hidden="{{currentTabsIndex!=2}}">
        <view>7天无理由退货</view>
      </view>
    </view>
  </view>

  <!-- 购物车图标 -->
  <view class="fixed-cart-box {{isShake?'animate':''}}" bindtap="toCart">
    <image src="../../images/icon/cart@top.png"></image>
    <text>{{cartCount}}</text>
  </view>

  <!-- 加入购物车 -->
  <view class="add-cart-box">
    <view class="p-counts">
      <picker range="{{countsArray}}" bindchange="bindPickerChange">
        <view>
          <text class="tips">数量</text>
          <text class="count">{{productCounts}}</text>
          <image class="count-icon" src="../../images/icon/arrow@down.png"></image>
        </view>
      </picker>
    </view>
    <view class="middle-border"></view>

    <view class="add-cart" bindtap="onAddingToCartTap">
      <text>加入购物车</text>
      <image class="cart-icon" src="../../images/icon/cart.png"></image>
      <image class="small-top-img {{isFly?'animate':''}}" style="{{translateStyle}}" src="../../images/upload/product-vg@2.png" mode="aspectFill"></image>
    </view>
  </view>

</view>
```

接下来实现列表页跳转商品详情页的功能，在 list.js 文件中添加函数传递参数即可。

```
//跳转详情页
  onProductsItemTap: function (event) {
    var id=list.getDataSet(event,'id')
    // console.log(id)
    wx.navigateTo({
      url: '/pages/detail/detail?id='+id,
    })
  },
```

13.6 本章小结

本章首先通过微信小程序开发者工具搭建小程序商城项目，通过 app.json 文件设置小程序的整体外观、导航栏、底部 tabBar 等通用信息，完成需求分析阶段对应的静态页面部分的制作。

其次，为了提高程序的可维护性，减少冗余代码，利用面向对象的编程思想，将公共方法抽象到 Base 类中，后续页面直接继承自该类即可获得通用方法，从而完成基于微信的网络请求方法 wx.request 的二次封装。

最后，在每个页面中通过调用网络请求方法与后端 API 进行数据交互，获得数据后动态渲染到页面上，主要商城首页、列表页、详情页等功能的开发。

由于篇幅所限，本章未能列出所有已实现的页面，读者可以查阅随书代码进行参考。

第 14 章 百果园微信商城项目部署与发布

通过前面章节的讲解，我们已经完成了项目的基础功能，并可以在开发工具中运行和测试了。测试完成后，商业级项目还需要将项目的各个组成部分部署到外网服务器上供用户使用。服务器操作系统一般使用 Linux 或 Window Server，不同系统的操作步骤不同，但思路基本一致。本章使用随书项目代码在装有 Windows 10 系统的本地计算机上进行演示。

本章涉及的主要知识点如下：

- MySQL：掌握数据库集成环境安装和数据库管理工具 Navicat 的使用；
- 部署 Node.js 程序：学会 Node.js 程序的部署和 PM2 工具的使用；
- 发布小程序：掌握小程序的发布流程；
- Vue 项目发布：掌握 Vue 项目打包方法及 Nginx 的基本使用。

注意：不同操作系统的部署步骤略有不同。

14.1 Node.js 接口部署

【本节项目代码：sysapi】

如前面章节所述，完整的百果园微信商城分为：Node.js 接口、管理后台、小程序，分别对应随书代码目录 sysapi、fruit-shop 和 manage，因此需要分别进行部署，本节对 Node.js 的后端接口进行部署。

1. 部署数据库

读者可以根据项目需求单独安装 MySQL，也可以使用像 PhpStudy 之类的集成环境。本节使用在第 9 章中安装的 PhpStudy 集成环境。

数据库安装完成后，还需要安装如 Navicat 之类的数据库管理工具，方便对数据库进行操作。Navicat 的安装比较简单，只需要下载安装包，然后根据提示安装即可。安装完成后，先连接数据库，单击 Navicat 软件左上角的"连接"按钮，选择"MySQL"，如图 14.1 所示。

在弹出的"MySQL-新建连接"对话框中，按要求输入：主机名称、端口、用户名和密码，单击"测试连接"按钮，确保连接成功后，单击"确定"按钮，如图 14.2 所示。

连接成功后，右击"连接"按钮，在弹出的快捷菜单中选择"新建数据库"命令，如图 14.3 所示。

图 14.1　通过 Navicat 连接数据库

图 14.2　连接数据库

图 14.3　新建数据库

在弹出的"新建数据库"对话框中输入数据库名称并选择字符集，单击"确定"按钮，如图 14.4 所示。

在数据库列表中，双击刚才创建的数据库 fruit_shop ，选择"运行 SQL 文件"命令，如图 14.5 所示。

在弹出的"运行 SQL 文件"对话框中，选择随书代码提供的数据库文件 fruit-shop.sql，单击"开始"按钮，如图 14.6 所示。

图 14.4　创建数据库

图 14.5　运行 SQL 文件

运行结束后，单击"关闭"按钮，如图 14.7 所示。

图 14.6　选择 SQL 文件

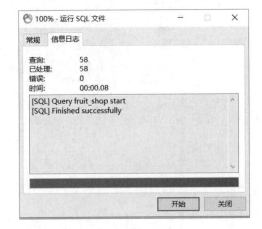

图 14.7　执行 SQL 文件

右击 fruit_shop 数据库下的"表"，在弹出的快捷菜单中选择"刷新"命令，即可在右边的"对象"窗口中看到创建的 9 张表，如图 14.8 所示。

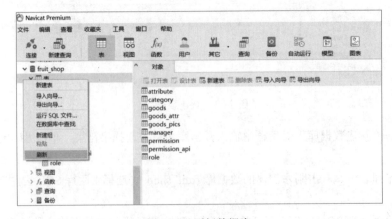

图 14.8　刷新数据库

至此，数据库创建成功。

2. 运行Node.js接口

将随书代码目录 sysapi/config 下的 default.json 文件中的数据库连接信息，修改为自己的数据库连接信息。运行 cmd 命令打开命令窗口，切换到 sysapi 根目录下，输入 node app 命令运行接口程序，如图 14.9 所示。

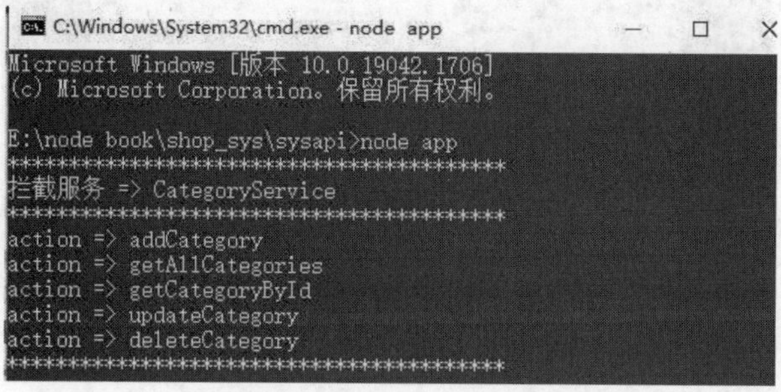

图 14.9 运行 Node.js 程序

至此，后端接口运行成功。可以通过 postman 工具对接口进行测试。

14.2 小程序发布

【本节项目代码：fruit_shop】

小程序开发完成后可以在开发环境中进行测试，测试完成后最终需要上传到小程序平台供用户使用。本节演示如何通过微信官方提供的开发者工具将小程序发布到审核后台，以及如何从后台正式发布。

打开微信开发者工具，默认进入"小程序项目"界面，如图 14.10 所示。

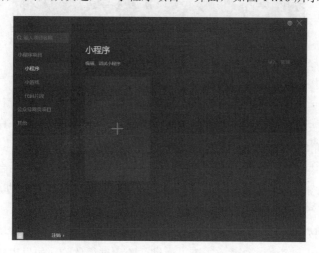

图 14.10 微信开发者工具主界面

单击右上角的"导入"按钮，在弹出的"选择要上传的文件夹"对话框中选择随书提供的 fruit_shop 小程序项目目录 fruit_shop，然后单击"选择文件夹"按钮，如图 14.11 所示。

图 14.11　选择导入的文件夹

单击"选择文件夹"按钮，进入"导入项目"界面。如果已经申请过 AppID，那么可以在此输入，如果未申请，可以待后续再填写，这里默认后续填写，如图 14.12 所示。

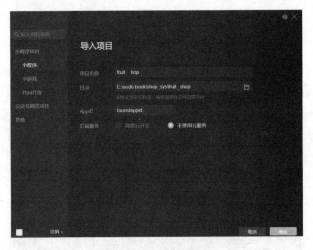

图 14.12　导入项目

单击"确定"按钮，弹出的页面如图 14.13 所示。

单击"信任并运行"按钮，打开并运行小程序项目，如图 14.14 所示。

在小程序商城主界面中，单击左上角的头像可以进行登录，这里由于导入项目时没有填写 AppID，所以右上角的"上传"按钮无法使用。

如果还未申请小程序，则需要到官方进行申请，申请后登录小程序后台可以查到 AppID，将其填入到小程序项目根目录（fruit_shop）下的 project.config.json 文件的 appid 字段中，填好后开发者工具中的"上传"按钮就可以使用了。

通过"上传"按钮，可以将本地代码提交到小程序后台供微信官方审核，审核通过后才可以将小程序发布上线。在审核通过前，可以通过体验码进行体验。如果审核没有通过，则会告知原因，用户进行整核后可以再次提交审核。审核通过后，版本信息会出现在"审核版本"处，表示官方已经审核通过，还需要用户进行手动发布，发布成功后才会出现在"线上版本"里，此时用户可以搜索小程序进行使用了。管理后端界面如图 14.15 所示。

第 14 章　百果园微信商城项目部署与发布

图 14.13　信任项目

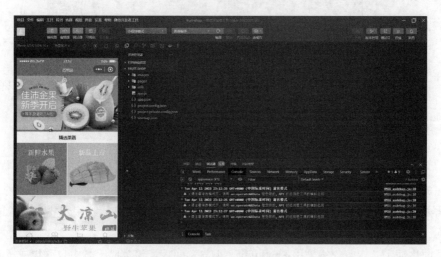

图 14.14　小程序商城主界面

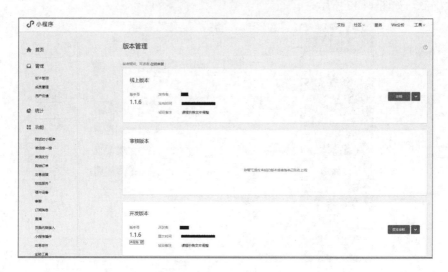

图 14.15　微信小程序后台

14.3 管理后台部署

【本节项目代码：manage】

前面章节都是在开发工具中运行项目，项目开发完成后需要将其打包并发布到服务器上。本节演示如何通过 NPM 工具将 Vue 项目打包为静态资源并发布到 Nginx 中。

打开 cmd 命令窗口并切换到项目根目录 manage 下，运行以下打包命令：

```
npm run build
```

如果打包过程中未出现报错，则说明打包成功，打包界面如图 14.16 所示。

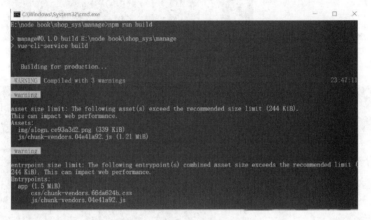

图 14.16　打包 Vue 项目

打包成功后，会在项目根目录下出现一个 dist 目录，该目录下的内容即为打包生成的静态文件。需要将这些文件部署到 Apahce 或 Nginx 等 Web 服务器上，这样用户才可以通过浏览器进行访问。

为了简化演示，本节依然采用 PhpStudy（小皮）面板，该集成工具中自动集成了 Nginx。先打开 Ngnix，如图 14.17 所示。

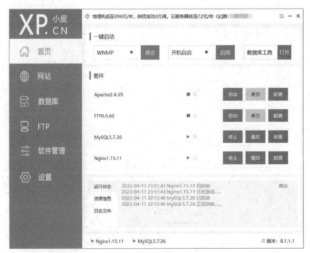

图 14.17　在小皮面板中开启 Nginx

接下来选择左侧的"网站",单击"创建网站"按钮,在弹出的网站设置界面中设置域名、端口和根目录(dist 目录),如图 14.18 所示。

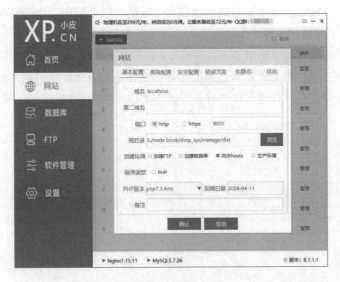

图 14.18　新建网站

单击"确认"按钮后,网站创建成功,在浏览器中输入刚才配置的地址 http://localhost:8055,如果可以看到登录界面,则表示部署成功,如图 14.19 所示。

图 14.19　管理后台首页

14.4　本 章 小 结

前面几章完成了各部分的业务功能开发,本章对百果园微信商城系统的各个部分进行了打包部署。

首先，进行后端接口部署，需要准备 MySQL 数据库环境，为了方便操作，本章直接使用了 PhpStudy 集成环境，在真实的项目部署过程中需要根据具体的要求来搭建环境。安装 Node.js 环境后，可以通过 Node.js 命令来启动程序。在实际的生产环境中，为了方便进程管理，需要用到 PM2 之类的工具进行部署。

其次，小程序的发布需要先申请小程序账号，得到 AppID 后才能通过开发者工具进行代码提交。提交的代码在小程序管理后台还需要进行提交，待官方审核通过后才能发布生效。

最后，Vue 管理后台项目通常需要打包为静态文件，再发布到 Apache 或 Nginx 等 Web 服务器中。

第 15 章　百果园微信商城性能优化初探

前面章节完成了微信商城项目的开发和部署。在项目实际运营过程中，应根据业务场景和项目需求不断进行优化，以提高用户的体验。该项目由 Node.js 接口、小程序、Vue 管理后台组成，本章针对项目的不同组成部分探讨项目的优化方法。

本章涉及的主要知识点如下：

- Node.js 程序优化：了解 Node.js 程序优化的方法及常见工具；
- 小程序优化：掌握小程序开发者工具的使用，掌握常见的优化方法；
- Vue 程序优化：了解 Vue 程序优化的思路、常见的优化手段，能够在实际项目中根据业务需求进行优化。

注意：性能优化需要结合具体的业务场景，本章只介绍基本的概念和方法。

15.1　Node.js 程序优化

Node.js 作为后台服务，其性能是非常关键的一点，而影响 Node.js 性能的因素不仅要考虑其本身技术架构的因素，还应该考虑所在服务器的一些因素，如网络 I/O、磁盘 I/O 以及其他内存、句柄等问题。本节主要从开发者角度分析常见的优化方法。

1. 尽量避免同步代码

在设计上，Node.js 是单线程的。为了能让一个单线程处理许多并发的请求，永远不要让线程等待阻塞，不执行同步或长时间运行的操作。Node.js 从上到下的设计就是为了实现异步，因此非常适合用于事件型程序。

有时可能会发生同步/阻塞的调用。例如，许多文件系统操作同时拥有同步和异步的版本，如 writeFile 和 writeFileSync，即使用代码来控制同步方法，也有可能不经意地用到阻塞调用的外部函数库，这对程序性能的影响是极大的，因此需要尽量避免使用同步代码。

2. 尽量避免静态资源使用Node.js

对于 CSS 和图片等静态资源，应用标准的 WebServer 而不是 Node.js，同时还应利用内容分发网络（CDN），它能将世界范围内的静态资源复制到服务器上。这样做有两个好处：第一，能减少 Node.js 服务器的负载量；第二，CDN 可以让静态内容在离用户较近的服务器上传递，从而减少等待时间。

3．压缩代码

许多服务器和客户端支持使用 Gzip 格式来压缩请求和应答。无论是应答客户端还是向远程服务器发送请求，尽量使用 Gzip 进行压缩。

使用移动设备会让访问速度变慢且增加延迟，这就需要让我们的代码保持"小且轻"的状态。对于服务器代码也是同样的道理。

此外，也可以使用 Node.js 性能分析工具如 Alinode。Alinode 作为一款功能强大的 Node.js 性能诊断产品，为阿里集团内外的 Node.js 开发者提供服务，帮助他们定位并解决了大量与性能相关的问题，有良好的口碑。它为面向所有 Node.js 的应用提供性能监控、安全提醒、故障排查、性能优化等整体性解决方案，尤其适用于中大型 Node.js 应用。Node.js 性能平台凭借对 Node.js 内核的深入理解，提供了完善的工具链和服务，协助客户主动、快速地发现和定位线上问题。具体使用方法可以参考其官方手册。

15.2 小程序优化

小程序的性能和用户的体验密不可分。在使用小程序的过程中，用户有时会遇到小程序打开慢、滑动卡顿、响应慢等问题，这些问题都与小程序的性能有关。性能问题可归根为用户体验问题，如果不能很好地解决，则会影响用户的正常使用，甚至退出小程序。

随着小程序的不断迭代，页面越来越多，功能越来越复杂，小程序的性能问题也越来越突出。在开发小程序的过程中，开发者不仅要关注功能的实现，而且应该将足够的精力投入到小程序性能的优化上，以保障良好的用户体验。

那么如何对小程序进行优化呢？广义上讲，小程序的性能可以分为启动性能和运行时性能两个方面。启动性能让用户能够更快地打开并看到小程序的内容，运行时性能保障用户能够流畅地使用小程序的功能。除了小程序本身的功能之外，良好的性能带来的用户体验，也是小程序能够留住用户的关键。

小程序的框架结合了 Web 开发和客户端开发的技术，并进行了进一步的创新。因此，在一些 Web 开发中，性能优化的方法同样适用于小程序，如缓存的使用、网络请求的优化和代码压缩等。此外，由于小程序技术框架的特点，在小程序开发中也有一些特殊的性能优化方法。

关于小程序的具体优化知识，本章不进行深入探讨，下面主要介绍其官方提供的相关性能工具。

1．性能数据

为了更好地帮助开发者了解和分析小程序的性能状况，官方在"小程序助手"小程序上提供了性能相关的数据统计。同时，开发者也可以根据业务需要自己进行上报分析。开发者可通过微信搜索"小程序助手"，进入程序后可以看到开发者的微信绑定的小程序列表，选择需要分析的小程序，根据界面提示的功能即可查看其各项性能指标。

2．小程序测速

为了帮助开发者优化小程序性能，微信官网推出了小程序测速功能。小程序测速功能可以简单、方便地统计小程序的某一事件的实时耗时情况，并可根据地域、运营商、操作系统、网络类型和机型等关键维度进行实时交叉分析。开发者通过"测速上报"接口上报某一指标的耗时情况后，可在小程序管理后台"开发｜运维中心｜小程序测速"中查看各指标的耗时趋势，并且支持分钟级数据的实时查看。

3．体验评分

体验评分是一项给小程序打分的功能，它会在小程序运行过程中进行实时检查，找出可能影响体验的问题，并且给出问题定位和优化建议。

评分工具是集成在微信开发者工具里的，使用流程如下：

（1）打开开发者工具，在"详情"里切换基础库到 2.2.0 或以上版本。

（2）在调试器区域切换到 Audits 面板。

（3）单击"运行"按钮，然后在小程序界面中自行操作，运行过的页面就会被"体验评分"检测到，如图 15.1 所示。

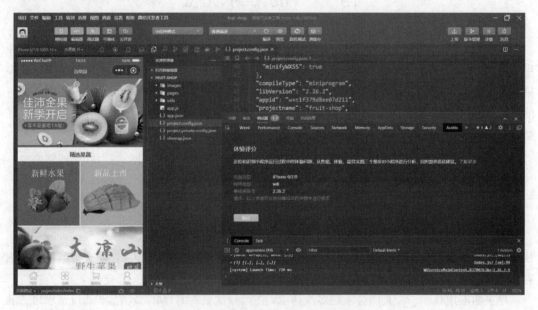

图 15.1　微信开发者工具——体验评分

（4）如果想结束检测，单击"停止"按钮，在当前面板中会显示相应的检测报告，开发者可以根据报告中的建议对相应功能进行优化，如图 15.2 所示。

（5）如果需再次进行体验评分，可以单击报告上方的"清空体验评分"恢复初始状态。注意，目前系统不提供报告存储服务，一旦清空体验评分报告，将无法再查看本次评分结果。

除此之外，微信官方还提供了一些性能和体验调试工具用于协助开发者调试与优化小程序的性能与体验，读者可以自行查看微信小程序的官网说明。

图 15.2 体验评分报告

15.3 Vue 程序优化

本节介绍 Vue 项目的基本优化方法及 Lighthouse 工具的基本使用方法。使用 Vue 开发与原生 HTML 的 DOM 开发有所不同，Vue 框架具有响应式系统和虚拟 DOM 系统，因此 Vue 在渲染组件的过程中能自动追踪数据的依赖，并精确知晓数据更新的时候哪个组件需要重新渲染，渲染之后经过虚拟的 DOM Diff 算法之后才会真正更新到 DOM 上，Vue 应用的开发者一般不需要进行额外的优化工作。

但在实践中仍然有可能遇到性能问题，下面介绍一些定位分析 Vue 应用性能问题的方式及一些优化建议。

1．服务器端渲染和预渲染

利用服务器端渲染（SSR）和预渲染（Prerender）来优化加载性能。在一个单页应用中，往往只有一个 HTML 文件，然后根据访问的 URL 来匹配对应的路由脚本，动态地渲染页面内容。单页应用比较大的问题是首屏可见时间过长。

单页面应用显示一个页面会发送多次请求，在第一次获得 HTML 资源后，通过请求再去获取数据，然后将数据渲染到页面上。由于微服务架构的存在，有可能发出多次数据请求才能将网页渲染出来，每次数据请求都会产生 RTT（往返时延），从而导致加载页面的时间过长。

在这种情况下，可以采用服务器端渲染和预渲染来提升页面加载性能，用户直接读取到的就是网页内容，省去了很多往返时延，同时，还可以将一些资源内嵌在页面，进一步提升页面加载的性能。

服务器端渲染可以考虑使用 Nuxt.js 或者按照 Vue 官方提供的 Vue SSR 指南来一步步搭建。

2．组件懒加载

在前面提到的超长应用内容的场景中，通过组件懒加载的方案可以优化初始渲染的运行性能，这对于优化应用的加载性能也很有帮助。组件粒度的懒加载结合异步组件和 Webpack 代码分片，可以保证按需加载组件，以及组件依赖的资源和接口请求等，相比单纯地对图片进行懒加载，进一步做到了按需加载资源。使用组件懒加载方案对于超长内容的应用初始化渲染很有帮助，可以减少大量必要的资源请求，缩短渲染的关键路径。

3．引入生产环境的Vue文件

在开发环境下，Vue 会提供很多警告来帮开发者解决常见的错误与陷阱。但在生产环境下，这些警告语句没有用，反而会增加应用的"体积"。有些警告检查还会引起一些小的运行时开销。当使用 Webpack 或 Browserify 这类的构建工具时，Vue 源码会根据 process.env.NODE_ENV 决定是否启用生产环境模式，默认为开发环境模式。在 Webpack 与 Browserify 中都有方法来覆盖 process.env.NODE_ENV 变量，以启用 Vue 的生产环境模式，同时在构建过程中警告语句也会被压缩工具去除。

4．不在模板中写过多逻辑

模板尽量简洁，不加入逻辑，不写过多表达式。在进行条件渲染时，如果需要频繁切换，可以使用 v-show，否则使用 v-if。

还有更多细节需要根据项目使用场景进行优化，接下来介绍 Lighthouse 工具的使用。Lighthouse 是 Google Chrome 推出的一个开源自动化工具，能够对 PWA（Progressive Web App，渐进式 Web 应用）和网页多方面的效果指标进行评测，并给出最佳实践的建议，帮助开发者优化网站的性能。Lighthouse 的使用方法也非常简单，只需要提供一个要测评的网址，它将针对此网址进行一系列的测试，然后生成一个有关网站页面性能的报告。通过报告可以知道需要采取哪些措施来提升应用的性能和体验。

在高版本的 Chrome 浏览器中，Lighthouse 已经直接集成到了调试工具 DevTools 中，因此不需要再安装或下载。

按 F12 键打开开发者工具，可以看到在 Console、Security 等选项后面有一个 Lighthouse 选项，在该选项下完成分析报告，如图 15.3 所示。

图 15.3　谷歌浏览器 Lighthouse 的功能

单击 Analyze page load 按钮，稍等片刻即可自动生成报告，如图 15.4 所示。

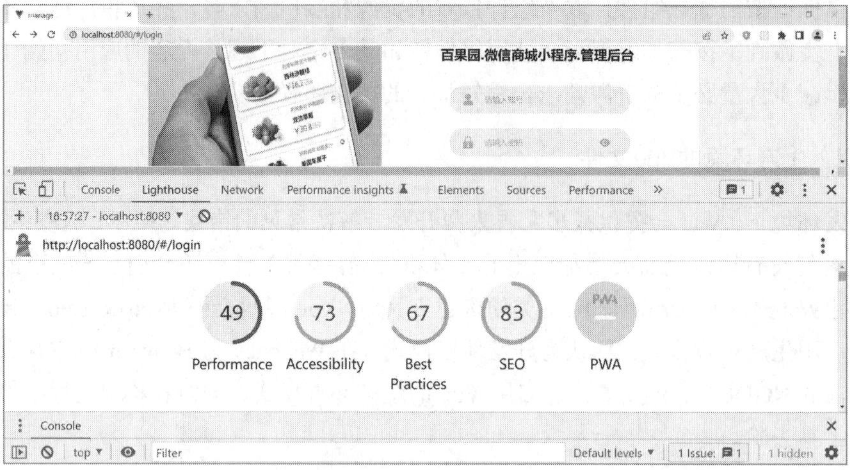

图 15.4　Lighthouse 评分报告

这份评分报告包含性能（Performance）、访问无障碍（Accessibility）、最佳实践（Best Practice）、搜索引擎优化（SEO）和 PWA 五部分。可以根据报告内容修改代码，优化网站性能。

15.4　本章小结

本章从项目优化的角度分别从 Node.js、小程序和 Vue 项目 3 个方面介绍了性能优化的相关概念和工具的使用。读者在实际工作中需要结合具体的业务场景和需求对项目进行优化，性能优化是长期经验积累的过程。

首先，对于 Node.js 程序的优化尽量避免使用同步方法，除此之外还要进行代码压缩以减小应用的"体积"。针对不同的 Node.js 框架，如前面章节讲解的 Express、Koa、Egg 有不同的优化方法，有的框架已经内置了常见的性能测试和优化工具。当然也可以使用第三方性能测试和优化工具，如 Alinode。

其次，对于微信小程序的优化，其官方提供了非常多的工具，虽然有的工具还处于完善阶段，但是官方文档非常完善。

最后，关于 Vue 程序的优化，虽然相比原生 HTML 开发 Vue 框架的虚拟 DOM 操作在很大程度上提高了程序的性能，但是同时也会产生新问题。因此需要针对具体的应用场景进行优化，可以通过 Lighthouse 等工具生成测试报告，再逐一进行优化。